中等职业教育规划教材

分析化学

第三版

胥朝禔　杨兵　编

化学工业出版社
·北京·

本书是在1996年出版的化工技工学校教材《分析化学》第二版的基础上修订而成的，这次修订删除了定性分析的内容，补正和更新了部分内容，使教材更加适合需求。全书共九章，包括滴定分析（酸碱滴定法、氧化还原滴定法、配位滴定法、沉淀滴定法）和称量分析，简单介绍了物质化学分析的一般步骤。每章后附有复习题和练习题，编排了二十二个与内容相配的实验项目，附录提供了相关数据。本书还配套了《分析化学实验报告》，便于教学使用。

本教材为中等职业教育工业分析与检验专业的教材，也可作为有关工矿企业分析工培训及自学参考书。

图书在版编目（CIP）数据

分析化学/胥朝禔，杨兵主编．—3版．—北京：化学工业出版社，2008.5（2025.2重印）
中等职业教育规划教材
ISBN 978-7-122-02599-9

Ⅰ．分… Ⅱ．①胥…②杨… Ⅲ．分析化学-专业学校-教材 Ⅳ．065

中国版本图书馆CIP数据核字（2008）第052437号

责任编辑：王文峡　　装帧设计：尹琳琳
责任校对：陈　静

出版发行：化学工业出版社（北京市东城区青年湖南街13号　邮政编码100011）
印　　装：河北延风印务有限公司
787mm×1092mm　1/16　印张16¾　字数409千字　2025年2月北京第3版第10次印刷

购书咨询：010-64518888　　售后服务：010-64518899
网　　址：http://www.cip.com.cn
凡购买本书，如有缺损质量问题，本社销售中心负责调换。

定　　价：38.00元（含实验报告）

第三版前言

本教材第一版是根据1983年由原化学工业部颁布的、由原全国化工技校分析教材编委会编制的“分析化学教学大纲”而编写的，本教材对当时化工技工学校的发展和教学规范起到了应有的作用。

随着化工行业的迅速发展、国家分析标准的修订与完善、法定计量单位的强制使用，根据化工职业教育蓬勃发展和规范化教学的要求，1996年8月，在全国化工技校教学指导委员会的指导下，对《分析化学》进行了修订，并再版发行。

进入21世纪，随着科学技术的发展，在化工分析领域，分析方法和手段不断更新，新方法、新设备不断涌现，而不适应现代化生产的旧的分析方法和设备正逐渐被淘汰。为使教材能及时反映这一现实，满足化工生产发展对分析化学教材的要求，为此，决定再次对本书进行修订，出版其第三版，有关修订事项作如下说明。

1. 对原书结构作适当调整。删除原书第二章的全部内容以及与本章对应的实验。

2. 对原书的内容进行了以下补充。

（1）在原书第三章（现第二章）第二节“定量分析误差”部分增加“可疑值取舍”的内容。

（2）在原书第四章（现第三章）第二节“定量分析的计算”部分增加物质“基本单元”的内容。

3. 对原书各相关章节的部分具体内容进行了适当修改。

本次再版修订工作由原全国化工技校分析专业教材编委会主任、重庆市化医高级技工学校胥朝禔主持，杨兵（高级讲师）参与具体修订。在修订过程中，重庆市化医高级技工学校张荣、郭小容、池雨芮、李乐及其他化工科的老师为修订工作提出了宝贵的意见和建议，在此表示感谢。

由于编者水平有限，本教材不妥之处在所难免，敬请同行和广大读者批评指正。

修订者

2008年4月

第一版前言

本书是根据1983年11月，在成都召开的化工技工学校教材会议上修订的“分析化学教学大纲”编写的，作为化工技工学校分析专业《分析化学》试用教材。

“分析化学”是分析专业的专业基础课之一。本书从技工学校的特点出发，为使学生掌握分析化学的基础理论、基本知识和基本技能，从实际出发，力求做到深入浅出，简明扼要，通俗易懂。

本书主要包括无机定性分析和定量分析，共计十章。定性分析部分突出了阴阳离子的性质反应和常见离子的鉴定方法。定量分析部分主要是以四类反应（酸碱反应、氧化还原反应、配合反应、沉淀反应）为基础的滴定分析。在应用实例中，尽量结合生产实际。同时编排一些实验、例题和习题，供教学中参考。

本书是在化学工业部化工技工学校分析专业教材编审委员会领导下，由江西省化工技工学校蔡增俐同志执笔。天津大学甘渭斌副教授、河南开封化工技工学校张金发老师主审。北京化工技校徐永年、柳州化工技校刘洪贞、陕西兴平化工技校田秀红老师等共同审议后，由编者修改定稿。

由于编写时间仓促，编者水平有限，本书错误和不妥之处，希望读者批评指正，以便修改。

编　者

1986年9月

第二版前言

本书第一版是根据1983年的“分析化学教学大纲”编写的。随着全国化工行业的发展，国家分析标准的修定，以及全国化工技工教育规范化教学新形势的要求，1996年8月，在全国化工技校教学指导委员会的指导下，分析专业组经讨论决定修订《分析化学》。

编者广泛征求兄弟学校的改进意见和建议，经分析专业组讨论，并结合编者的教学实践对第一版进行修订。第二版与第一版相比，作以下几点说明。

1. 全书结构基本不变，编写格式和说明尽量符合有关国家标准，全部采用国家法定计量单位和符号；

2. 第二章定性分析部分删去了与无机化学重复的内容，如阳离子和一般试剂的反应中的部分叙述，内容更加简练，符合大纲要求。

3. 第三章分析天平，以比较先进、工厂最常用的电光天平为例说明天平的结构和操作，使内容更加适用。增加了先进的电子天平内容。

4. 称量分析和滴定分析（酸碱滴定法、氧化还原滴定法、配位滴定法、沉淀滴定法）中删掉了一些抽象的理论叙述，加强了实际应用和计算技能的部分。

5. 第十章增加了综合练习，采用与生产相同的方法，使学习者掌握生产中分析工作的全过程。实际操作部分项目有所增加，以便于使用并有利于学生技能的培养。

本书修订稿于1997年8月经重庆市化工技校胥朝禔同志，山东省泰安市化工技校马腾文同志参加部分修编和审阅，提出了修改意见，由编者修订后，由江西省南昌大学倪永年教授主审后定稿。在修定过程中，得到了许多化工技校教师的大力帮助，在此表示感谢。

编者水平有限，再版教材中有错误和不妥之处，欢迎读者提出批评和指正。

修编者

1997年8月

目　录

第一章　绪　　论

第一节　分析化学的任务和作用

分析化学是化学学科的一个重要分支，它产生于生产实践，是研究物质组成的测定方法及其有关理论的一门科学。其任务主要是鉴定物质的化学成分、测定有关成分的含量及确定物质的化学结构等。

分析化学按其任务不同可分为定性分析、定量分析和结构分析三部分。定性分析的任务是鉴定物质由何种元素、离子或官能团所组成；定量分析是测定物质中各种组分的含量；结构分析则是确定物质的分子结构。本教材着重讨论物质的定量化学分析部分。

分析化学是一门重要基础学科。历史上一些科学定律如质量守恒定律、定比定律、倍比定律的发现，原子论、分子论的创立，相对原子质量的测定以及周期律的发现等，都与分析化学的卓越贡献分不开。在现代化学研究中，分析手段尤其不可缺少。在其他许多科学领域，例如矿物学、地质学、海洋学、生物学、医药学、农业科学、天文学、材料科学、食品学、环境化学，甚至考古学中也都要用到分析化学。

在国民经济的许多部门，分析化学也具有重大的作用。资源的勘探和采掘、钢铁和有色金属的冶炼、石油和化学工业的生产、土壤的普查和作物营养的诊断，以及三废（废水、废气、废渣）的处理和环境监测等都广泛地应用分析化学。

在国防建设中，武器的研制和生产过程需要分析化学配合。另外，在涉及国防安全和刑侦活动中，也经常需要分析化学的手段为其提供必要的依据。总之，分析化学在国民经济的工业、农业、国防、商业等各部门中有着极其重要的作用。

物质的一般分析方法，首先是确定其定性组成，即主要成分和存在的杂质；然后是选择适当的定量分析方法，以确定各组分的含量。在化工生产中，一般由原材料经工艺加工（转化、合成、分离、净化、提浓等）成为中间产物和最终产品，因此，需要进行原材料分析，生产中间控制和产品质量检验，对生产的全过程实行质量管理，以达到安全生产、保证产品质量、降低成本、提高效益的目的。与此同时，为了保障人民的身心健康，对自然生态环境、厂房空气及工厂排出的污水、废气等也需要进行监测。上述这些实际工作中，物料的基本组成在大多数情况下是已知的，故生产中，大量经常性的分析工作是定量分析。

第二节　分析方法的分类

按分析任务、被测对象、测定原理、操作方法、样品用量及生产要求的不同，分析方法可分为以下四个种类。

一、无机分析和有机分析

按被测定对象的不同，分析方法可分为无机分析和有机分析。无机分析的对象是无机物，它们大多数都可制成水溶液，所以无机物的分析多在水溶液中进行。由于无机物所含元素种类较多，通常要求鉴定试样是由哪些元素、离子、原子团或化合物组成，以及各种成分的质量分数。

有机分析的对象是有机物。组成有机物的元素虽不多，但有机物结构很复杂，因而不仅要求鉴定物质的组成，更重要的是对物质的官能团和结构进行分析并测定某些物理常数。

二、常量、半微量和微量分析

按样品的用量不同，分析方法可分为常量分析、半微量分析、微量分析和超微量分析。其样品用量范围如表 1-1 所示。

表 1-1 各种分析方法的试样用量

方　　法	样品用量 /mg	试样体积 /mL	方　　法	样品用量 /mg	试样体积 /mL
常量分析	>100	>10	微量分析	0.1～10	0.01～1
半微量分析	10～100	1～10	超微量分析	<0.1	<0.01

在生产实践中，常用被测组分的质量分数来表示。通常粗略地分为：常量分析的被测组分质量分数大于1%；半微量分析的被测组分的质量分数为0.1%～1%；微量分析的被测组分的质量分数为0.01%～0.1%，超微量分析的被测组分质量分数小于0.01%。

一般，常量分析和半微量分析使用普通仪器，微量分析和超微量分析则要使用特殊仪器。

三、化学分析和仪器分析

按分析原理和操作方法的不同，分析方法可分为化学分析和仪器分析。

化学分析是以物质的化学反应为基础的分析方法。化学分析方法历史悠久，是分析化学的基础，所以又称经典化学分析法。例如，在定性分析中，许多分离和鉴定反应，就是根据组分在化学反应中生成沉淀、气体或有色物质而进行的。在定量分析中，主要有称量分析、滴定分析和气体分析。称量分析是用测定物质的质量来确定被测组分含量的方法；滴定分析是根据化学反应中消耗滴定试液的体积来确定被测组分含量的方法；气体分析是测定气体体积或质量来确定被测组分含量的方法。

仪器分析是以物质的物理、物理化学性质为基础的分析方法，由于这类分析方法都需要特殊的仪器，故一般称为仪器分析。仪器分析种类很多，如光度分析法、电化学分析法、色谱分析法、质谱分析法、放射化学分析法等。

四、例行分析和仲裁分析

按分析任务的不同，分析方法又可分为例行分析和仲裁分析。例行分析是指一般化验室对日常生产中原材料或产品所进行的分析，又称为常规分析。为掌握生产情况，要求短时间内报出结果，一般允许分析误差可较大些。

仲裁分析又叫裁判分析。不同单位对同一物质的分析结果有争执时，由仲裁单位按指定方法进行裁决的分析，要求较高的准确度。

第三节　学习分析化学的要求

分析化学是在生产实践中产生和发展起来的，生产的发展和科学技术的进步，给分析化学提出了更高的要求。同时，许多科学技术向分析化学的渗透，产生了新的分析方法或手段，从而不断丰富和发展了分析化学。

随着现代科学技术的发展，分析化学朝着仪器化、自动化的方向发展，分析仪器与电子计算机的联用，为自动连续分析和控制生产流程创造了条件。尽管如此，化学分析仍然是分析化学的基础，经典的分析方法无论在理论上还是在实际应用上都是非常重要的，许多仪器分析方法都要采用化学方法对样品进行预处理，有些仪器分析也用化学分析方法进行校正；在研究改进一种新的仪器分析方法时，还需要化学分析的理论为基础。一个不了解分析化学基础理论和基本知识的分析工作者，不可能仅仅依靠现代分析仪器就能正确解决日益复杂的分析问题。因此，分析化学作为一门基础课，要从化学分析学起，而且化学分析也是本专业教学的基本内容，只有在学习好化学分析的基础上才能进一步学好仪器分析。

分析化学是一门实践性很强的学科，也是中职学校工业分析专业的一门专业基础课。学生通过分析化学的学习，一方面将所学的无机化学、有机化学等基础理论知识，应用到分析方法中，另一方面可掌握物质的基本分析方法和基本操作技能，以培养严肃认真的工作作风和实事求是的科学态度。因此，在学习时，应当有明确的学习目的和正确的学习态度，系统地掌握分析化学的基础知识、基本理论，为今后从事分析工作打好理论基础，同时在分析化学理论的指导下，充分重视实践的重要性，要认真做好实验，只有经过实际操作的反复训练，才能掌握基本操作技能，培养独立工作的能力；在分析过程中，要认真操作，一丝不苟。为今后学习其他专业课程打下坚实基础。

复　习　题

1. 什么是分析化学？它的主要任务是什么？
2. 分析化学在国民经济建设中的作用是什么？
3. 分析工应具备什么样的素质才能胜任本职工作？

练　习　题

1. 按被测对象、样品用量、被测组分含量不同，分析化学可分为哪些类型？
2. 按测定原理和操作工具及设备不同，分析化学可分为哪些类型？各有哪些主要内容？

第二章　分析天平、误差与数据处理

定量分析中，天平是用来称取物质质量的一种重要精密仪器。根据不同的精度及结构，一般可分为普通天平（即托盘天平）和分析天平。普通天平分为带有游标尺的与不带游标尺的两种；常用的分析天平分为普通天平（等摆天平）、阻尼天平、机械加码电光读数的阻尼天平（半自动、全自动天平）、自动单盘天平、电子天平等。大多数机械天平属于杠杆等臂天平，单盘天平是单杠杆不等臂天平，电子天平则是电磁力平衡天平。

称量的准确与否会直接影响分析结果的准确度。因此，必须了解天平的原理、结构，掌握正确的称量方法，才能获得准确的称量结果。

第一节　分析天平

一、分析天平的工作原理

1. 机械天平的工作原理

分析天平是根据杠杆原理设计的一种仪器。如图 2-1 所示。设一杠杆 AB，C 为支点，则 AC、CB 为杠杆的两臂。若在杠杆两端 A、B 上分别加上被称物体和砝码，其质量为 Q、P，达到平衡时，则两力矩相等，即

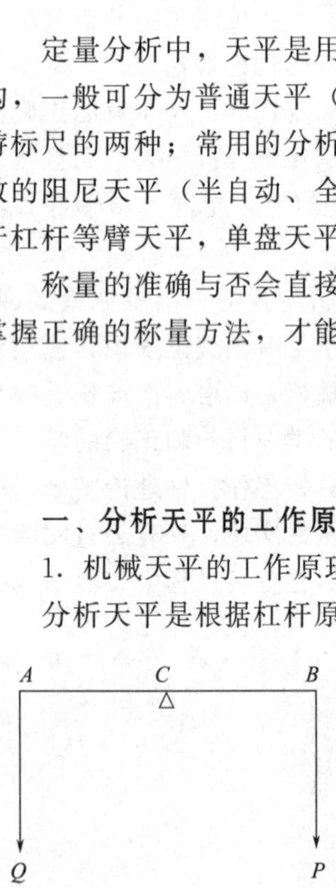

$$Q \times AC = P \times CB \tag{2-1}$$

若力臂相等，即 $AC = CB$，则被称物体和砝码的质量相等，即

图 2-1　杠杆原理示意图

$$Q = P \tag{2-2}$$

设 m_1 为被称物体质量，m_2 为砝码质量，则式(2-2) 可写成

$$m_1 g = m_2 g$$

g 为重力加速度，由于同一地点，重力加速度相同，得

$$m_1 = m_2 \tag{2-3}$$

式(2-3) 表示等臂天平称量平衡时，被称物体质量等于砝码质量，单位为 kg。

2. 电子天平的工作原理

电子天平是依据电磁平衡原理来进行称量的分析天平。如图 2-2 所示。导线在磁场中时，导线将产生电磁力。若磁场强度不变，产生磁力的大小与流过线圈的电流强度成正比，由于物体重力向下，电磁力方向向上，与之平衡，则通过导线的电流量与被称物体的

质量成正比。

秤盘与线圈相连，被称量物体放于秤盘上，使得线圈向下位移，线圈内有电流通过，在磁场中，产生一个向上的电磁力。当电磁力与秤盘及被称物体的重力大小相同时，达到平衡，位移传感器会处于中心位置，则通过数字显示出物体的质量。

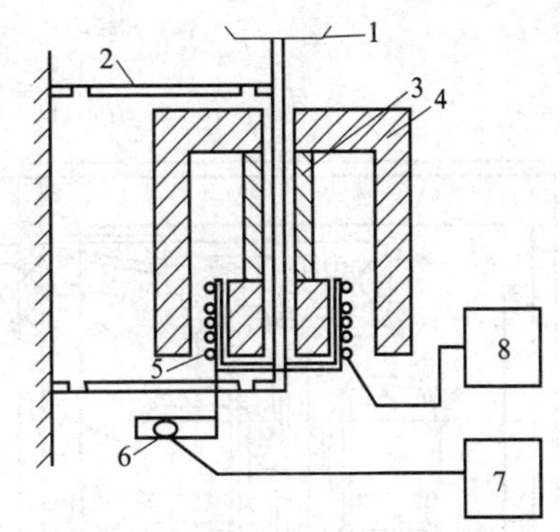

图 2-2　MD 系列电子天平结构示意图

1—秤盘；2—簧片；3—磁钢；4—磁回路体；5—线圈及线圈架；6—位移传感器；7—放大器；8—电流控制电路

二、分析天平的种类和构造

分析中，一般要求样品称准至 0.0002g，可采用最大负荷为 200g（或 100g），分度值为 0.1mg 的即三级、四级天平，几种常见天平的型号和规格见表 2-1。

下面介绍两种分析天平。

1. 双盘自动电光天平

双盘自动电光天平，分为部分机械加码（半自动）分析天平和全部机械加码（全自动）分析天平。其结构如图 2-3 所示。

表 2-1　几种常见天平的型号和规格

分类	天平名称	型号	规格及主要技术数据			主要用途
			最大称量/g	分度值/mg	精度等级	
杠杆式等臂天平	全机械加码分析天平	TG328A	200	0.1	3	精密衡量，分析测定
	部分机械加码分析天平	TG328B GT_2A	200	0.1	3	精密衡量，分析测定
	阻力分析天平	TG528A	200	0.4	5	分析测定，教学实验
杠杆式不等臂天平	单盘精密天平	DT-100	100	0.1	4	快速精密衡量
	单盘分析天平	TG729	100	1	7	分析测定
	单盘分析天平	DTG-160 DTQ-160	160 160	1 0.1	读数精度 0.05mg	分析测定
扭力天平	托盘扭力天平	TN-100	100	10	—	体积小、质量轻，适于野外用
电子天平	电子分析天平	AEL-200	200	最小称取值 0.1		精密分析，可打印输出
	电子天平	MD100-1 MD100-2	100 100	1 0.1		快速测定

主要部件及其作用分述如下：

(1) 横梁

横梁是天平的主要部件。在横梁上装有三个互相平行、并位于同一水平线的棱形玛瑙刀口，中间玛瑙刀刃向下，工作时架在天平主柱顶部的玛瑙平板（称刀垫）上，它是横梁的支点，另两个玛瑙刀刃在梁的两端，刀刃向上，它是横梁的力点，工作时，由两个吊耳上的玛瑙平板（刀垫）挂于刀刃上，将秤盘着力于横梁的两端。在横梁中间装有一个垂直向下的指针，在指针后面的立柱上，装有刻度标尺，工作时，从指针偏离刻度值指示横梁倾斜的程度。在横梁前面装有一个游码标尺，工作时，由游码的位置指示质量读数。

在横梁两端上方装有两个平衡调节螺丝，用以调节天平空载时的零点。

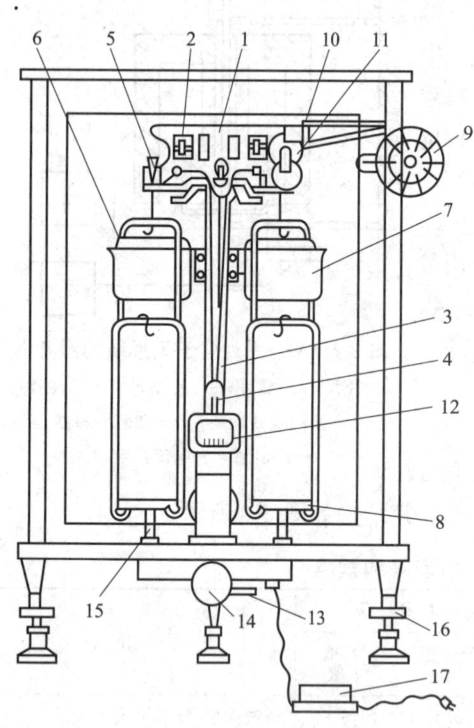

图 2-3　电光天平的结构

1—横梁；2—感量铊；3—立柱；4—指针；
5—吊耳；6—阻尼器内筒；7—阻尼器外筒；
8—秤盘；9—加码指数盘；10—加码杆；
11—环形毫克砝码；12—投影屏；13—调零杆；
14—停动手钮；15—托盘器；
16—水平调整脚；17—变压器

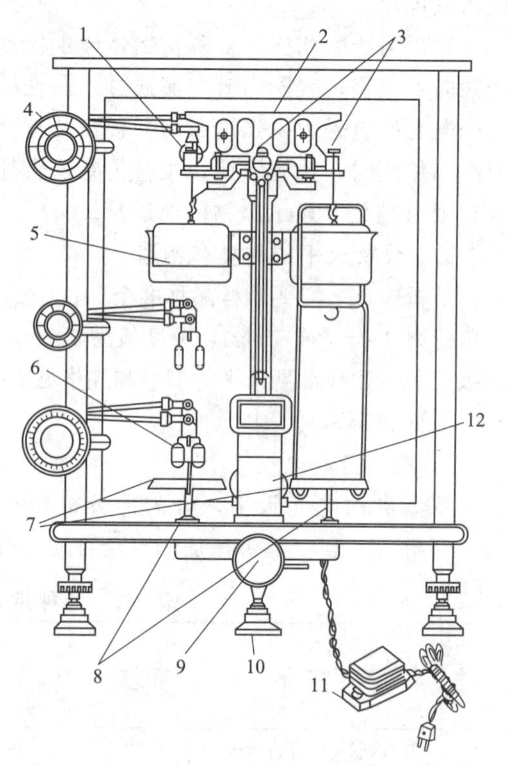

图 2-4　全自动双盘电光天平

1—圈形挂砝码；2—横梁；3—吊耳；4—读数盘；
5—阻尼器；6—马鞍形砝码；7—秤盘；
8—盘托；9—天平开关；10—防震脚垫；
11—变压器；12—光学读数装置

（2）立柱

天平靠立柱支撑横梁，其上部装有磨平的玛瑙平板（刀垫）为支点。柱上部装有支架，下部装有升降枢纽，开动枢纽可使支架上升，支托住横梁，天平呈休止状态。支架下降时，使横梁上玛瑙刀刃落于支撑平板上，天平处于工作状态。

主柱中部的后面装有水平仪，在安装天平时，调整天平前面两足，使水平仪气泡处于中心，则天平处于水平位置。

（3）装码装置

① 吊耳，由支架支撑着悬于横梁两端玛瑙刀口上方，吊耳上有一向下的玛瑙平板，称为刀承或刀垫。吊耳下部为双层吊钩。

② 天平盘挂在吊耳的上层吊钩上，用来放置砝码和被称物。

③ 盘托，天平休止时，托住天平盘，以减轻横梁的负担。

④ 半自动天平有一套盒式砝码与其配套使用。盒式砝码的组合，一般为5、2、1，即砝码有50g、20g、20g、10g、5g、2g、2g、1g共八个，质量相同的砝码有记号加以区别。

1g 以上使用砝码，装在砝码盒内，用镊子夹取；1g 以下、10mg 以上由旋转刻度盘加码。此种砝码是环状，由机械加码机构将环码加到天平右边的环码架上，被称物放于左面秤盘，此种天平称为半自动电光天平。全部砝码（10mg 以上）都由旋转刻度盘控制，并将砝码加到天平左边蹬形架上，被称物放于右面秤盘上，此种天平称为全自动双盘电光天平，如图 2-4 所示。

机械加码装置，由放环码的横杆、控制环码升降的杠杆和连接杠杆的旋转刻度盘（指数盘）组成，如图 2-5 所示，读数均由左至右。此时的读数为>760mg，记为 0.76g。

(4) 空气阻尼盒

由两个开口金属筒组成，外筒固定在天平立柱上，直径较小的内筒挂在吊耳下层挂钩上，悬于外筒之内，两筒间隙均匀，没有摩擦，当天平开启时，由于空气阻力的作用，致使两天平盘的摆动得以缓冲，使天平横梁能较快地停摆而达到平衡。

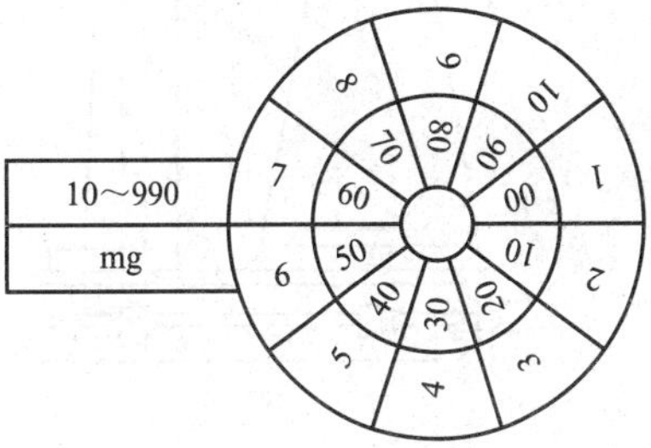

图 2-5　加码指数盘

(5) 光学读数装置

如图 2-6 所示，在天平指针下端固定一块透明的小标尺，标尺上刻有 20 个大格，中间为 0，左、右各 10 个大格，左边为负，右边为正（半自动电光天平只刻有正值）。天平经调整灵敏度和调零后，每大格相当于 1mg，每大格又分为 10 个小格，每小格相当于 0.1mg。10mg 以下的读数是在微分标尺上读，由于刻度很小，必须经过光学装置放大后才能读出。光学装置包括光源、聚光管、放大镜、反光镜和投影屏。光源的电开关装于升降枢纽上，当开启升降枢纽，同时可接通电源，微分尺随指针摆动，指针的平衡位置经光学系统放大投影在屏幕上，10mg 以下的质量，可以直接从投影屏上读数。由于采用了光学放大读数的方法，提高了读数的准确度，可读至 0.1mg。因此，这种天平称为“万分之一”的分析天平。

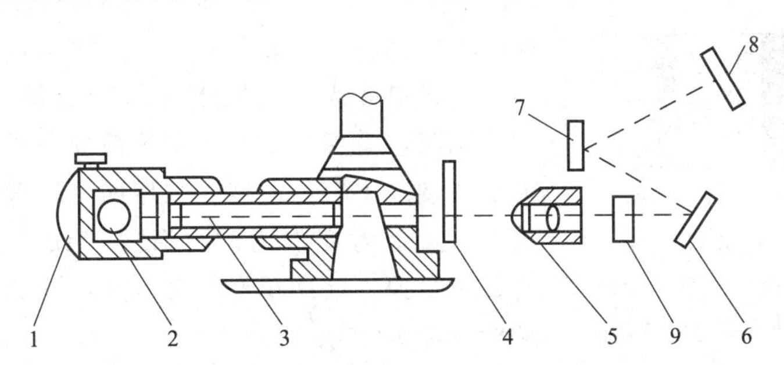

图 2-6　等臂电光天平光学系统示意图

1—光源灯座；2—6～8 伏灯泡；3—聚光管；4—微分标牌；5—放大镜；6—第一反射镜；7—第二反射镜；8—投影屏；9—平行平板玻璃

2. 单盘电光天平

单盘电光天平如图 2-7 所示。

它的横梁前端是砝码架和秤盘，砝码预先放于架上，梁的另一端是一个固定的配重铊和阻尼盒，铊重为天平的最大载重量。未称物品时，配重铊和砝码对于支点的力矩相等，天平梁处于平衡状态。当被称物放于秤盘上时，转动减码机构旋钮，减小砝码质量，使横梁重新平衡，此时，被称物质量加余下砝码质量等于配重铊质量。也即减下的砝码质量，

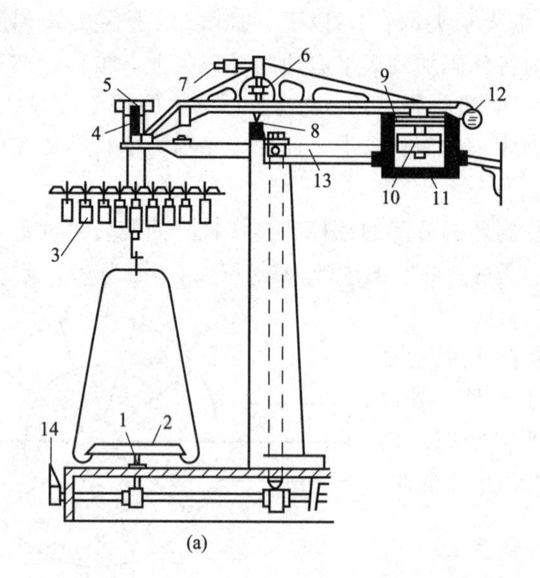

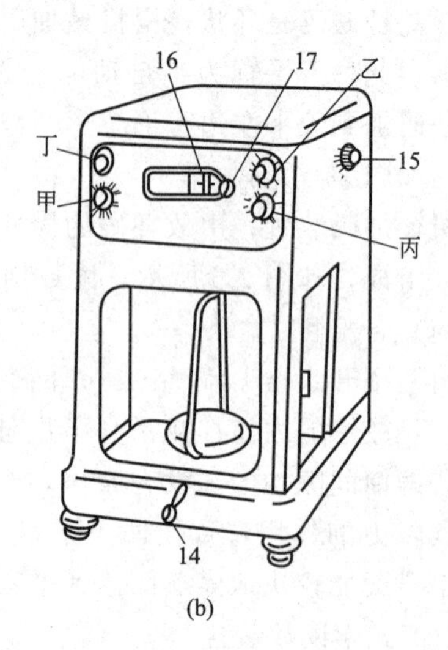

图 2-7 单盘电光天平

(a) 单盘电光天平结构 1—盘托；2—秤盘；3—砝码组；4，5—蹬形架与刀口；6—重心调节螺丝；7—平衡螺丝；8—中央刀口与平板；9，11—空气制摆装置；10—配重铊；12—透明刻度标尺；13—梁托

(b) 单盘电光天平外形 14—升降枢纽；15—零点调节器；16—黑双线；17—游标小旋钮；甲、乙、丙、丁—砝码旋钮

等于被称物体质量。

一般 0.1g 以上砝码都在砝码架上，0.1g 以下质量可通过转动游标小旋钮，在光学读数上直接读出，如图 2-8 所示，此时读数为 18.5345g。

称至 100g 的双盘电光天平有从 0.1g 到 25g 的砝码 14 个，均放在天平梁的金属架上，25g 1 个、10g 2 个、5g 5 个、2g 1 个、500mg 1 个、200mg 1 个、100mg 2 个。

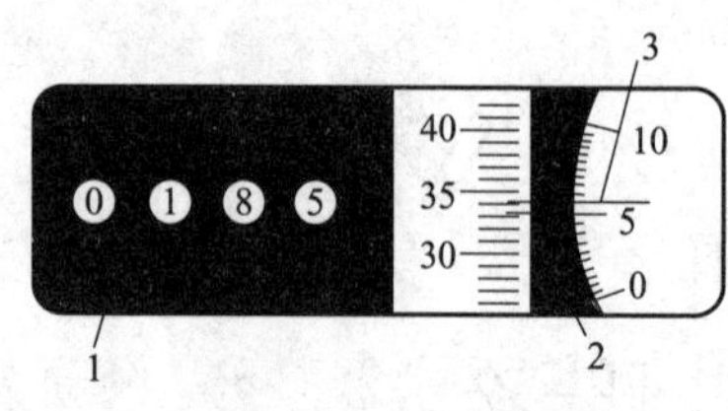

图 2-8 读数器

1—计数器 (18.5g)；2—光学读数 (0.034g)；3—游标读数 (0.00052g)

单盘电光天平，虽然结构较一般天平复杂，但在称量物品时，总保持一个固定负荷加在玛瑙刀口上，这样天平灵敏度不容易改变。只用两个玛瑙刀口，一个为承重刀，一个为支点刀，没有梁臂误差。同时，使用简便，称量快。使用单盘电光天平，可以准确称至 0.1g，最大负荷为 100g。

三、分析天平的灵敏度

1. 分析天平的灵敏度及表示方法

分析天平的灵敏度，通常是指在天平的一个盘增加 1mg 质量时所引起指针偏移的程度。单位是格/mg。指针偏移程度越大，天平的灵敏度越高。

在实际工作中，常用“感量”来表示天平的灵敏度，感量是灵敏度的倒数，即指针偏移一格或一个分度值需要加减的质量，单位是 mg/格，则

$$感量=\frac{1}{灵敏度}$$

例如阻尼天平产品标牌上注明感量＝0.4mg/格，即指针偏移一格需要改变 0.4mg 的

质量，这类天平称为“万分之四”的分析天平。天平的灵敏度为

$$灵敏度=\frac{1}{0.4}=2.5\ 格/mg$$

采用光学放大读数装置的天平，提高了读数的精确度。感量可达 0.1mg/格，灵敏度为 10 格/mg。即微分标尺上每一小格代表 0.1mg，这类天平可以称至万分之一克。

天平灵敏度的调节应该适当，灵敏度低，达不到称量准确度的要求。灵敏度太高，则天平不稳定。

天平的灵敏度可以用感量调节螺丝来调节，降低感量调节螺丝，天平梁的重心下降，天平的灵敏度降低；反之，天平的灵敏度增大。

天平的灵敏度与三个玛瑙刀口的棱边锋利程度、三个刀垫的玛瑙平板的光滑程度有关，刀口越锋利，刀垫表面越光滑，两者接触点摩擦力越小，灵敏度越高。

2. 灵敏度的测定

测定天平灵敏度的目的是检查天平是否符合称量的要求。灵敏度分为空载灵敏度和负载灵敏度，下面以电光天平灵敏度的测定为例，加以说明。

(1) 空载灵敏度的测定

由于电光天平本身带有的最小砝码是 10mg，在天平环码架上加 1 个 10mg 的环码(或在盘上放 1 个校准过的 10mg 的砝码)，测得平衡点，当天平达到平衡时，读出标尺上的格数，例如，此时标尺上的读数为 98 格，则天平的灵敏度为

$$灵敏度=\frac{98}{10}=9.8\ 格/mg$$

(2) 负载灵敏度的测定

由于天平臂随着天平负载增加后略向下垂，重心也随之下移，所以天平负载后灵敏度会降低。通常在负载不大时，变化是很微小的。

首先可以测定负载为 10g 时的灵敏度，测定的方法是在天平两个盘上各放 10g 砝码，使平衡点在标定零点位置，然后在放砝码的一边加上 10mg 环码，由标尺上读出天平达到平衡时的格数，由此便可测出天平负载灵敏度。按上述方法可测定负载为 20g、30g、40g、50g 等时的灵敏度。

一般天平的灵敏度在天平制造时就按检验要求进行了调试。但是，在使用过程中，可能发生变动，故应定期进行测定，如不符合要求则要重新调试。

四、分析天平的使用

1. 称量前的检查

使用天平前，主要检查天平是否水平、空载是否休止在零点、灵敏度是否能满足称量要求、砝码是否完整等。同时要用软毛刷清扫天平盘上的灰尘。天平框罩内干燥剂要保持有效。

阻尼天平零点的测定：空载时，开启天平升降枢测得平衡点为零点。天平零点若偏离左、右一格以上时，关闭天平升降枢后，可轻轻调节平衡调节螺丝，使再开启时，零点在中间左、右两格之内。

电光天平的屏幕刻线应和微分标尺的零线相重合，若不重合，可移动天平底板下面的拨杆使其相重合。两次测定的零点，要基本相符。

2. 称量方法

将已知大约质量（可先在工业天平上称量）的被称物小心放于称盘中，阻尼天平、半自动天平被称物放于左盘，全自动天平被称物放于右盘。加砝码时，由重到轻与被测物平衡。当平衡到10mg以下时，阻尼天平用游码和感量计算得10mg以下的质量。电光天平则可从电光屏幕上直接读出10mg以下的质量。

3. 称样后的检查

称量完毕，取下物体和砝码，再测定天平零点，其变动值不应超过0.1mg。

4. 使用分析天平注意事项

(1) 天平的载物，不应超过天平的最高荷载质量。一般为最大负载的三分之一。

(2) 天平框罩内要求清洁干燥。称量时，过热或过冷的物质均应在干燥器中冷却至室温后才能进行称量。样品不能直接放到秤盘上，必须用玻璃器皿或其他密闭的容器盛放，否则样品会对秤盘产生腐蚀或沾污，引起称量误差和损坏天平称盘。

(3) 称量操作时开启天平前，应将框罩三面玻璃门全关上。开启升降枢纽应轻起轻落。开启天平后，如两边质量相差较大时，应即时关闭，然后才能加减砝码。手动加码时，只允许用镊子夹取，绝对禁止用手拿取。砝码除放在天平盘上和砝码盒内外，不能放到任何地方。机械加码应轻轻转动指数盘，使环码轻轻放于加码杆上。每台天平都有其配套的砝码。分析同一样品时，应用同一台天平和其配套的砝码。

5. 分析天平的称样方法

在分析天平上称取样品时，一般固体样品盛放在称量瓶内，拿取称样瓶时，应该戴上手套或用干净纸条捏取，如图2-9(a)所示。

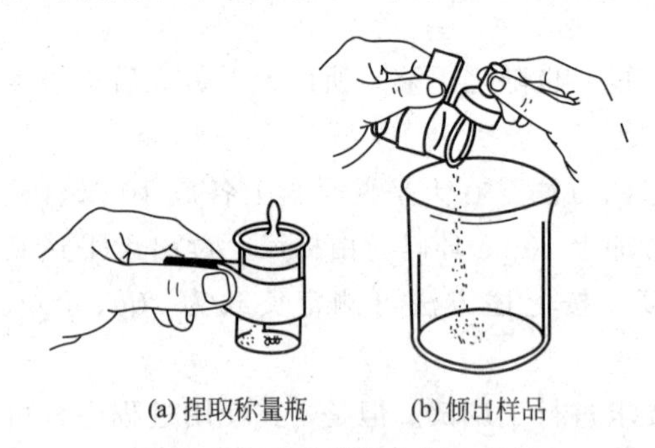

(a) 捏取称量瓶　　(b) 倾出样品

图2-9　捏取称样瓶和倾出样品

称量时易氧化或易和CO_2作用的物质，可用带盖称量瓶。液体样品用小滴瓶，对于易挥发的液体应装入已称量的安瓿球内，加入样品后再称总质量，两次称量的差即为样品的质量。

(1) 称取指定质量的物质

为了简化分析计算，常常是称取指定质量的物质。称取的方法是先称出容器，如表面皿或硫酸纸的质量，然后再加上指定质量的砝码。器皿内装稍少于所需称量物质质量的样品，然后用盛有被称物的牛角匙在器皿上方轻轻振动，使被称物少量的落于器皿之中，直到天平恰好达到所称的质量。

此种方法适用于称取不吸湿，不挥发和在空气中稳定的固体物质。

(2) 差减法称取物质

分析同一样品，往往要称取多份样品做平行试验。而且称取的质量可以在一个范围之内，宜采用差减法称取。称取的方法是先称出盛有样品的称量瓶的总质量m_1，然后倾出需称出的物质于另一容器中，如图2-9(b)所示。再称量一次，其质量为m_2。第一次倾出样品质量为(m_1-m_2)；再第二次倾出一部分物质于另一容器中，再称一次，质量为m_3，第二次倾出样品质量为(m_2-m_3)。按同样方法可得第三次、第四次样品质量。差减法操作简便，对称取易吸湿、易氧化、易与二氧化碳反应的物质较好。

第二节　定量分析误差

定量分析是根据物质的性质，选择适当的方法对物质的量进行测定。如溶液体积的测定和其他的测量，不可能绝对准确。即使采用最好的方法和仪器，很熟练的人来精心操作，在多次分析结果中，数据不可能完全一致，因此在分析过程中，误差是客观存在的。事实上，分析结果不能代替样品的真值，而只能通过对测量结果的数字处理，对样品的真值作出相对准确的估计。作为一个分析工作者，对自己分析所得众多数据要进行正确处理，判断其可靠性，确定最后的结果，就必须进行误差分析，掌握产生误差的规律及改进方法，把误差减少到最小，提高分析的准确性。

一、准确度和精密度

1. 准确度

分析结果的准确度是实验测得值和真值之间相接近的程度，准确度的高低是用误差的大小来衡量的。误差又可用绝对误差和相对误差来表示，绝对误差为测得值和真值之差，相对误差是指绝对误差在真值中所占百分率。即

$$绝对误差=测得值-真值$$

$$\delta=x-\mu$$

$$相对误差=\frac{测得值-真值}{真值}\times100\%=\frac{绝对误差}{真值}\times100\%=\frac{\delta}{\mu}\times100\%$$

式中　δ——绝对误差；

x——测得值；

μ——真值。

误差越小，表示测定结果与真值越接近，准确度越高。反之误差越大，准确度越低。当测得值大于真值，误差为正，表示测定结果偏高；相反，测定值小于真值，误差为负，表示测定结果偏低。

【例 2-1】 硫酸亚铁真实含量为 95.20%。测得结果为95.15%。又如某双氧水样品，真实含量为 30.17%，测得结果为 30.12%，分别计算其绝对误差和相对误差。

解：

$$硫酸亚铁测定绝对误差=95.15\%-95.20\%=-0.05\%$$

$$相对误差=\frac{-0.05\%}{95.20\%}\times100\%=-0.05\%$$

$$双氧水测定绝对误差=30.12\%-30.17\%=-0.05\%$$

$$相对误差=\frac{-0.05\%}{30.17\%}\times100\%=-0.17\%$$

由此可见，测定的绝对误差虽然相同，但由于被测组分含量不同，相对误差也不同。当被测组分含量较高时，相对误差则比较小，测定准确度也比较高。相对误差则能表明绝对误差在真值中所占的百分率。因此比较各种情况下测定结果的准确度，一般采用相对误差较用绝对误差更为确切和方便。

2. 精密度

在实际分析实验中，由于不知道被测组分的真值，误差就难于求到。因此通常是对分析样品进行多次平行测定，求其算术平均值作为该样品的测定结果。多次测定值之间相互

接近的程度叫做精密度。通常用偏差来表示，偏差是每次测定值与测定平均值之间的差别，偏差也可用绝对偏差和相对偏差来表示。

$$d=X-\overline{X}$$

式中 d——绝对偏差；

X——个别测定值；

$\overline{X}$——平均值。

$$相对偏差=\frac{绝对偏差}{测定平均值}\times 100\%=\frac{d}{\overline{X}}\times 100\%$$

【例 2-2】 两人对同一样品的分析，采用同样的方法，测得结果如下。

甲：31.27%　　31.26%　　31.28%

乙：31.17%　　31.22%　　31.21%

求甲、乙二人各次测量的精密度？

解： 甲、乙二人各自测定结果的平均值为

$$\overline{X}_{甲}=\frac{31.27\%+31.26\%+31.28\%}{3}=31.27\%$$

$$\overline{X}_{乙}=\frac{31.17\%+31.22\%+31.21\%}{3}=31.20\%$$

甲、乙各次测定结果的偏差见表 2-2。

表 2-2 甲、乙分析结果的偏差计算

	绝对偏差	相对偏差
甲	31.27%−31.27%=0.00%	$\frac{0.00\%}{31.27\%}\times 100\%=0.00\%$
	31.26%−31.27%=−0.01%	$\frac{-0.01\%}{31.27\%}\times 100\%=-0.03\%$
	31.28%−31.27%=+0.01%	$\frac{0.01\%}{31.27\%}\times 100\%=+0.03\%$
乙	31.17%−31.20%=−0.03%	$\frac{-0.03\%}{31.20\%}\times 100\%=-0.1\%$
	31.22%−31.20%=+0.02%	$\frac{0.02\%}{31.20\%}\times 100\%=+0.06\%$
	31.21%−31.20%=+0.01%	$\frac{0.01\%}{31.20\%}\times 100\%=+0.03\%$

根据各次分析结果的绝对偏差，可以求得绝对偏差的平均值，也是单次分析结果的平均偏差，以 $\bar{d}$ 表示。

$$平均偏差\ \bar{d}=\frac{|d_1|+|d_2|+\cdots+|d_n|}{n}=\frac{\Sigma|X_n-\overline{X}|}{n}$$

$$相对平均偏差=\frac{平均偏差}{\overline{X}}\times 100\%=\frac{\bar{d}}{\overline{X}}\times 100\%$$

$$甲测定的平均偏差=\frac{|0.00\%|+|-0.01\%|+|0.01\%|}{3}$$

$$=\frac{0.02\%}{3}=0.007\%$$

$$相对平均偏差=\frac{0.007\%}{31.27\%}\times 100\%=0.02\%$$

$$乙测定的平均偏差=\frac{|0.03\%|+|0.02\%|+|0.01\%|}{3}=0.02\%$$

$$相对平均偏差=\frac{0.02\%}{31.20\%}\times100\%=0.06\%$$

从以上数据可看出，甲测定的平均偏差小，乙测定的平均偏差大。即甲测定的精密度比乙高。但在计算平均偏差时，应先取各绝对偏差的绝对值，然后相加除以测定次数。

还可用标准偏差来衡量测定结果的精密度，标准偏差用 S 表示。当测定次数不多时，可按下式计算。

$$S=\sqrt{\frac{\sum(x_i-\overline{X})^2}{n-1}}=\sqrt{\frac{\sum d_i^2}{n-1}}$$

式中　d_i——绝对偏差，等于 $X_i-\overline{X}$；其中 $i=1$，2，3…n；

n——平均测定的次数。

【例 2-3】 甲、乙两人，同做一样品，所得分析结果的绝对偏差分别如表 2-3 所示。

表 2-3　甲、乙分析结果的偏差计算

分析者	绝对偏差					
甲	+0.3	+0.2	−0.2	+0.4	+0.3	−0.1
乙	0.00	−0.3	+0.7	+0.1	−0.1	+0.3
分析者	绝对偏差				平均偏差	标准偏差
甲	+0.2	−0.3	+0.4	+0.1	0.25	0.28
乙	+0.6	−0.1	−0.2	−0.1	0.25	0.35

两者测定值的平均偏差虽然相同，但乙测定的数据较甲的分散，其中有两次较大的偏差。求其标准偏差。

解：

$$S_{甲}=\sqrt{\frac{(0.3)^2+(0.2)^2+(0.2)^2+\cdots+(0.1)^2}{10-1}}=0.28$$

$$S_{乙}=\sqrt{\frac{(0.00)^2+(0.2)^2+(0.7)^2+\cdots+(0.1)^2}{10-1}}=0.35$$

从计算结果可看出，利用标准偏差表示分析结果的精密度较用平均偏差更明显，特别对个别偏差值较大的更敏感。甲、乙两者测定的数据，从平均偏差难以说明精密度的高低，而用标准偏差则明显地看出，甲的分析数据较乙的数据精密得多。

二、误差的分类及产生的原因

在定量分析中的误差按其产生的原因，大致可分为三类：系统误差、偶然误差和过失误差。

1. 系统误差

系统误差是由于某些固定因素所引起的误差。这种误差在每次测定时均重复出现，其大小与正负在同一条件下是基本一致的。因此对分析结果则产生固定偏高或偏低的影响。产生系统误差的原因有以下几种：

(1) 分析方法误差

这是由于选择方法时考虑不周全而引起的。如在滴定分析中，终点和等量点相差较大、有干扰及副反应、反应不完全等。在称量分析中，如沉淀的溶解损失、共沉淀的发生、沉淀的称量式选择不当等，都能固定地影响分析结果。

(2) 试剂误差

由于使用的蒸馏水及试剂不纯，含有某些微量杂质所引起的误差。

(3) 仪器误差

由于使用仪器不符合要求所造成的误差。例如，使用的天平砝码、玻璃仪器等未经校正，实际值与标示值不相符而引起的误差。

(4) 操作误差

在例行分析操作中，虽按操作规程进行，但由于某些特殊的原因，例如个人对颜色感觉敏锐程度不同，使得滴定终点颜色的判断稍深或稍浅等情况引起的误差。

2. 偶然误差

偶然误差是由于一些无法控制的偶然因素引起的误差。例如测定时室温、湿度、气压的变化，空气流动性、振动的发生、仪器性能的微小变化等。由于是偶然因素的产生，不是固定的，因此在重复测定时，偶然误差是不规则的出现，误差值的大小和正负都不相同，没有规律性。但是，在同一实验条件下进行多次重复实验，所得数据的分布应符合统计规律。偶然误差随实验次数变化的规律为：

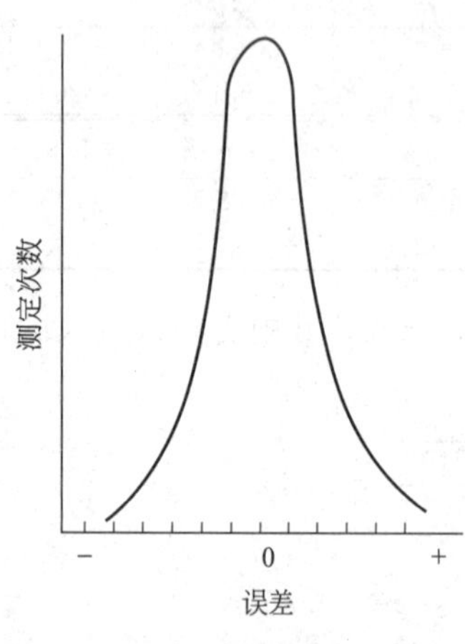

图 2-10 误差的常态分布曲线

(1) 大小相等的正误差和负误差出现的概率（机会）相等。

(2) 误差值（绝对值）较小时，出现的概率多，误差大的概率小，误差特别大的，出现的概率极小。

若用偶然误差与测定次数作图，如图 2-10 所示为钟形的正态分布曲线。从整体上看，当测定次数足够多时，其偶然误差的算术平均值等于零。若先消除了系统误差的情况下，测定次数越多，则平均值越接近于真值。因此，在分析操作中，采用算术平均值来表示分析结果是合理的。

3. 过失误差

由于操作不正确而引起的误差为过失误差。如称量时溅失试剂，测定过程中加错溶液等。一般过失误差较大时，会出现个别离群的数据。因此，在操作中，查明确是由于过失引起的误差，应弃去该次测定的数据。但是，如没有查清过失原因则不能随意去掉，应重新取样仔细分析来判断舍取。

三、精密度和准确度的关系

测定结果的精密度是以平均结果为标准，表示出测定结果的重现性。准确度则是以真实值为标准，表示测定结果的正确性，因此，测定结果精密度好，不一定准确度高。例如，在相同条件下，甲、乙、丙三人分别对尿素样品进行分析，测定结果如表 2-4 所示，真值为 46.05%。

所得结果，可用图 2-11 表示。从图中可以看出，甲的分析结果精密度高，但平均值与真实值相差较大，准确度不高，说明系统误差较大，偶然误差小；乙分析结果的精密度和准确度都较高，说明其系统误差和偶然误差都小；丙分析结果的精密度和准确度都差，说明其系统误差和偶然误差都大。

表 2-4　尿素含氮量的测定结果

编　号	1	2	3	平　均　值
甲	46.17	46.18	46.19	46.18
乙	46.06	46.07	46.08	46.07
丙	46.03	46.12	46.18	46.11

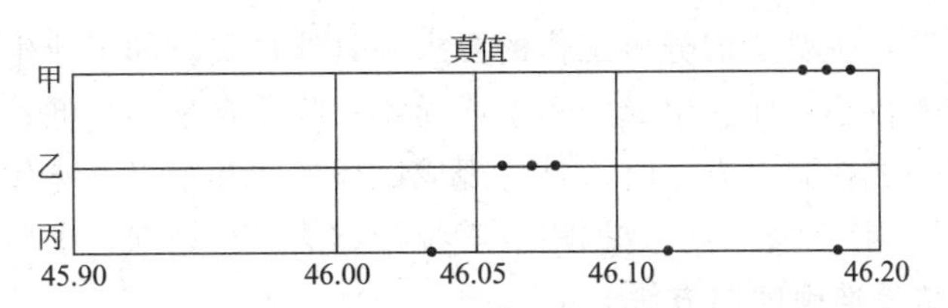

图 2-11　分析数据的准确度和精密度

准确度高，一定要精密度高；但精密度高不一定准确度高，精密度是保证准确度的先决条件。精密度低说明测定结果不可靠，当然也失去了衡量准确度的意义，即使有时可能在多次测定中，正负偏差相互抵消，平均值和真实值较接近，但这种结果也是不可靠的。

四、公差

公差是生产部门或国家机关对分析结果进行质量管理的一项指标。一般在国家或部颁分析方法标准中规定，其值的大小通常是根据经验、需要和可能，对分析数据规定出一套可以允许的绝对误差范围或允许的相对误差范围，叫做允许误差或公差，用 $d_{差}$ 表示。一般工业分析的允许误差的大致范围如表 2-5 所示。

表 2-5　工业分析的公差范围

样品中被测组分含量/%	允许相对误差范围(公差)/%	样品中被测组分含量/%	允许相对误差范围(公差)/%
80～99	0.4～0.3	1～5	5.0～1.6
40～80	0.6～0.4	0.1～1	20～5.0
20～40	1.0～0.6	0.01～0.1	50～20
10～20	1.2～1.0	0.001～0.01	100～50
5～10	1.6～1.2		

一般在分析中，若 x_1、x_2 分别为同一试样的两个平行测定结果，当 $|x_1-x_2|\leqslant 2d_{差}$ 时，就认为这两个分析结果均有效。如当 $|x_1-x_2|>2d_{差}$ 时，则认为超差，x_1、x_2 中至少有一个是不可靠值，必须重新实验。一般在测定未知样时，真值不知道，$d_{差}$ 通常是表示精密度。若 x_1、x_2 其中之一是标准样品即“真实值”时，则 $d_{差}$ 同时表示精密度和准确度。当 $|x_{测}-x_{真}|\leqslant d_{差}$ 时，判断 $x_{测}$ 合格。若 $|x_{测}-x_{真}|>d_{差}$，判断超差。例如，国家标准《钢铁化学分析标准方法》中规定，测定钢中硫含量的公差标准如表 2-6。

表 2-6　钢中硫含量的公差

硫含量/%	≤0.02	0.02～0.05	0.05～0.10	0.10～0.20	0.20 以上
公差/%	±0.002	±0.004	±0.006	±0.010	±0.015

如对一未知样品平行测定两次，$x_1=0.075\%$，$x_2=0.068\%$；测定误差为 $0.075\%-0.068\%=0.007\%$，查表得 $d_{差}=0.006$。

$$2d_{差}=2\times0.006\%=0.012\%$$

测定误差小于允许误差，因此 x_1、x_2 数据合格。

另一标准样品 $x_{真}=0.032\%$，$x_{测}=0.037\%$，查表知 $d_{差}=0.004\%$。

$$x_{测}-x_{真}=0.005\%>0.004\%$$

故 $x_{测}$ 不合格，应重新测定。

公差范围的确定，主要考虑分析工作的要求和具体情况。如工业生产控制分析误差较大；常数测定等误差较小；样品组成的复杂或简单；物质含量的高低；分析方法本身所能达到的准确度等。一般在制定方法时，是将现成试样送往八个以上有代表性的实验室，按规定的方法进行几次测定，将所得数据用数学统计方法进行处理，求出合理公差范围。

五、提高分析结果准确度的方法

尽可能减小误差，才能提高分析结果的准确度。根据误差产生的不同原因，采取相应的措施，才能将误差控制在尽可能小的范围内，以保证分析结果的可靠性。

1. 消除系统误差的方法

(1) 选择合适的分析方法

在选择分析方法时，应选择与被测物质组成相适应的方法和最佳反应条件。例如，某样品中常量铁的测定，选用滴定分析法比较适合，误差可达到 0.1%以下；若用比色分析，由于仪器误差达 2%，其分析结果不准确。反之，如样品中铁含量在 0.01%以下，若仍用滴定分析法，则因滴定剂用量太少而可能测不出来；但采用灵敏度较高的比色分析，则可以进行测定，虽然相对误差大些，但测定的绝对误差只有 $0.01\%\times2\%=0.0002\%$，对分析结果影响不大。

在选定了分析方法后，系统误差也可以和公认的标准方法进行比较，找出校正的数据。

(2) 测量仪器的校正

滴定分析所使用的测量仪器，主要有天平（包括砝码）、滴定管、移液管、容量瓶，一般仪器在出厂时已进行过校验，若允许分析误差大于 1%时，可以不必校正；若允许误差较小时，必须进行校正。变动大的仪器如天平，还必须定期进行校验，减小系统误差，确保测定准确。

(3) 空白试验

就是在不加试样的情况下，按样品分析的操作条件和规程进行分析，所得结果为空白值。空白值可校正试剂、器皿、蒸馏水等带进杂质所造成的系统误差。在计算时，从样品分析结果中扣除空白值，使分析结果更加准确。

(4) 对照试验

对照试验是采用一个已知准确含量的标准样品（其组成要和被测样品相近），按同样方法和条件进行分析，还可采用不同分析方法、不同分析人员、不同实验室，分析相同样品进行互相对照，即可判断分析结果有无系统误差。

标准样品的含量确定，一般是由国家有关部门组织有经验的实验室，采用公认可靠的分析方法，测定的数据经合理的处理后，得到一个接近于真实值的分析结果。

一般企业也有采用“管理样”来代替标准样的情况。“管理样”是事先经多次反复测定、含量比较可靠的样品。在没有“标准样”和“管理样”的情况下，也可以用已知纯品

（基准试剂）进行配制样品，作为已知含量的样品来进行对照分析。校正中，可得一个标准含量值 $x_{标}$ 和测得值 $x_{测标}$，利用两者之比例关系来对未知样品进行校正。

$$校正系数\ F=\frac{标准样品的标准含量}{标准样品测得含量}=\frac{x_{标}}{x_{测标}}$$

未知样品中组分含量，计算如下：

$$组分含量\ x=样品测得含量\times 校正系数=x_{(测)}\times F=x_{(测)}\times\frac{x_{标}}{x_{测标}}$$

例如，测定钢样品中 Fe 含量，测定值为 98.54%，标准样测定值为 99.13%，其标样标准含量为 99.92%，则被测样品中含量为

$$被测组分含量\ x_{Fe}=98.54\%\times\frac{99.92\%}{99.13\%}=99.32\%$$

2. 减少偶然误差的方法

从上述对误差分析得知，在多次测定时，偶然误差的算术平均值趋于零。因而增加平行测定次数，取测定平均值为测定结果，可以减少偶然误差。在工业分析中，一般试样通常平行测定次数为 2～4 次。标准溶液标定，测定次数适当增加，有利于减少偶然误差。若得数据没有超差现象，则测定结果基本可靠。

分析数据精密度高，只能说明偶然误差小。只有在消除了系统误差后，精密度高才能说明测定结果接近于真值，即准确度高。因此，在进行分析工作时，一般要采用空白试验或对照试验来消除系统误差，采用多次分析的方法来消除偶然误差，以便得到准确的分析结果。

六、可疑值的取舍

一组数据中，可能有个别数据与其他数据差异较大，称之为可疑值。除确定是由过失所致的可疑值可以舍弃外，可疑值是舍去还是保留，应该用统计学方法来判定，不能凭主观意愿决定取舍。常用的可疑值取舍方法有 $4\bar{d}$ 法、Q 检验法和格鲁布斯法。

1. $4\bar{d}$ 法

可以将可疑值与 $\bar{x}$ 之差是否大于 $4\bar{d}$ 作为可疑值取舍的根据。

应用 $4\bar{d}$ 法时，先把可疑值除外，求出余下测量值的 $\bar{x}$ 和 $\bar{d}$，若可疑值与 $\bar{x}$ 之差的绝对值大于 $4\bar{d}$，可疑值舍去，否则保留。

【例 2-4】 测定矿石中 TiO_2 含量，4 次测定结果分别是 12.74%、12.67%、12.56%、12.66%，问 12.56%测定值应否保留？

解： 把 12.56%除外，求得

$$\bar{x}=12.69\%,\ \bar{d}=0.033\%,\ 4\bar{d}=0.132\%$$

$$|12.56\%-12.69\%|=0.13\%<4\bar{d}$$

12.56%可疑值保留。

$4\bar{d}$ 法方法简单，但只适用于处理要求不高的数据，若 $4\bar{d}$ 法与下面所述方法在结论有异时，应考虑以后面的方法为准。

2. Q 检验法

此法是先将数据从小到大排列，如

$$x_1，x_2，\cdots，x_{n-1}，x_n\ (x_n>x_{n-1})$$

设 x_n 为可疑值，按下式求统计量 Q，Q 称为舍弃商。

$$Q=\frac{x_n-x_{n-1}}{x_n-x_1}$$

上式的分母是极差，分子是可疑值与最邻近值之差，把 Q 与 $Q_{表}$ 值比较，若 $Q>Q_{表}$，可疑值 x_n 应舍去，否则保留。若 x_1 是可疑值，Q 从下式求出。

$$Q=\frac{x_2-x_1}{x_n-x_1}$$

$Q_{表}$ 值与置信度和测量次数有关，如表 2-7 所示。

表 2-7　$Q_{表}$ 值

测定次数 n		3	4	5	6	7	8	9	10
置信度	90%($Q_{0.90}$)	0.94	0.76	0.64	0.56	0.51	0.47	0.44	0.41
	96%($Q_{0.96}$)	0.98	0.85	0.73	0.64	0.59	0.54	0.51	0.48
	99%($Q_{0.99}$)	0.99	0.93	0.82	0.74	0.68	0.63	0.60	0.57

应用 Q 检验法时，一般来说，在 n 为 5～7 及以下，一般检验 x_1 或 x_n，若 n 为 8～10 及以上，则同时检验 x_1 和 x_n。当 n 较小，可疑值计算的 Q 与 $Q_{表}$ 值极相近或相等，难以下结论时，最好再进行一次或两次测定后重新检验。

3. 格鲁布斯法

该法用到正态分布中反映测量值集中与波动的两个参数 $\bar{x}$ 和 s，因而可靠性较高。应用此法时，在计算了 $\bar{x}$ 和 s 后，将测量值从小到大排列，同 Q 检验法一样，应按测量次数多少，确定检验 x_1 或 x_n，或两个都做检验。设 x_1 为可疑值，由下式求统计量 T。

$$T=\frac{\bar{x}-x_1}{s}$$

把 T 与 $T_{\alpha,n}$ 值表比较，若 $T\geqslant T_{\alpha,n}$，可疑值舍去，否则保留，若 x_n 为可疑值，T 由下式求出。

$$T=\frac{x_n-\bar{x}}{s}$$

$T_{\alpha,n}$ 值与测定次数和显著性水准有关，如表 2-8 所示。

表 2-8　$T_{\alpha,n}$ 值表

测定次数 n	显著性水准 α			测定次数 n	显著性水准 α		
	0.05	0.025	0.01		0.05	0.025	0.01
3	1.15	1.15	1.15	8	2.03	2.13	2.22
4	1.46	1.48	1.49	9	2.11	2.21	2.32
5	1.67	1.71	1.75	10	2.18	2.29	2.41
6	1.82	1.89	1.94	15	2.41	2.55	2.71
7	1.94	2.02	2.10	20	2.56	2.71	2.88

七、分析结果的报出

分析工作者接受分析任务后，按照有关部门规定的操作规程进行分析，分析工作结束后，还要进行检查、计算，最后报出分析结果。

首先要详细检查一下分析的全过程有无异常现象，整理分析记录，看是否有遗漏和差错。

其次根据分析的原始记录，计算分析结果并根据有关部门规定的“公差”范围或允许分析误差，判断分析结果是否超差，若不超差，则分析结果是合理的；若超差，应分析原因，重新取样分析。

最后填写检验报告单。检验报告单是产品质量的凭证，是产品是否合格的技术根据，也是化验员工作的最后体现，因此，一定要慎重。为了对产品负责，化验员要实事求是报出结果，决不允许弄虚作假。检验报告单的内容，一般包括：送检单位、样品名称、存放地点及数量、包装、取样时间、分析项目、分析结果、是否合格、报出时间、储存样号码、取样人、化验员等。最后经负责人签字后，才可向送检单位正式发出检验报告单。

第三节　有效数字及运算规则

一、有效数字

1. 有效数字的含意

为了获得准确的测定结果，不仅需要采用合理的分析方法和相应准确的仪器来进行测定，而且还要正确地记录和运算。对测定结果的正确记录，是用有效数字的位数来确切地反映出测量的准确程度。因此，分析化学中的有效数字，是在操作中能够准确测定的有实际意义的数字。

例如，用滴定管来测量溶液体积时，普通滴定管最小刻度为0.1mL，因此，在0.1mL以上的体积都是准确的，而0.1mL以下，由于没有刻度，只能进行估计，约为0.1mL的十分之几。如读24.62mL，说明0.02mL是估计的。最后一位数的估计值是有一定误差的，但又不是凭空臆造的，因而也具有一定实际意义，一般称它为可疑位值。有效数字的位数，包括所有有意义的准确的位数加上一个可疑的位数。因此，滴定读数的有效数字应保留至小数点后第二位。又如用架盘天平和用万分之一的天平称量时，前者准确位为克位，0.1g位就是估计的，因此只能记到小数点后一位；用万分之一天平称量时，小数点后三位都是准确的，只有第四位是可疑的。因此要记录到小数点后第四位。

总之，记录测量数据时，一定要根据测量仪器的准确位数加上一个估计位数，才能正确反映测定的准确程度。

另外，如果测量方法要求准确到某一程度的有效位数，操作时，一定要选用足够准确的仪器来进行测量。例如，用差减法称取样品0.3g，称准至0.0002g（称量两次的结果，绝对误差为0.0002g），这是说明样品的质量要准到小数点后第三位，第四位则为可疑值。如果采用架盘天平是肯定达不到的，只有用万分之一的精密天平称取，才能达到准确度的要求。因此，分析数据的有效数字的位数是和测量仪器的准确程度有关。

2. 有效数字位数的确定

1）有效数字中“0”的作用，在数字前面的“0”只作定位用，不算有效位数，在数字中间和后面的“0”则是有效位数。如表2-9所示。

表 2-9 有效数字位数的确定

1.4205	120.36	五位有效数字	0.0020	1.8×10^5	二位有效数字
0.3020	16.75	四位有效数字	0.5	0.003%	一位有效数字
0.0215	1.85	三位有效数字	50000		不定位

对于一些较大的数字，如 5000、36000、150000 等，一般记录时，前面用一个数表示有效数字的位数，后面乘一个 10^n 来表示，若上面三个数的有效位数为三位时，则应写成 5.00×10^3、3.60×10^4、1.50×10^5。

2）算式中的常数、系数如 π、e、$\frac{1}{2}$、$\sqrt{2}$等的有效数字位数，可认为是无限制的，即在计算中，需要几位，可以写成几位。如 π 两位时为 3.1，三位时为 3.14。另外，取大样配制样品，如称样 G 克，用容量瓶稀至 250mL，用移液管取 25mL 滴定时，样品质量计算为 $G=G_{样}\times\frac{25}{250}$，式中$\frac{25}{250}$是无限制位数。

3）对数计算中，应以真数的有效数字位数为准。如 $[H^+]=5.0\times10^{-5}$ mol/L 的有效数字位数只有两位，其 pH=4.31 的有效数字位数也是两位，即对数中小数点后的位数才表示有效数字位数，而整数部分只表示该数的方次。所以 pH=4.31 的有效数字位数是两位，而不是三位。反之，求反对数也一样。

二、有效数字的运算规则

1. 有效数字的修约规则

在分析结果的运算过程中，可能涉及各测量值的有效数字的位数不同，为避免运算中的无意义工作，先将其修约到误差接近时的有效位数后，再进行运算。在修约时，一般应用“四舍五入”数字修约规则，此法由于见 5 就入，会引起系统误差偏高的后果。因此，要求较高时，则应用“四舍六入五成双的法则”，即被修约之数在 4 以下时舍去；6 以上时进位；等于 5 时，则看前一位若是单数就进一，是双数就舍去。例如下列几个数修约成三位有效数字为（表 2-10）：

表 2-10 有效数字的修约

原数据	三位有效数字	修约规则	原数据	三位有效数字	修约规则
1.4461	1.45	六进一	4.2650	4.26	五留双
0.2755	0.276	五留双	6.1742	6.17	四 舍

数据修约应一次进行，如 4.7488，修约为两位有效数字时，不能先约成 4.75 再进约为 4.8，应一次修约为 4.7。

另外在测量值中，修约数字等于 5 时，其后则为测量所得的数，如 4.4541，修约为两位时，由于 0.0541>0.05，因此，也可以进位为 4.5。

2. 有效数字的运算规则

1）几个数相加或相减的和或差，只能保留一位可疑数。即由绝对误差最大的数决定，一般小数点后位数最少的绝对误差最大，例如求 0.4271、10.56、7.214 的和，三数中可疑位数分别为

$$
\begin{array}{rr}
 & \text{可疑位数} \\
0.4271 & 0.0001 \\
10.56 & 0.01 \\
+\ 7.214 & 0.001 \\
\hline
\text{和}\ 18.2011 & \text{和}\ 0.0111
\end{array}
$$

因此，和只能记为 18.20，不能记作 18.2011。为了简便起见，正确的计算应先将各数修约到 0.01 位后，再相加得18.20。

$$
\begin{array}{r}
0.43 \\
10.56 \\
+\quad 7.21 \\
\hline
18.20
\end{array}
$$

2）几个数相乘或相除，所得积或商的有效数字位数应以各数中有效数字位数最少的为准。即以相对误差最大的数据为准。例如求 10.32、0.123、3.1751 之积。

0.123 相对误差最大，有效数字位数最少，因此，积则取三位有效数字。应先对过多的位数进行修约，然后再相乘。如上数修约为 0.123、10.3、3.18，积为

$$10.3\times0.123\times3.18=4.0287\approx4.03$$

在计算中，若第一个有效数字的值大于 8 时，则有效数字位数可多保留一位，8.00 和 10.00 的相对误差是比较接近的，因此，均可看成四位有效数字。

$$\frac{0.01}{8.00}\times100\%\approx0.1\%$$

$$\frac{0.01}{10.00}\times100\%\approx0.1\%$$

一般在乘或除计算过程中，可取比应保留的有效数字位数多一位来运算，所得结果再进行修约为应取的有效数字位数。

分析化学计算中，习惯上对有关化学平衡计算中的离子浓度，采用保留二位或三位有效数字；质量、滴定分析保留四位有效数字，相对误差、误差保留两位有效数字。

复　习　题

1. 试述电光天平的结构及主要部件的作用。
2. 天平的灵敏度与哪些因素有关？如何调整天平的灵敏度？
3. 怎样调整天平的零点？称量时，一般操作步骤有哪些？
4. 直接称量法和差减称量法各用于什么情况？
5. 什么是准确度？如何表示？
6. 什么是精密度？如何表示？精密度和准确度的关系是什么？
7. 什么是公差？确定公差的依据是什么？
8. 定量分析中产生误差的原因有哪些？如何减免？
9. 在平行测定所得数据中，对可疑数值采用什么方法确定保留或舍弃？
10. 试说明下列各种误差是系统误差，还是偶然误差？

（1）天平的两臂不等长；

（2）砝码被腐蚀；

（3）容量瓶和移液管不配套；

（4）试剂里含有微量的被测组分；

(5) 操作中有溅失溶液的现象;

(6) 在称量时,试剂吸收了空气中少量水分;

(7) 读数最后一位数字估测不准;

(8) 在沉淀称量法中,沉淀不完全。

练 习 题

1. 将 1mg 砝码加在第一台天平的称量盘中引起指针在标牌上移动 2.5 格;加在第二台天平的称量盘中,引起指针移动 10 格,两台天平的灵敏度各是多少?感量各是多少?

2. 某学生称取 Na_2CO_3 样品两份,第一份称得结果是 0.4143g,真实值是 0.4144g;第二份称得结果是 0.0414g,真实值是 0.0415g。问两份样品称量的绝对误差各为多少?相对误差各为多少?比较两份样品称量的绝对误差和相对误差,说明什么问题?

3. 常量滴定管的读数误差为±0.01mL,完成一次滴定最大绝对误差是多少?若放出溶液的体积是 25mL,最大相对误差是多少?

4. 某分析天平称量的最大绝对误差为±0.2mg,要使称量的相对误差不大于±0.2%,问至少要称多少样品?

5. 测得 NaCl 中氯的质量分数为 60.11%,若样品为纯 NaCl,测量的绝对误差是多少?相对误差是多少?

6. 有一铜矿样品,送甲、乙两处分析,甲处得出结果为 24.87%。乙处得出结果为 24.93%,而铜实际含量为 25.05%,求两处分析结果的绝对误差和相对误差。

7. 甲、乙两位化验员,对同一样品中某成分的质量分数作如下报告。

甲:20.48、20.55、20.58、20.60、20.53、20.50。

乙:20.44、20.64、20.56、20.70、20.98、20.52。

分别计算他们的平均值,平均偏差和相对平均偏差。

8. 标准试样含 SiO_2 61.32%,甲测得的结果为 61.51%、61.52%、61.50%;乙测得的结果为 61.36%、61.30%、61.33%。分别计算甲、乙二人分析结果的绝对误差和相对误差,谁的准确度高?谁的精密度高?

9. 甲、乙两分析者,同时分析赤铁矿中 Fe_2O_3 的质量分数,分析结果如下。

甲:52.16%、52.22%、52.18%。

乙:53.46%、53.46%、53.28%。

赤铁矿中 Fe_2O_3 实际含量为 53.36%,问甲、乙两分析者的结果哪个准确度高?哪个精密度高?

10. 下列数据各包含几位有效数字?

(1) 1.302　(2) 0.056　(3) 10.300　(4) 0.0001

(5) 6.3×10^{-5}　(6) 2.86×10^{-2}　(7) 4.5×10^{3}　(8) 4.50×10^{3}

11. 甲、乙两分析者,同时分析矿物样品中含硫量,每次采用试样 3.5g,分析结果报告如下。

甲:0.042%、0.041%

乙:0.04199%、0.0420%

哪份报告合理?为什么?

12. 计算下列各式,并用正确的有效数字表示答案。

(1) $0.0121+25.64+1.05782$

(2) $0.0121\times25.64\times1.05782$

(3) $\dfrac{2.52\times4.10\times15.04}{6.15\times104}$

(4) $\dfrac{1.20\times(112-1.260)}{5.4375}$

(5) pH=4.53,求 $[H^+]$。

第三章　滴定分析概论

第一节　概　　述

滴定分析法又叫容量分析法。滴定分析是化学分析的基本内容，在化工分析中得到广泛应用。

滴定分析是用滴定管将已知准确浓度的溶液，滴加到被测物质的溶液中，直到被测组分恰好完全反应为止。由所用溶液的浓度和体积，根据化学反应方程式量的关系，来计算被测物质含量的方法。

这种已知准确浓度的溶液叫“滴定剂”，一般称之为“标准溶液”。滴加标准溶液，并进行化学反应的操作，称为“滴定”。被测物质溶液，称为“试液”。当滴定到标准溶液的量和被测物的量相等时，称为“等量点”[1]。一般滴定反应到达等量点时，没有外部特征，而是选用一种能在等量点附近变色的物质来指示等量点的到来，这种物质称为“指示剂”。指示剂变色时，即停止滴定，称为“滴定终点”。一般指示剂的变色点和滴定反应的等量点，有很小的差别，由此而造成的分析误差，称为终点“滴定误差”。

滴定分析多用于常量组分（含量在1%以上）分析，测定的相对误差一般小于0.1%。和称量分析相比较，滴定分析较为简便、迅速。对低含量物质的测定，需要用仪器分析。

一、滴定分析对化学反应的要求

1）反应必须按一定的化学方程式定量进行，没有副反应。

2）反应速率要快。或者通过催化、加热等方法，可加速的反应。

3）有适当的方法，指示反应的等量点。

4）反应不受杂质的干扰。若有干扰，可采用适当的方法消除干扰。

二、滴定分析的分类

1. 按化学反应类型不同分类

（1）酸碱滴定法

以酸碱中和反应为基础的滴定分析法，称为酸碱滴定法。反应实质为

$$H^+ + OH^- \longrightarrow H_2O$$

此法可用来测定酸、碱以及可以和酸、碱进行定量反应的物质。

（2）氧化还原滴定法

---

[1] 旧称等当点，现称化学计量点、计量点或等量点。

以氧化还原反应为基础的滴定分析方法，根据标准溶液的不同，氧化还原滴定法还可分为高锰酸钾法、重铬酸钾法、碘量法、铈量法等。如

$$MnO_4^- + 8H^+ + 5e \longrightarrow Mn^{2+} + 4H_2O$$

$$2S_2O_3^{2-} - 2e \longrightarrow S_4O_6^{2-}$$

此法可用来测定具有氧化性或还原性的物质，以及能和氧化剂和还原剂发生间接反应的物质。

(3) 配位滴定法

以配合反应为基础的滴定分析法，称为配位滴定法。应用最广泛的为 EDTA 法。反应为

$$H_2Y^{2-} + M^{n+} \longrightarrow MY^{n-4} + 2H^+$$

式中，M^{n+} 表示 1～4 价的金属离子，H_2Y^{2-} 表示 EDTA 的阴离子。

此法主要应用于测定金属离子。

(4) 沉淀滴定法

该法是以沉淀反应为基础的滴定分析法。主要是生成银盐沉淀的银量法，反应为

$$Ag^+ + Cl^- \longrightarrow AgCl\downarrow$$

$$Ag^+ + CNS^- \longrightarrow AgCNS\downarrow$$

根据选用的不同指示剂，银量法可分为莫尔法（K_2CrO_4 为指示剂）、佛尔哈德法（铁铵矾为指示剂），法扬司法（吸附指示剂），主要应用于 Ag^+、CN^-、CNS^- 卤素等物质的测定。

2. 按滴定方式不同分类

(1) 直接滴定法

用标准溶液直接滴定被测物质溶液的方法，叫直接滴定法。一般能满足滴定分析要求的反应，都可用于直接滴定。例如工业硫酸含量的测定，就可采用 NaOH 标准溶液直接进行滴定。

(2) 返滴定法 （剩余量滴定法）

此法是以被测物质先与一定过量的已知浓度的试剂作用。反应完全后，再用另一标准溶液滴定剩余的试剂，此法适用于反应速率较慢，需要加热才能反应完全的物质，或者直接法无法选择指示剂等类反应。例如，在酸性溶液中，用银量法测 Cl^- 时，由于没有合适的指示剂，不能直接滴定，若采用先加入过量、定量的 $AgNO_3$ 标准溶液，待反应完全后，再用 NH_4CNS 标准溶液滴定剩余的 $AgNO_3$，可用 Fe^{3+} 作指示剂。

$$Cl^- + \underset{(过量)}{Ag^+} \longrightarrow AgCl\downarrow$$

$$\underset{(剩余)}{Ag^+} + CNS^- \longrightarrow AgCNS\downarrow$$

$$CNS^- + Fe^{3+} \longrightarrow [Fe(CNS)]^{2+}$$

(3) 置换滴定法

此法是将被测物和适当过量的试剂反应，生成一定量的新物质，再用一标准溶液来滴定生成的物质。此法适用于直接滴定法时有副反应的物质。

例如，硫代硫酸钠不能直接滴定重铬酸钾和其他强氧化剂，因为这些氧化剂和

$S_2O_3^{2-}$ 作用时，不仅生成 $S_4O_6^{2-}$，同时，还有 SO_4^{2-} 生成，因此没有一定量的关系。但是，若采用置换滴定法，即在酸性 $K_2Cr_2O_7$ 溶液中，加入过量的 KI 置换出一定量的 I_2，再用 $Na_2S_2O_3$ 标准溶液直接滴定生成的 I_2，则反应就能定量进行。反应为

$$Cr_2O_7^{2-}+6I^-+14H^+ = 2Cr^{3+}+3I_2+7H_2O$$

$$I_2+2S_2O_3^{2-} = 2I^-+S_4O_6^{2-}$$

（4）间接滴定法

对于不能直接和滴定剂反应的物质，例如，高锰酸钾不能和 Ca^{2+} 直接作用，但 Ca^{2+} 能和 $C_2O_4^{2-}$ 反应，生成 CaC_2O_4 沉淀，将沉淀用 H_2SO_4 溶解后，再用 $KMnO_4$ 标准溶液滴定 $C_2O_4^{2-}$，从而间接测 Ca^{2+}，反应为

$$Ca^{2+}+C_2O_4^{2-} = CaC_2O_4\downarrow$$

$$CaC_2O_4\downarrow+SO_4^{2-} = CaSO_4+C_2O_4^{2-}$$

$$2MnO_4^-+5C_2O_4^{2-}+16H^+ = 2Mn^{2+}+10CO_2\uparrow+8H_2O$$

第二节　滴定分析的计算

滴定分析的计算，主要包括溶液浓度的表示和计算、分析结果的表示和计算、分析误差及计算。本节仅讲前面两种计算和实例。

一、滴定分析计算中常用的物理量

根据国家计量法及国家标准（GB3 102.1.3.8—82）的规定，滴定分析计算中常用的物理量和单位如表 3-1 所示。

表 3-1　滴定分析计算中常用的基本物理量和单位

基本物理量		法定计量单位		换算关系①
量的名称	量的符号	单位名称	单位符号	
体积	V	升，毫升	L，mL	1L＝1000mL
质量	m	克	g	$m=nM=\frac{c_BVM}{1000}$
物质的量	n	摩（尔）	mol	$n=\frac{m}{M}=\frac{c_BV}{1000}$
摩尔质量	M	克每摩（尔）	g/mol	$M=\frac{m}{n}=\frac{1000m}{c_BV}$
B的物质的量浓度	c_B②	摩（尔）每升	mol/L	$c_B=1000\frac{n}{V}=1000\frac{m}{VM}$

① 此栏内体积 V 的单位都是 mL。凡涉及 n、M、c 的关系式中其基本单元必须相同。

② B 的物质的量浓度，也可简称为物质 B 的浓度。符号 c_B 中的下标即指具体的物质的基本单元。

1. 物质的量

物质的量是表示组成物质的基本单元数目的物理量，用符号 n 表示，单位是摩尔，符号为 mol。摩尔是一系统的物质的量，该系统中包含的基本单元数与 0.012kg 碳-12 的原子数目相等。其基本单元可以是原子、分子、离子、电子，或是这些粒子的特定组合，如 H_2、HCl、$\frac{1}{2}H_2SO_4$、$\frac{1}{5}KMnO_4$ 等。

据实验测得 0.012kg 碳-12 所包含的碳原子数目为 $(6.0221367\pm0.00000317)\times10^{23}$

个，即阿伏加德罗常数。所以，如果一系统中所含某物质的基本单元数目等于阿伏加德罗常数，则该物质的量就是 1moL。

2. 摩尔质量

物质的质量用符号 m 表示，单位为千克（kg）。在分析化学中常用克（g）、毫克（mg）和微克（μg）表示。

摩尔质量是物质质量除以物质的量，用符号 M 表示，如下式其中 B 表示某物质的单元组合。

$$M=\frac{m_B}{n_B}$$

式中 M——物质的摩尔质量，g/mol；

m_B——物质的质量，g；

n_B——物质的量，mol。

已知基本单元后，就可计算出摩尔质量。例如盐酸（HCl）的相对分子质量为 36.46，基本单元为 HCl，摩尔质量为 36.46g/mol；硫酸（H_2SO_4）相对分子质量为 98.08，基本单元为$\frac{1}{2}H_2SO_4$，摩尔质量为 49.04g/mol；高锰酸钾（$KMnO_4$）的相对分子质量为 158.04，基本单元为$\frac{1}{5}KMnO_4$，摩尔质量为 31.61g/mol。

二、溶液浓度的表示方法及换算

分析化学中，溶液按其用途不同可分为一般溶液和标准溶液两大类。一般溶液如指示剂、吸收剂、缓冲溶液等，仅需要近似浓度即可；标准溶液作为滴定剂，其浓度要求准确到四位有效数字。

1. 溶液浓度的表示方法及计算

（1）B 的质量分数

溶质 B 的质量与溶液质量的比叫 B 的质量分数。用 w_B 来表示。

$$w_B=\frac{\text{溶质质量}}{\text{溶液质量}}\times 100\%=\frac{\text{溶质质量}}{\text{溶液密度}\times\text{溶液体积}}\times 100\%$$

例如 30% 的 NaOH 水溶液，即为 100g 溶液中含有 30g NaOH，70g 水。

【例 3-1】 欲配制 5% K_2CrO_4 溶液 500g，求 K_2CrO_4 及蒸馏水质量各为多少？

解： 设所需 K_2CrO_4 质量为 X

则
$$w(K_2CrO_4)=5\%=\frac{X}{500}\times 100\%$$

$$X=25\ (\text{g})$$

蒸馏水为 500－25＝475（g）

配制时，由于蒸馏水的密度近似等于 1g/mL，称取 25g K_2CrO_4 固体，溶于 475g（mL）蒸馏水中即可。

【例 3-2】 欲配制 70% 的硫酸溶液 1000mL，问需 98% 的硫酸多少毫升？

解： 查表得 70% 的硫酸溶液密度 ρ_2 为 1.62g/mL

98% 的硫酸溶液密度 ρ_1 为 1.84g/mL

设需要 V_1 mL 浓硫酸，利用稀释前后溶质不变，即

$$V_1\rho_1 w_1 = V_2\rho_2 w_2$$

则
$$V_1 = \frac{V_2\rho_2 w_2}{\rho_1 w_1} = \frac{1000\times1.62\times70\%}{1.84\times98\%} = 629\ (\text{mL})$$

(2) B 的质量浓度

溶质 B 的质量与溶液总体积的比。用 ρ_B 表示

$$\rho_B = \frac{\text{溶质质量}}{\text{溶液总体积}}\times100\% = \frac{m_B}{V_B}$$

【例 3-3】 欲配制 10% $BaCl_2$ 溶液 500mL，需称取 $BaCl_2$ 固体的质量为多少？

解： 设称取 $BaCl_2$ 的质量为 m

则
$$m = \rho_B V_B = 10\%\times500 = 50\ (\text{g})$$

称取 50g 固体 $BaCl_2$ 用少许水溶解，并用蒸馏水稀释至 500mL。

【例 3-4】 配制 0.1%甲基橙指示剂 400mL，问固体甲基橙和蒸馏水各取多少？

解： 设固体甲基橙质量为 $m_{甲基橙}$

$$m_{甲基橙} = \rho_B V_B = 0.1\%\times400 = 0.4\ (\text{g})$$

蒸馏水为 400mL。

称取 0.4g 固体甲基橙溶于水中，并稀释至 400mL 即可。

【例 3-5】 市售 96%的 H_2SO_4，欲配制成质量分数为 30%的 H_2SO_4 400mL，应取浓硫酸多少毫升？蒸馏水多少毫升？

解： 设取浓硫酸为 $V_浓$。

已知　　浓硫酸 $w_浓 = 96\%$，$w_稀 = 30\%$

查表得　　$\rho_浓 = 1.84\text{g/mL}$　$\rho_稀 = 1.22\text{g/mL}$　已知　$V_稀 = 400\text{mL}$

则
$$V_浓 = \frac{V_稀\ \rho_稀\ w_稀}{\rho_浓\ w_浓} = \frac{400\times1.22\times30\%}{1.84\times96\%} = 82.9\ (\text{mL})$$

加水量 $= V_稀 - V_浓 = 400 - 83 = 317$ (mL)

配制时用量筒量取 317mL 蒸馏水于烧杯中，再量取 96%的 H_2SO_4 83mL，缓慢的加入水中并冷却。

(3) 体积比溶液

即是用溶质试剂（市售原装浓溶液）与溶剂体积之比来表示的浓度。

如果溶液中溶质试剂和溶剂的体积比为 $a : b$，需要配制溶液的总体积为 V，则加入溶质试剂和溶剂的倍数为 x。

$$x = \frac{V}{a+b}$$

即溶质试剂体积为 ax，溶剂体积为 bx。

【例 3-6】 欲配制 1+3 氨水 1500mL，求所用浓氨水和蒸馏水各为多少毫升？

解： $x = \frac{V}{a+b} = \frac{1500}{1+3} = 375$

浓氨水体积为 $= 1\times375 = 375$ (mL)

蒸馏水体积为 $= 3\times375 = 1125$ (mL)

用量筒量取 375mL 浓氨水于 2000mL 烧杯中，再加蒸馏水 1125mL 混合均匀即可。

(4) B 的物质的量浓度

B的物质的量与溶液体积的比。

用符号 c_B 表示。

$$c_B=\frac{n_B}{V}$$

式中 c_B——B的物质的量浓度，mol/L；

n_B——B的物质的量，mol；

V——溶液的体积，L。

【例3-7】 配制 $c\left(\frac{1}{2}H_2SO_4\right)=1mol/L$ 的溶液1000mL；应取 $\rho=1.84g/mL$ 的 H_2SO_4 多少毫升？

解：已知 $\rho=1.84$（g/mL），$w=96\%$ $V=1000$（mL）

$$M\left(\frac{1}{2}H_2SO_4\right)=\frac{M_{H_2SO_4}}{2}=\frac{98.08}{2}=49.04$$

$$c\left(\frac{1}{2}H_2SO_4\right)\times\frac{V}{1000}=\frac{V_{H_2SO_4}\cdot\rho\cdot x\%}{M\left(\frac{1}{2}H_2SO_4\right)}$$

$$V_{H_2SO_4}=\frac{c\left(\frac{1}{2}H_2SO_4\right)\times\frac{V}{1000}\times M\left(\frac{1}{2}H_2SO_4\right)}{\rho w}$$

$$=\frac{1\times\frac{1000}{1000}\times 49.04}{1.84\times 96\%}=27.76\ (mL)$$

【例3-8】 欲配制 $c\left(\frac{1}{6}K_2Cr_2O_7\right)=0.1mol/L$ 的溶液1000mL，应称取多少 $K_2Cr_2O_7$？

解：已知 $c\left(\frac{1}{6}K_2Cr_2O_7\right)=0.1mol/L$ $V=1000mL=1L$

$$M\left(\frac{1}{6}K_2Cr_2O_7\right)=\frac{294.18}{6}=49.03g/mol$$

则

$$m=c\left(\frac{1}{6}K_2Cr_2O_7\right)\cdot V\cdot M\left(\frac{1}{6}K_2Cr_2O_7\right)$$
$$=0.1\times 1\times 49.03$$
$$=4.9\ (g)$$

2. 各种浓度间的换算

B的质量分数与B的物质的量浓度之间的换算，有如下关系式

$$c_B=\frac{\rho\times 1000\times w_B}{M_B}$$

式中 ρ——溶液的密度，g/mL；

M_B——溶质的摩尔质量，g/mol；

w_B——B的质量分数，%；

c_B——B的物质的量浓度，mol/L。

【例3-9】 将密度为1.180g/mL的硫酸稀释至10倍，稀释后的溶液10.00mL能与0.2000mol/L氢氧化钠溶液30.00mL完全反应，计算原硫酸溶液的浓度：(1) 物质的量浓

度；(2) 质量分数。

解：(1) 稀释后硫酸的物质的量浓度

由 $$c(\mathrm{NaOH})\cdot V=c\left(\frac{1}{2}\mathrm{H_2SO_4}\right)\cdot V\left(\frac{1}{2}\mathrm{H_2SO_4}\right)$$

$$0.2000\times30.00=c\left(\frac{1}{2}\mathrm{H_2SO_4}\right)\times10.00$$

$$c\left(\frac{1}{2}\mathrm{H_2SO_4}\right)=0.6000\ (\mathrm{mol/L})$$

(2) 浓 H_2SO_4 溶液的质量分数

$$c\left(\frac{1}{2}\mathrm{H_2SO_4}\right)=\frac{\rho\times1000\times w\left(\frac{1}{2}\mathrm{H_2SO_4}\right)}{M_i}$$

$$w\left(\frac{1}{2}\mathrm{H_2SO_4}\right)=\frac{c\left(\frac{1}{2}\mathrm{H_2SO_4}\right)M_i}{\rho\times1000}\times100\%$$

$$=\frac{6.000\times49.04}{1.18\times1000}\times100\%=24.93\%$$

浓硫酸溶液物质的量浓度为 6.000mol/L $\left(\frac{1}{2}\mathrm{H_2SO_4}\right)$，质量分数为 24.93%。

三、分析结果的计算

1. 等物质的量规则

等物质的量规则是在滴定分析中，当化学反应达到化学计量点时，待测物质的量 n_B 与标准溶液的物质的量 n_A 相等，它是滴定分析计算结果的计算依据，表示如下：

$$n_B=n_A$$

若反应的两种物质均为溶液，则等物质的量规则可表示为

$$c_BV_B=c_AV_A$$

式中 c_B——待测溶液的物质的量浓度，mol/L；

V_B——待测溶液的体积，mL；

c_A——标准溶液的物质的量浓度，mol/L；

V_A——标准溶液的体积，mL。

$$c_AV_A=1000\times\frac{m_B}{M_B}$$

式中 m_B——待测物质的质量，g；

M_B——待测物质的摩尔质量，g/mol；

c_A——标准溶液的物质的量浓度，mol/L；

V_A——标准溶液的体积，mL。

应用等物质的量规则时，浓度 c 必须注明基本单元，并依此计算各物质的摩尔质量。

2. 基本单元的确定

在滴定分析计算中，经常使用到某些粒子特定组合而成的基本单元，而这些基本单元的确定非常重要。那么，如何确定基本单元呢？确定基本单元的原则是等物质的量反应规则。等物质的量反应规则是指两种物质相互发生化学变化时，它们反应的物质的量相等，

也就是它们的基本单元数相等。

等物质的量反应规则广泛应用于滴定分析计算中。在滴定分析中，进行计算时，等物质的量反应规则是核心，选择基本单元是关键。物质的基本单元的形式，应按具体反应的化学方程式和物质间的计算关系予以确定。一种物质的基本单元的形式，与同它互成为计算关系的另一种物质在化学方程式中化学式前面的系数有联系。基本单元的选取，一般采用下述方法。

我们用A和B分别表示两种反应物的化学式，用D和E分别表示两种生成物的化学式，A、B两种物质反应的化学方程式可表示如下

$$aA+bB=dD+eE$$

式中 a、b、d、e——分别表示化学方程式中物质A、B、D、E前面的配平系数。

当物质A和物质B互为计算关系时，物质A的基本单元是$\frac{1}{b}A$，物质B的基本单元是$\frac{1}{a}B$，其余以此类推。还应注意，当双方的系数相等或呈整数倍关系时，一般应取它们呈最简单整数比时的数值。例如$a=2$和$b=10$时，A、B两种物质的基本单元不必表示为$\frac{1}{10}A$和$\frac{1}{2}B$，可简化为$\frac{1}{5}A$和B。

根据上述确定基本单元的方法，可以分别确定下列两个反应中互为计算关系的氢氧化钠和硫酸的基本单元。

$$NaOH+H_2SO_4 = NaHSO_4+H_2O \quad (1)$$

$$2NaOH+H_2SO_4 = Na_2SO_4+2H_2O \quad (2)$$

在反应（1）中，氢氧化钠的基本单元是NaOH分子，硫酸的基本单元是H_2SO_4分子；在反应（2）中，氢氧化钠的基本单元是NaOH分子，硫酸的基本单元是$\frac{1}{2}H_2SO_4$。

3．被测物质的结果计算

1）质量分数，设被测试样的质量为$m_{样}$，被测组分的质量为m，则计算如下。

$$w=\frac{m}{m_{样}}\times100\%=\frac{(cV)_{滴定剂}\times\frac{M_{被测物}}{1000}}{m_{样}}\times100\%$$

【例3-10】 在用$K_2Cr_2O_7$标准溶液滴定铁矿石中铁时，若$c\left(\frac{1}{6}K_2Cr_2O_7\right)$为0.1020mol/L，样品质量为2.5121g，溶于HCl后，稀释至250mL，取此溶液25.00mL，用$K_2Cr_2O_7$滴定，消耗体积为27.05mL，求矿石中Fe和Fe_2O_3的质量分数。

解： 被测试样 $m_{样}=2.5121\times\frac{25}{250}$ (g)

则
$$w=\frac{(cV)\left(\frac{1}{6}K_2Cr_2O_7\right)\times\frac{M_{被测物}}{1000}}{m_{样}\times\frac{25}{250}}\times100\%$$

其中
$$Fe^{2+}\longrightarrow Fe^{3+}+e$$

$$Fe\approx Fe^{2+} \qquad M_{Fe}=55.85$$

$$w(\mathrm{Fe})=\frac{27.05\times0.1020\times\frac{55.85}{1000}}{2.5121\times\frac{25}{250}}\times100\%=61.34\%$$

$$M\left(\frac{1}{2}\mathrm{Fe_2O_3}\right)=\frac{159.69}{2}=79.85$$

$$w\left(\mathrm{Fe_2O_3}\right)=\frac{27.05\times0.1020\times\frac{79.85}{1000}}{2.5121\times\frac{25}{250}}\times100\%=87.70\%$$

矿石中 Fe 质量分数为 61.34%，Fe_2O_3 质量分数为87.70%。

2）质量浓度　若被测样品为液体时，一般采用每升溶液中含被测组分的质量表示，单位为 g/L 或 mg/L。一般水质分析、液体产品分析及酸碱溶液分析等采用较多。

$$\rho_{被测}\ (\mathrm{g/L})\ =\frac{m_{被测}}{V_{样}\ (\mathrm{mL})}\times1000=\frac{(cV)_{标准溶液}\times\frac{M_{被测}}{1000}}{V_{样}\ (\mathrm{mL})}\times1000$$

【例 3-11】 用 NaOH 测定 HAc 溶液时，移取 1.00mL 醋酸样品，用 0.1000mol/L 的 NaOH 滴定，用去标准溶液26.23mL，求醋酸的质量浓度。

解： 已知 $M(\mathrm{HAc})=60.05\mathrm{g/mol}$

$$\rho(\mathrm{HAc})=\frac{(cV)\ (\mathrm{NaOH})\times\frac{M\ (\mathrm{HAc})}{1000}\times1000}{V_{样}}$$

$$=\frac{0.1000\times26.23\times60.05}{1.00}$$

$$=157.5\ (\mathrm{g/L})$$

醋酸的质量浓度为 157.5g/L。

4. 计算实例

【例 3-12】 测定硫酸含量时，取样 20.00mL，用0.1003mol/L NaOH 滴定，达到等量点时，消耗 NaOH 溶液 24.05mL，求$\frac{1}{2}H_2SO_4$ 的物质的量浓度。

解： $$c\left(\frac{1}{2}\mathrm{H_2SO_4}\right)=\frac{(cV)\ (\mathrm{NaOH})}{V\ (\mathrm{H_2SO_4})}=\frac{0.1003\times24.05}{20.00}=0.1206\ (\mathrm{mol/L})$$

$\frac{1}{2}H_2SO_4$ 的物质的量浓度为 0.1206mol/L。

【例 3-13】 用无水 Na_2CO_3 标定盐酸标准溶液，称取基准 Na_2CO_3 0.1371g，用 HCl 滴定到等量点，消耗 HCl 28.80mL，求 HCl 溶液的物质的量浓度。

解： 由等物质的量规则得

$$(cV)(\mathrm{HCl})=\frac{m\ (\mathrm{Na_2CO_3})}{M\left(\frac{1}{2}\mathrm{Na_2CO_3}\right)}\times1000$$

$$c\ (\mathrm{HCl})=\frac{m\ (\mathrm{Na_2CO_3})}{M\left(\frac{1}{2}\mathrm{Na_2CO_3}\right)}\times\frac{1000}{V\ (\mathrm{HCl})}$$

$$M\left(\frac{1}{2}Na_2CO_3\right)=52.99g/mol$$

$$c(HCl)=\frac{m(Na_2CO_3)}{V\ HCl}\times\frac{1000}{52.99}=\frac{m(Na_2CO_3)}{V(HCl)\times 0.05299}$$

$$=\frac{0.1371}{28.80\times 0.05299}=0.08984\ (mol/L)$$

【例 3-14】 量取密度为 0.960g/mL 的氨水溶液5.00mL，用 0.1000mL 的 HCl 滴定，消耗 28.53mL，求此氨水的质量分数。

解：

$$w(NH_3)=\frac{(cV)_{滴定}\times\frac{M_{被测物}}{1000}}{\rho V_{样}}\times 100\%$$

$$=\frac{0.1000\times 28.53\times\frac{17.03}{1000}}{0.960\times 5.00}\times 100\%$$

$$=10.12\%$$

第三节 化学试剂及溶液制备

一、化学试剂

目前我国的化学试剂一般等级规格见表 3-2 所示。

表 3-2 我国化学试剂的等级规格标准

级 别	基 准	一	二	三	四
中文标志	基准试剂	优级纯	分析纯	化学纯	实验试剂
代 号		G. R.	A. R.	C. P.	L. R.
标签颜色		绿 色	红 色	蓝 色	
纯度标准	纯度极高	纯度较高	纯度略差	较 差	杂质较多
适用范围	标定或直接配制标准溶液	精密分析及科研	一般分析工作	一般工矿、学校化学实验室	实验辅助试剂

除表 3-2 中常用的以外，还有光谱纯试剂、色谱纯试剂等，可供特殊分析实验用。

在使用化学试剂时，首先根据分析准确度要求，选择相应等级的试剂。如标准溶液的标定，必须选用基准试剂作为纯物质才能满足要求。若采用分析纯或化学纯的试剂来进行标定，由于试剂本身不纯而带进的系统误差很大，因而所得标准溶液浓度是很不准的。反之，在一般分析中，若采用基准试剂来配制溶液，是不经济的。

使用化学试剂应注意：

1）对易燃、易爆的试剂应分开保管。对剧毒试剂，如 KCN、As_2O_3 等，应专人按一定的规章制度严格管理。

2）每瓶试剂都必须有标签标明名称、规格、化学式及主要杂质含量。配制试剂必须标明名称、浓度、配制或标定日期，必须按瓶上标明的式量进行计算。

3）使用试剂时，如取出的一次未用完，必须封存剩余的取出试剂，不能再放回原试剂瓶。

4）在空气中或见光可分解的试剂如高锰酸钾、碘化钾、硝酸银等，应用棕色瓶盛装，储于暗处，对玻璃有腐蚀作用的试剂，如氢氟酸、碱液等，应盛在塑料瓶中。

二、溶液的配制

1. 非标准溶液的配制

1）根据溶液的浓度，算出溶质和溶剂的量。

2）一般用架盘天平和量筒来称取和量取溶质和溶剂。

3）根据试剂的性质，采用正确的方法进行配制。

溶质的溶解或稀释过程常伴有放热或吸热效应，因此，配制溶液一般都在烧杯中进行，溶解要搅匀、冷却至室温后，才能移入试剂瓶中，并贴好标签，待用。

例如，配制10%的碘化钾溶液500mL，问应取KI多少克？加多少水？如何配制？

根据要求，应称取KI为500×10%=50（g）

配制方法：称取50g KI固体，加入盛有500mL水的烧杯中，搅拌、溶解后即成。

指示剂和缓冲溶液的配制，应按国家标准进行。其准确度要求较一般溶液稍高，但液体的量取和固体的称取仍用量筒和架盘天平或千分之一天平来称量。在加水稀释的操作中，一般可用容量瓶来进行。

2. 标准溶液的配制

（1）直接配制

利用纯品试剂（基准试剂）直接配制成标准溶液，根据基准物质量和液体体积，可求得标准溶液浓度。

例如，配制$K_2Cr_2O_7$标准溶液，可直接称取基准$K_2Cr_2O_7$若干克，称准至0.0002g，溶解后移入容量瓶中，稀释至刻度，充分摇匀，按下式计算其浓度

$$c\left(\frac{1}{6}K_2Cr_2O_7\right)=\frac{m}{M\left(\frac{1}{6}K_2Cr_2O_7\right)V}\times 1000$$

式中　$c\left(\frac{1}{6}K_2Cr_2O_7\right)$——$K_2Cr_2O_7$标准溶液的物质的量浓度，mol/L；

m——$K_2Cr_2O_7$的质量，g；

$M\left(\frac{1}{6}K_2Cr_2O_7\right)$——$\left(\frac{1}{6}K_2Cr_2O_7\right)$的摩尔质量，g/mol；

V——配制溶液的体积，mL。

基准物质应符合如下条件。

1）基准物质的组成要与其化学式完全相符，所含结晶水也应与化学式相符。

2）物质纯度要高，一般要求纯度在99.95%以上，而杂质含量不应影响分析结果的准确度。

3）在一般情况下性质稳定，在空气中不吸湿，不和空气中O_2、CO_2等作用，加热干燥时不分解。

4）使用时易溶解。

另外，基准物质摩尔质量以较大为好，因为摩尔质量大，称取量大，称量的相对误差

较小。

在生产、储运过程中基准物质中可能会进入少量水分和杂质，因此，在使用前必须经过一定的处理。常用基准物质及其处理方法见表 3-3 所示。

表 3-3 常用基准物质的处理和用途

基准物质		干燥后的组成	干燥条件/℃	标定对象
名称	化学式			
碳酸氢钠	$NaHCO_3$	Na_2CO_3	270～300	酸
碳酸钠	$Na_2CO_3 \cdot 10H_2O$	Na_2CO_3	270～300	酸
硼砂	$Na_2B_4O_7 \cdot 10H_2O$	$Na_2B_4O_7 \cdot 10H_2O$	放在装有 NaCl 和蔗糖饱和溶液的密闭器皿中	酸
碳酸氢钾	$KHCO_3$	K_2CO_3	270～300	酸
草酸	$H_2C_2O_4 \cdot 2H_2O$	$H_2C_2O_4 \cdot 2H_2O$	室温空气干燥	碱或 $KMnO_4$
邻苯二甲酸氢钾	$KHC_8H_4O_4$	$KHC_6H_4O_4$	110～120	碱
重铬酸钾	$K_2Cr_2O_7$	$K_2Cr_2O_7$	140～150	还原剂
溴酸钾	$KBrO_3$	$KBrO_3$	130	还原剂
碘酸钾	KIO_3	KIO_3	130	还原剂
铜	Cu	Cu	室温干燥器中保存	还原剂
三氧化二砷	As_2O_3	As_2O_3	室温干燥器中保存	氧化剂
草酸钠	$Na_2C_2O_4$	$Na_2C_2O_4$	130	氧化剂
碳酸钙	$CaCO_3$	$CaCO_3$	110	EDTA
锌	Zn	Zn	室温干燥器中保存	EDTA
氧化锌	ZnO	ZnO	900～1000	EDTA
氯化钠	NaCl	NaCl	500～600	$AgNO_3$
氯化钾	KCl	KCl	500～600	$AgNO_3$
硝酸银	$AgNO_3$	$AgNO_3$	220～250	氯化物

由于符合基准试剂的物质种类有限，同时不少标准溶液不能直接配制而得，因此可采用标定的方法来制备。

(2) 标定法（间接配制法）

标定法是将一般试剂先配成所需的近似浓度溶液，然后用基准物质或另一种标准溶液来测定其准确的浓度，一般称这种测定操作过程为标定。

1) 用基准物质标定　称取一定量的基准物质，溶解后用待标定的溶液进行滴定。然后根据基准物质的质量与消耗滴定剂的体积，即可计算出待标定溶液的准确浓度，平行测定多次（一般 2～4 次），取算术平均值为测定结果。

$$c=\frac{m_{基}\times 1000}{M_{基}\times V_{标}}$$

式中 $m_{基}$——基准物质质量，g；

$V_{标}$——标定时，消耗待标定溶液的体积，mL；

$M_{基}$——基准物的摩尔质量，g/mol。

2) 用标准溶液标定　用已知浓度的标准溶液与被标定溶液互相滴定。根据两种溶液所消耗的体积及标准溶液的浓度，可计算出待标定溶液的准确浓度，这种方法也称为互标法。

$$c_1V_1=c_2V_2$$

$$c_2=\frac{c_1V_1}{V_2}$$

式中　c_1——已知浓度的标准溶液的物质的量浓度，mol/L；

V_1——已知浓度的标准溶液的体积，mL；

c_2——待标定溶液的物质的量浓度，mol/L；

V_2——待标定溶液的体积，mL。

此种方法的准确度较用基准试剂标定法低。

对于常用标准溶液的配制和标定应按国家标准方法进行。

在分析中为减少系统误差，要求保持标定过程中的反应条件和测定样品时的条件力求一致。

有些厂矿要求配备指定浓度的标准溶液，如 0.1000mol/L、0.05000mol/L 等。在配制时，溶液浓度一般略高或略低于指定浓度，可以用稀释或加浓溶液来进行调整。两种情况的计算如下。

a. 当标定浓度较指定浓度略高时，需加水冲稀。

设标定后浓度为 c_1，溶液总体积为 V_1；欲配指定浓度为 c_2；加水体积为 V_2，加水后则总体积为（V_1+V_2），由稀释定律得

$$c_1V_1=c_2(V_1+V_2)$$

则
$$V_2=\frac{c_1V_1-c_2V_1}{c_2}=\frac{V_1(c_1-c_2)}{c_2}$$

【例 3-15】 浓度为 0.1034mol/L NaOH 标准溶液，体积为 10L。欲调整成 0.1000mol/L，求需加蒸馏水的体积。

解：已知条件：　$c_1=0.1034\text{mol/L}$，$V_1=10\text{L}$

$c_2=0.1000\text{mol/L}$

则　$$V_2=\frac{c_1V_1-c_2V_2}{c_2}=\frac{0.1034\times10-0.1000\times10}{0.1000}=0.34\text{（L）}=340\text{（mL）}$$

准确量取 340mL 蒸馏水，加于 10L 溶液中摇匀后，再进行标定。

b. 当标定浓度较指定浓度略稀时，需加浓溶液来进行调整。设标定浓度为 c_1；溶液体积为 V_1；欲配制指定浓度为 c_2；需加浓溶液 $c_浓$ 的体积为 $V_浓$；则溶液总体积应为（$V_1+V_浓$），由稀释定律得

$$c_1V_1+c_浓V_浓=c_2V_总=c_2\ (V_1+V_浓)$$

$$V_浓=\frac{c_2V_1-c_1V_1}{c_浓-c_2}=\frac{V_1\ (c_2-c_1)}{c_浓-c_2}$$

【例 3-16】 标定 HCl 溶液浓度为 0.09902mol/L，体积为 10L，欲配成 0.1000mol/L，求应加多少 12.00mol/L 浓盐酸？

解：已知 $c_1=0.09902\text{mol/L}$，$V_1=10\text{L}$

$c_2=0.1000\text{mol/L}$，$c_浓=12.00\text{mol/L}$

则
$$V_浓=\frac{0.1000\times10-0.09902\times10}{12.00-0.1000}$$

$$=0.000824\text{（L）}=0.82\text{（mL）}$$

取 0.82mL12mol/L 的盐酸，加入 10L 溶液中，摇匀后进行再标定。

在实际操作时，方法 a 较为方便，即配制稍浓溶液需加少量水后进行再标定。若采用方法 b，由于加浓溶液量很小，较难操作，易使标定出现反复。标定时，要求相对误差不大于 0.2%。

3. 标准溶液储存应注意的问题

1）标准溶液应密封保存，防止水分蒸发，器壁上如有水珠，在使用前应摇匀。

2）见光易分解、易挥发的溶液应储于棕色瓶中，如 $KMnO_4$、$Na_2S_2O_3$、$AgNO_3$、I_2 等。

3）对玻璃有腐蚀的溶液，如 KOH、NaOH、EDTA 等，一般应储于聚乙烯塑料瓶为佳。短时间盛装稀 KOH、NaOH 的溶液时，也可用玻璃瓶，不过必须用橡皮塞塞住。对易吸收 CO_2 的溶液，可采用装有碱石灰干燥管的容器，以防止 CO_2 进入。

标准溶液标定时的温度和使用时的温度最好接近。一般要求温差为：0.1mol/L 标准溶液不大于 10℃，0.5mol/L 和 1mol/L 标准溶液不大于 5℃。

由于实验条件不同，溶液的性质不同，浓度易变，应定期进行复标。

第四节　滴定分析的一般仪器

在滴定分析操作中所使用的仪器，要满足定量分析的要求，且不与分析中所有物质发生化学反应和无催化分解等作用，计量仪器刻度指示必须准确。对于分析工作者，必须熟悉其性能、规格及正确使用方法，才能在分析操作中尽量减少由于仪器因素而产生的系统误差。常用仪器见附录表一。

一、滴定仪器的分类和使用

在滴定分析中，容量仪器主要用于测量溶液的体积，测量准确与否直接影响分析结果的准确程度。常用的容量仪器有滴定管、容量瓶和移液管。

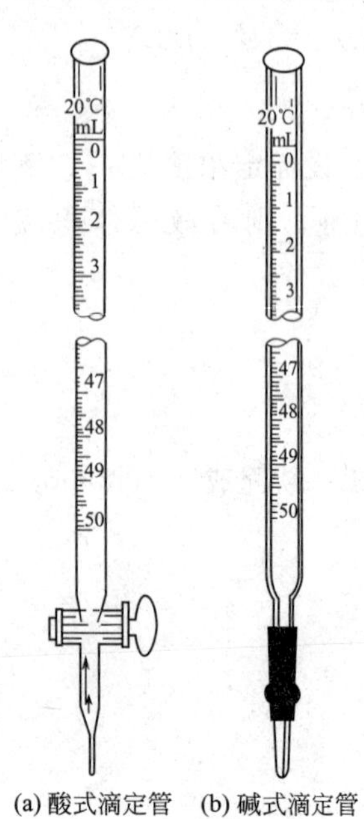

(a) 酸式滴定管　(b) 碱式滴定管

图 3-1　滴定管

1. 滴定管

滴定管是在滴定分析中，用来滴加标准溶液（滴定剂），并准确量取流出液体体积的仪器。一般用玻璃制成，由于所装溶液性质不同，其结构也不同。如图 3-1(a) 所示，带有玻璃活塞的是酸式滴定管，一般盛装酸性、中性或氧化性溶液，由于碱腐蚀玻璃，因此不能装碱性溶液；如图 3-1(b) 所示，滴头用橡胶管连接，胶管内有一玻璃珠的滴定管，称碱式滴定管，盛装碱性和非氧化性溶液，但不能装酸和氧化性溶液，如 H_2SO_4、$KMnO_4$、I_2、$AgNO_3$ 等溶液，否则会将胶管氧化。

滴定管上部是带有刻度的细长玻璃管，按其刻度的最小分度值不同，可分为常量、半微量、微量三种，如表 3-4。

按照加液装置，有手动和自动压气上液滴定管，滴定管的使用主要分三步：

（1）滴定管的准备

对酸式滴定管，先检查活塞和滴定管是否配套，如不配套，则不能使用。然后用铬酸洗液（或合成洗涤剂溶液）浸泡，除去油污，使管内壁不挂水珠。洗净后，在滴定管活塞涂凡士林油（或真空考克脂）。最后检查滴定管转动灵活性。

滴定管活塞涂凡士林油的方法如图 3-2 所示，用干净布条将活塞孔擦干，用食指蘸少量凡士林，在活塞孔的两边圆锤面上均匀地涂上一薄层，然后将活塞平行插入塞孔，并向一个方向转动，直到活塞和塞孔密合，全部呈透明状即可。并用橡皮圈将活塞缠好，或剪下一小段乳胶管（长 3～4mm）套紧超出活塞孔的活塞末端。若凡士林涂得过多，会挤出并塞住流液孔，若涂得太少，活塞不完全透明，出现纹路，转动活塞时不够灵活，均应重新擦净再涂凡士林。

表 3-4　滴定管的容量及最小分度值

类　别	容量/mL	最小分度值/mL
常　量	50 25	0.1 0.1
半微量	10	0.05
微　量	5 2 1	0.01 或 0.005

检查滴定管是否漏水的方法，是在滴定管中充满水，置于滴定管架上，放置 1～2min，观察滴定管下端尖嘴或活塞处是否有水渗出，转动活塞 180°再观察 1～2min，若均无水渗出，即可使用。

对碱式滴定管，在洗涤干净后，检查乳胶管是否老化，乳胶管内的玻璃珠大小是否合适，如经更换后滴定管不漏，便可使用。

（2）滴定操作

将试漏后合格的滴定管用滴定剂洗 2～3 次，每次用 5～10mL 左右，转动滴定管使其洗遍滴定管内壁，将此溶液全部放出弃去。洗好后，装满滴定剂，并排除滴定管尖嘴处的空气。排除方法，酸式滴定管可快速打开活塞，使溶液急速冲出，将气泡排出。碱式滴定管排气如图 3-3 所示，将滴定管尖嘴向上翘，当溶液快速冲出时，排除气泡。然后将滴定管垂直夹于滴定管架上。

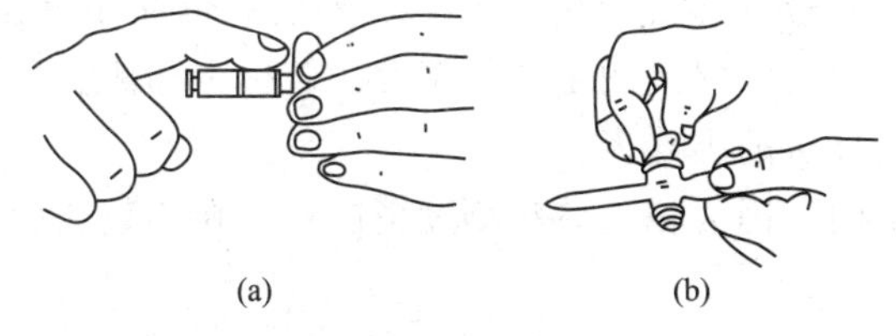

图 3-2　酸式滴定管活塞涂抹凡士林的操作

（a）活塞用布擦干净后，在粗端涂少量凡士林，细端不要涂，以免沾污活塞槽上、下孔；

（b）活塞平行插入活塞槽后，向一个方向转动，直至凡士林均匀

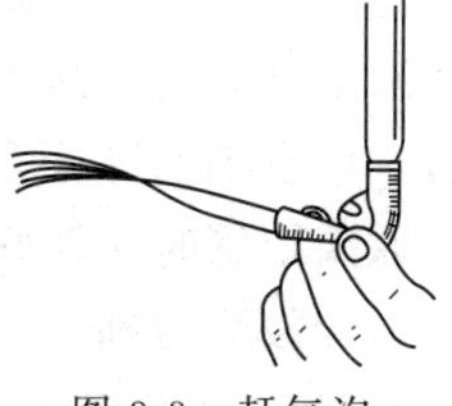

图 3-3　赶气泡

滴定操作时，右手持锥形瓶（内盛有被滴定溶液），瓶口套住滴定管的尖嘴。左手控制酸式滴定管活塞，拇指在前，中指和食指在后，控制住活塞的转动，如图 3-4 所示，用转动活塞的位置，改变滴定剂流出量的快慢。注意勿用手心顶着活塞，或用力把活塞向外拉，以免造成活塞处漏水。碱式滴定管，则用左手捏玻璃珠，造成胶管和玻璃珠间有一空

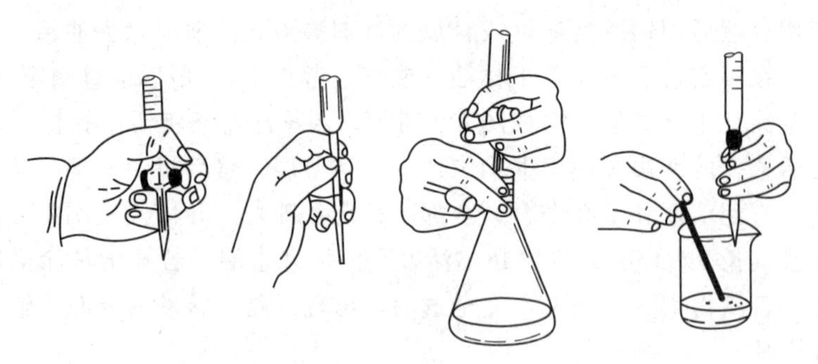

图 3-4 滴定操作

隙，使溶液从中流出，利用空隙的大小来控制滴定剂流出的快慢。要注意防止乳胶管内藏有气泡。

在滴定时，溶液流出，一般应呈断线珠链状，一边滴入溶液，一边摇动锥形瓶，促进反应进行和使溶液均匀分布。当接近等量点时，溶液应逐滴地滴加，并用少量蒸馏水淋洗锥形瓶内壁，洗下壁上因溅起而沾着的物质。最后最好是半滴半滴地加入，由指示剂的变色，恰好到达终点，便停止滴定。在临近等量点时，滴定管尖嘴上的半滴溶液，可用锥形瓶内壁将其沾落。滴定完毕后，可使滴定管静置片刻后，再取下滴定管读数。

滴定操作结束后，应将滴定剂全部放出弃去。将滴定管洗净并用蒸馏水充满，夹于滴定管架上备用。

自动微量滴定管的活塞在操作时，仍是左手控制活塞，右手摇锥形瓶（见附录表一）。

(3) 滴定管的读数

在滴定过程中，滴定管的读数需待溶液稳定 1～2min 后进行。读数正确与否，直接影响到分析结果的准确度。读数时，首先使滴定管处于垂直于地面的位置（一般是用拇指和食指拿着滴定管上端，自悬垂直于地面），视线应与液面同一水平位置。如图 3-5，溶液在滴管内的液面呈弧形（弯月形），读数时应取与弯月面下缘最低点相切的刻度值。若溶液颜色较深，弯月面不清晰，可取液面两侧最高点。如果用蓝线滴定管，可以读取蓝线和液面的交点。为使观察清晰，可在滴定管背面衬上一张纸，有利于准确读数。

在平行测定时，每次滴定液都装入同一位置零点（0.00mL），则读数也在相近位置，这样可使滴定管刻度不准确而造成的误差相近，提高测定的精密度。若标定和测定采用同一滴定管，可以抵消部分系统误差，提高分析的准确度。

在选取滴定管时，最好采用内径较细的，因为相同体积刻度范围长，在小数点后第二位数值的估计较为准确。

2. 移液管、吸量管（刻度吸管）

移液管和吸量管都是准确移取溶液一定体积的仪器。

移液管，如图 3-6(a)，是一根细长而中间有膨大部分的玻璃管，也称胖肚吸管。在管上端有一刻度，在胖肚部分标明刻度的流出液体积值。规格一般有 100mL、50mL、25mL、10mL 等。

使用前应将移液管洗净，不挂水珠，然后用少量被移溶液淋洗管内壁 2～3 次。使用时的操作通常是用右手的拇指和食指、中指拿住移液管，将移液管插入溶液的容器中（容量瓶或试剂瓶），使管下端伸入溶液的下部。左手捏住一个排除了空气的洗耳球，并使洗

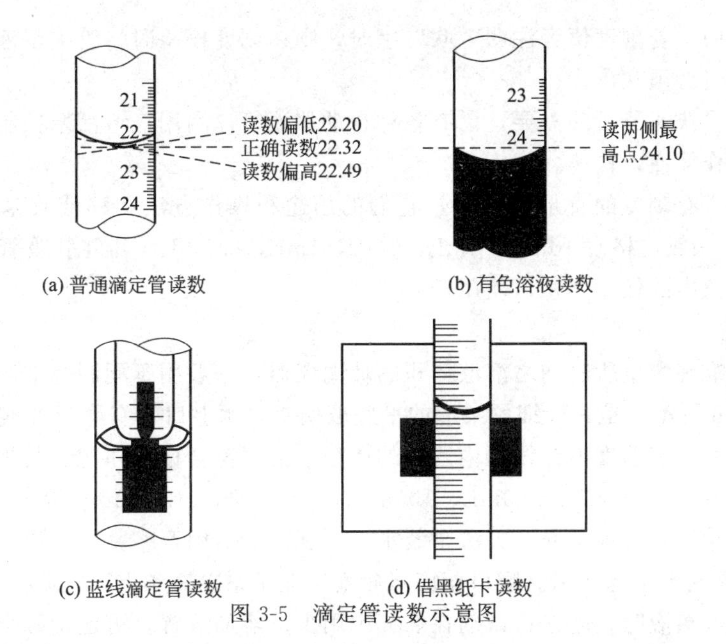

图 3-5 滴定管读数示意图

耳球尖嘴对准移液管管口。由于球内为负压，吸液时左手放松，溶液就沿着移液管上升，当液面稍超过刻度时，右手食指立即按住移液管上部管口，并将移液管提出盛溶液的容器。然后用滤纸擦去移液管下部外面蘸的溶液，稍松食指，用拇指和中指缓慢转动管身，使溶液逐滴流出，同时使视线与移液管刻度线在同一水平位置。当液面和刻度线相切时，立即按紧食指，同时将移液管插入盛受器（锥形瓶）中，垂直的移液管下端和稍倾斜的锥形瓶上部内壁接触，此时松开食指，溶液迅速流出，如图 3-7 所示。待溶液流出后，并停靠 15s 左右，至此移液操作完成。

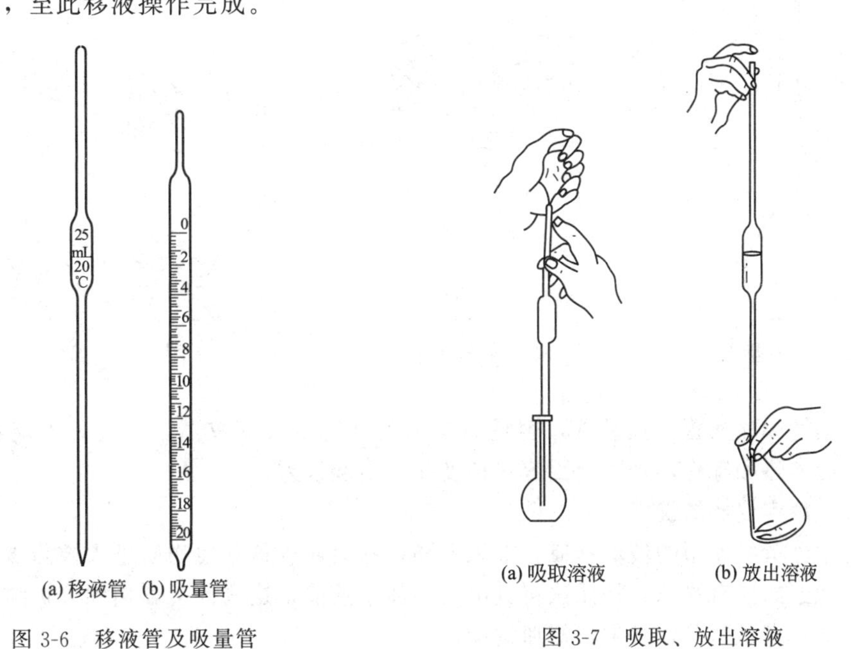

图 3-6 移液管及吸量管

图 3-7 吸取、放出溶液

移液管尖部留有的溶液，一般不必吹出。因刻度校验时，管尖留液没有包括在移液管的计量体积之中。若刻度值旁注明“吹”字时，则在刻度校验时将管尖留液已计入容器体积，因此操作时必须吹出。

目前为满足快速分析的需要，已有各种自动移液管，利用三道活塞控制，由于不需要调节液面，操作简便，快速。

吸量管是带有刻度的直形玻璃管，它们的用途和操作方法和移液管基本相同。如图3-6(b) 所示。一般规格有 10mL，5mL，2mL，1mL，0.1mL，和胖肚吸管相比，它可以准确移取刻度值内的任意体积，使用较灵活。

3. 容量瓶

容量瓶是准确测量所容纳之溶液体积的玻璃仪器，一般用于配制标准溶液和准确稀释溶液。如图 3-8 所示。是一种细颈梨形的平底玻璃瓶，颈上口带有磨口塞或塑料塞。颈上的标线，是当在一定温度下标线以内溶液的体积，恰好符合标记体积。其规格按容量分为 2000mL、1000mL、500mL、250mL、100mL、50mL、25mL、10mL 等。

容量瓶洗净后，必须试漏。方法是装水于刻度之上，用塞塞紧，用手按住瓶塞，倒立 1～2min，若渗漏则不能使用。磨口瓶应将瓶塞用绳子系在瓶颈上，以防换错造成漏液。

在配制标准溶液时，应先将试剂在烧杯中用少量溶剂溶解，再定量（全部）地转移入容量瓶中。转移时，如图 3-9 所示，将玻璃棒插入容器瓶中并靠壁，烧杯嘴靠玻璃棒倾入溶液，倾尽溶液后，必须用溶剂洗涤烧杯和玻璃棒 3～4 次，洗涤液也移入容量瓶中，然后加溶剂至刻线。观察刻度时，视线要与标线成水平位置，当弯月面下缘和标线相切，即到刻度。塞好瓶塞，按住瓶塞，倒置并摇荡，反复 10～20 次，使溶液混合均匀。如图 3-10 所示。

滴定管和容量瓶，有棕色玻璃制品，用于操作避光的溶液。

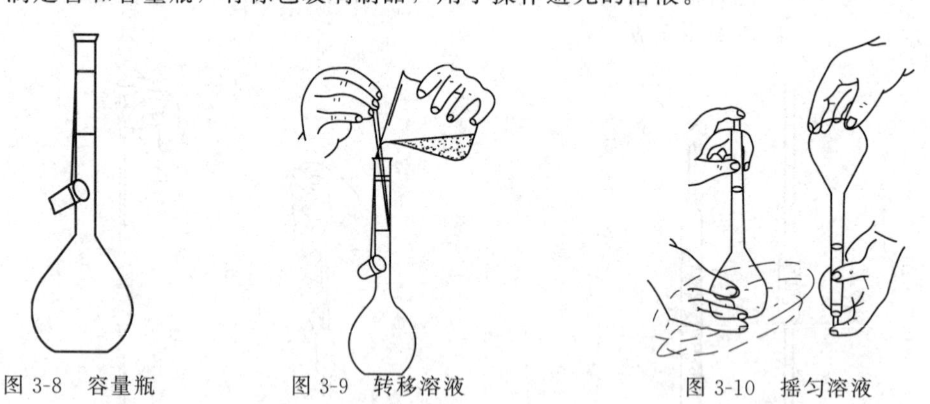

图 3-8 容量瓶　　图 3-9 转移溶液　　图 3-10 摇匀溶液

滴定管和移液管、吸量管，容量瓶均为刻度容量玻璃仪器。因此，不能在烘箱中烘干，不能加热和骤冷，否则会因容量值变化而引起误差。

二、滴定仪器的洗涤

化学分析所使用的玻璃器皿，如果不净，将会使少量其他物质进入被测试液中；计量器皿的壁上如挂有水珠，将无法得到准确的体积数值，这些都会影响到分析结果的准确程度。因此，在试验前，必须将器皿洗净。

1. 洗涤剂的种类及应用范围

(1) 一般洗涤剂（肥皂水、合成洗涤剂溶液等）

通常用于刷洗无特殊油污的锥形瓶、烧杯、试剂瓶等。

（2）洗涤液

对于被油污染的器皿，就需用洗涤液进行浸洗。如滴定管、移液管、容量瓶、凯氏蒸馏器等。有关洗涤液的配制见附录表二。

2. 洗涤仪器的方法和要求

（1）刷洗

先将手洗净，后用毛刷蘸上少量洗涤剂将仪器里外全刷一遍，再边刷边用自来水冲，待冲净看不到洗涤剂时，再冲洗 3～4 次，若不挂水珠时，再用蒸馏水淋洗 3 次。

（2）洗液浸泡

如上述刷洗洗不净的仪器和不便于用刷的仪器，可用铬酸洗液浸泡，由于洗液本身能与污物起化学反应而将污物除去，因此，常常是将温热的洗涤液装入被洗涤的器皿中浸泡数分钟，使其完全作用，油污就可被清除掉了。

用洗液浸泡后的器皿，将洗涤液倾出后，用自来水冲洗干净，再用蒸馏水淋洗 3 次，便可用来作分析测定用。洗涤液可装回原容器中，反复使用，直至溶液变绿、酸度很稀时为止。

三、滴定仪器的校准

1. 容量仪器的误差范围

玻璃容量仪器标示的容积，往往和真实容积有微小差别，在仪器生产检验中，已控制这一差别在一定允许范围内。

在工业分析中即一般的控制分析，使用二级品即可。对要求较高的标准溶液的标定、成品分析等，应用一级品或对仪器进行体积校正后使用。对要求更高的仲裁分析或科学实验，其容量仪器必须进行校准后使用。

2. 容量仪器校准的方法

（1）绝对校准法（称量法）

绝对校准法是称取容量仪器某一刻度内放出或容纳纯水（蒸馏水）的质量。根据该温度下纯水的密度，将水的质量换算为体积值。此值与容量仪器刻度值相比较，得到仪器体积校正值。换算公式如下：

$$V_t=\frac{G_t}{d_t}$$

式中 V_t——在 t℃时水的体积，mL；

G_t——在空气中，t℃时，以黄铜砝码称得水的质量，g；

d_t——在空气中，t℃时，水的密度，g/mL。

体积的基本单位是米^3（m^3）、分米^3（dm^3）、厘米^3（cm^3）。目前习惯上仍使用“标准升”（L）。标准升是在 3.98℃真空中质量为 1 千克的纯水所占的容积，水在 3.98℃时水的密度最大，等于 1kg/dm^3 或 1g/mL。

容量仪器在 3.98℃真空中校正比较困难，实际中都是在 20℃左右的空气中使用。因此，习惯上规定 20℃时为标准温度，但是在进行仪器校正时，不一定恰好是 20℃。因此，在任一温度下进行校正时，则有三方面的影响：①由于温度改变，水的密度也相应改变；②在空气中进行，由于空气对物体的浮力，在测量质量时有所改变；③由于温度改变，玻璃的热胀冷缩，致使仪器容积改变。现将以上三因素综合得一总校正值 γ，γ 值表示 20℃ 时，容积为 1mL 的玻璃仪器，在不同温度下用水将其充满，于空气中，用黄铜砝码称得的质量列于表 3-5 中。

表 3-5 不同温度下玻璃仪器体积换算值 γ

t/℃	γ/g	t/℃	γ/g	t/℃	γ/g	t/℃	γ/g
1	0.99824	11	0.99832	21	0.99700	31	0.99464
2	0.99834	12	0.99823	22	0.99680	32	0.99434
3	0.99839	13	0.99814	23	0.99660	33	0.99406
4	0.99844	14	0.99804	24	0.99638	34	0.99325
5	0.99848	15	0.99793	25	0.99617	35	0.99345
6	0.99850	16	0.99780	26	0.99593	36	0.99312
7	0.99850	17	0.99765	27	0.99569	37	0.99280
8	0.99848	18	0.99751	28	0.99544	38	0.99246
9	0.99844	19	0.99734	29	0.99518	39	0.99212
10	0.99839	20	0.99718	30	0.99491	40	0.99177

利用表 3-5，可以将各种温度下纯水质量换算出 20℃时的体积，其计算式为

$$V_{20}=\frac{G_t}{\gamma_t}$$

式中 V_{20}——G_t 的水在 20℃的规定体积，mL；

G_t——t℃下，称得容量仪器放出或装入的纯水质量，g；

γ_t——t℃下，1mL 水的体积换算值（γ），g。

【例 3-17】 在 24℃时，某 250mL 容量瓶中所容纳的水为 249.82g，计算该容量瓶在 20℃时的容积。

解： 查表 3-5 得 24℃时，$\gamma_{24}=0.99638$

$$V_{20}=\frac{249.82}{0.99638}=250.73\ (\text{mL})$$

校正值为 250.73－250.00＝0.73（mL）

使用此容量瓶时，若稀释到刻度，容纳标准体积为 250.73mL，容量仪器的容积是校准到 20℃时的容积。然而仪器使用时，并不是在 20℃下使用。由于温度改变，玻璃仪器的容积发生变化和溶液密度变化，而引起体积发生变化。玻璃仪器容积变化数值很小，因此，可以忽略，溶液体积变化则不可忽略。稀溶液密度变化和水相近。为校准在其他温度下，所测得溶液体积，表 3-6 列出在不同温度下 1000mL 水和稀溶液换算到 20℃时其体积校正值。

表 3-6 20℃时稀溶液体积校正值/($\text{mL}\cdot\text{L}^{-1}$)

t/℃	0.1、0.01mol·L^{-1} HCl/mL	0.1mol·L^{-1} 溶液/mL	t/℃	0.1、0.01mol·L^{-1} HCl/mL	0.1mol·L^{-1} 溶液/mL
5	+1.5	+1.7	20	+0.0	+0.0
10	+1.3	+1.45	25	−1.0	−1.1
15	+0.8	+0.9	30	−2.3	−2.5

【例 3-18】 在 25℃时，滴定用去 28.05mL0.1000mol/L 标准溶液，在 20℃时，应为多少毫升？

解：查表3-5得校正值为－1.1

$$28.05-\frac{1.1\times 28.05}{1000}=28.05-0.03=28.02\ (\text{mL})$$

1）滴定管的校正　在洗净的滴定管中，装入蒸馏水至0点刻度线稍上，停30s后，调至0.00mL，并记下水温t℃，取一洗净的称量瓶或磨口锥形瓶，容积应比滴定管的最大刻度标出体积稍大些。用滤纸将外面擦干，称量为G_1（g），将滴定管的水向磨口锥形瓶以15～20mL/min的速度，放V_1mL的水，滴定管滴尖上的溶液应靠壁于锥形瓶中，将锥形瓶加盖称量，得G_2。

查表3-5得t℃时r_t值，放出纯水量为$G_2-G_1=\Delta G_1$。

水的真实体积$V_{20}=\frac{G_2-G_1}{\gamma_t}=\frac{\Delta G}{\gamma_t}$

校正值$\Delta V_1=V_{20}-V_1$

【例3-19】 25℃时，滴定管放出10.05mL，其质量为10.04g，求放出水的体积。

解：25℃时，$\gamma_{25}=0.99617$

$$V_2=\frac{10.04}{0.99617}=10.08\ (\text{mL})$$

$$\Delta V=10.08-10.05=0.03\ (\text{mL})$$

一般同一点重复两次，同时均匀取点测定，一般取点于表3-7所示。

表3-7　滴定管校正时取点分布

容量/mL	校定点				
25	0～5	0～10	0～15	0～20	0～25
50	0～10	0～20	0～30	0～40	0～50
100	0～20	0～40	0～60	0～80	0～100

实际操作时，可连续测定各点，现将25℃时，校准一支滴定管的实验数据列于表3-8。

表3-8　滴定管的校正（水温25℃，$\gamma=0.9962$g）

滴定管读数	读数的容积/mL	瓶与水的质量/g	水　重/g	实际容积/mL	校正值/mL	总校准值/mL
0.03	—	29.20(空瓶)	—	—	—	—
10.13	10.10	39.28	10.08	10.12	+0.02	+0.02
20.11	9.98	49.19	9.91	9.91	−0.03	−0.01
30.18	10.07	59.27	10.08	10.12	+0.05	+0.04
40.20	10.02	69.24	9.97	9.97	−0.01	+0.03
49.99	9.79	78.95	9.71	9.71	−0.04	−0.01

2）吸量管的校准　吸量管与滴定管的校准方法相同。大肚移液管只校正总容积即可。

3）容量瓶的校准　由于容量瓶是测定的量入体积，因此，校正时，必须测定量入质量后再求其容积。方法是先将干燥的容量瓶称量得G_1，注入蒸馏水至刻度标线，记录水温t℃，用滤纸吸干颈内壁标线以上的水滴，擦干外面的水滴，称量为G_2，则G_2-G_1为容量瓶容积的水质量。按水温表查表3-5得γ_t值，真实体积V_{20}为

$$V_{20}=\frac{G_2-G_1}{\gamma_t}$$

$$\Delta V = V_t - V_{标示}$$

可进行重新刻度，给予校准。

（2）相对校准法

由于移液管和容量瓶在制样和稀释时，总是配套使用的。因此，在实际应用中，不一定要知道它们的准确容积。而是要求二者之间成一定的比例关系。例如 25mL 浓溶液准确稀释至 250mL，其比例为 1∶10 即可。因此，将 25mL 移液管吸取蒸馏水 10 次，放入干净的 250mL 容量瓶中，然后观察其颈部液面弯月面下缘，是否正好和标线相切。正好相切说明其比例关系正好 1∶10，若不一致，则可以根据液面重新刻度。

在分析中，滴定管采用绝对校准法。配套使用的移液管和容量瓶，可用相对校正法。作取样直接滴定的移液管，仍必须用绝对校正法。

绝对校正法较准确、互换性好；但操作比较麻烦。相对校正法，操作简单，但必须配套使用。

复 习 题

1. 什么是滴定分析法？能够用于滴定分析的化学反应应具备哪些条件？
2. 什么是滴定反应的等量点？什么是滴定操作的终点？两者有何差异？
3. 按滴定反应不同，滴定分析可分为哪几种方法？请写出各类滴定的化学反应方程式。
4. 溶液浓度的表示方法有哪几种？
5. 什么是基准物质？基准物质应具备哪些条件？
6. 什么是标准溶液？其制备的方法有几种？各适用于什么情况？
7. 滴定分析计算的基本原则是什么？如何确定滴定反应中物质的基本单元？
8. 使用化学试剂时应注意些什么？
9. 刻度容量分析仪器为什么不能在烘箱中烘烤？
10. 容量仪器为什么要进行校准？

练 习 题

1. 欲配制 1Lc（HCl）＝0.1000mol/L，问用密度为 1.19g/mL 的浓盐酸的体积为多少？

2. 1L 饱和的氢氧化钠溶液中含有多少物质的量（摩尔）？（饱和氢氧化钠溶液含量为 52%，密度为 1.56g/mL）

3. 计算下列溶液物质的量浓度

（1）30g$K_2Cr_2O_7$ 溶解在 1L 蒸馏水中，求 $c\left(\frac{1}{6}K_2Cr_2O_7\right)$。

（2）61gNaOH 溶解在 15L 蒸馏水中，求 c(NaOH)。

（3）60g$BaCl_2$ 溶解在 5L 蒸馏水中，求 $c\left(\frac{1}{2}BaCl_2\right)$。

4. 滴定 NaOH25.04L，用去 0.1006mL/L 的 HCl 溶液 24.98mL，求 c(NaOH)。

5. 制备硫酸标准溶液 18L，标定后浓度 $c\left(\frac{1}{2}H_2SO_4\right)=0.1035$，现欲调整到 $c\left(\frac{1}{2}H_2SO_4\right)=$ 0.1000mol/L 问需加蒸馏水多少毫升？

6. 现有 4.8L$c\left(\frac{1}{5}KMnO_4\right)=0.0982$mol/L，现欲将其调整为 $c\left(\frac{1}{5}KMnO_4\right)=0.1000$mol/L，问应

加入 $c\left(\frac{1}{5}KMnO_4\right)$=0.5000mol/L 的 $KMnO_4$ 溶液多少毫升？

7. 称取基准碳酸钠 0.1562g，用 0.1mol/L 的 HCl 溶液滴定到终点，用去 26.10mL，求此盐酸标准溶液的浓度（mol/L）。

8. 取试样 NaCl0.4250g，用 0.1000mol/L 的 $AgNO_3$ 溶液滴定至终点用去 33.82mL，求 NaCl 的含量。

第四章　酸碱滴定法

酸碱滴定法是以酸碱中和反应为基础的滴定分析法，因此又称为中和法。酸碱滴定法常用强酸或强碱作滴定剂，如盐酸、硫酸、氢氧化钠、氢氧化钾等。

酸碱中和反应简单、反应迅速，且能按一定反应式定量进行。目前已有多种方法来指示等量点，很多反应都能满足定量分析的要求。因此，酸碱滴定法应用最广泛，它可以直接测定碱性或酸性物质，还可以间接测定在反应中生成定量的酸或碱的物质，如甲醛法测铵盐、亚硫酸法测醛、酮等。

第一节　水溶液中酸碱平衡和 pH 值的计算

在水溶液中，电解质离解时所产生的阳离子全部是 H^+ 的是酸，离解时产生的阴离子全部是 OH^- 的是碱。酸和碱的强弱取决于电解质离解给出 H^+ 和 OH^- 的能力的大小，酸碱强弱的程度可用溶液中 H^+ 和 OH^- 的浓度来表示。

一、强酸、强碱溶液 pH 值的计算

强电解质在稀溶液中是完全电离的，因此其离子浓度可直接根据电解质浓度来确定。如 0.1mol/L HCl 溶液电离后，溶液中 H^+ 浓度为 0.1mol/L，Cl^- 浓度也为 0.1mol/L。

$$HCl \longrightarrow H^+ + Cl^-$$

$$[H^+]=[Cl^-]=0.1\ (mol/L)$$

$[H^+]$ 数值较小时，通常用其负对数值来表示，即 pH 值。

$$pH=-\lg[H^+]=-\lg10^{-1}=1$$

又如 0.1mol/L NaOH 溶液的 pH 值

$$NaOH=Na^+ + OH^-$$

$$[OH^-]=0.1mol/L \qquad [H^+]=\frac{K_w}{[OH^-]}$$

$$\begin{aligned}pH &=\lg[H^+]=-\lg\frac{K_w}{[OH^-]}\\ &=\lg K_w-\lg[OH^-]\\ &=-\lg10^{-14}+\lg10^{-1}\\ &=14-1=13\end{aligned}$$

二、一元弱酸溶液 pH 值的计算

弱酸在水溶液中，只有少部分电离成离子，大部分仍以分子状态存在。在一定温度条

件下，离解部分和未离解部分之间存在着电离平衡，此平衡符合质量作用定律，根据电离常数就可计算出各离子的浓度，以 HAc 为例。

$$HAc \rightleftharpoons H^+ + Ac^-$$

$$K_a = \frac{[H^+][Ac^-]}{[HAc]} \qquad (4\text{-}1)$$

式中 $[H^+]$——H^+ 浓度，mol/L；

$[Ac^-]$——Ac^- 浓度，mol/L；

$[HAc]$——HAc 未电离部分浓度，mol/L；

K_a——HAc 的电离常数。

K_a 值说明弱酸电离达到平衡时，离子浓度的乘积和未电离分子浓度的比值，在一定温度下是一个常数。

用 $c_{初}$ 表示弱酸的初始浓度，当电离达到平衡时

$$[H^+]=[Ac^-] \qquad [HAc]=c_{初}-[H^+]$$

代入式(4-1) 得

$$\frac{[H^+][Ac^-]}{[HAc]}=\frac{[H^+]^2}{c_{初}-[H^+]}=K_a$$

如弱电解质的离解常数极小，而浓度又不是非常稀时，若 $c/K_a \geqslant 500$，可近似地认为

$$c_{初}-[H^+] \approx c_{初}$$

则

$$[H^+]=\sqrt{K_a c_{初}} \qquad (4\text{-}2)$$

此式为弱酸电离的近似计算公式，弱酸 pH 值计算为

$$pH=-\frac{1}{2}\lg K_a-\frac{1}{2}\lg c_{初} \qquad (4\text{-}3)$$

三、一元弱碱溶液中 pH 值的计算

和一元弱酸平衡相似，MOH 一元弱碱（M 代表阳离子）电离时，有如下平衡

$$MOH \rightleftharpoons M^+ + OH^-$$

按质量作用定律，弱碱的电离常数 K_b 为

$$\frac{[M^+][OH^-]}{c_{初}-[OH^-]}=\frac{[OH^-]^2}{c_{初}-[OH]}=K_b$$

若 $\frac{c}{K_b} \geqslant 500$ 时可近似

$$c_{初}-[OH^-] \approx c_{初}$$

$$[OH^-]=\sqrt{K_b \cdot c_{初}} \qquad (4\text{-}4)$$

弱碱 pH 值的近似计算公式为

$$pOH=-\frac{1}{2}\lg K_b-\frac{1}{2}\lg c_{初}$$

$$pH=14-pOH=14+\frac{1}{2}\lg K_b+\frac{1}{2}\lg c_{初} \qquad (4\text{-}5)$$

应该注意，只有在满足 $\frac{c}{K_b} \geqslant 500$ 的情况下，才能应用近似公式。否则，弱酸、弱碱溶液的电离必须采用精确公式来计算。

【例 4-1】 已知醋酸（CH_3COOH）的 $K_a=1.8\times10^{-5}$，当 $c_{初}=0.1\text{mol/L}$ 时溶液的 pH 值是多少？

解：
$$\text{pH}=-\frac{1}{2}\lg K_a-\frac{1}{2}\lg c_{初}$$
$$=-\frac{1}{2}\lg(1.8\times10^{-5})-\frac{1}{2}\lg10^{-1}=2.87$$

【例 4-2】 已知氨水（$NH_3\cdot H_2O$）的物质的量浓度为 0.30mol/L，$K_b=1.8\times10^{-5}$，试计算溶液的 pH 值。

解：
$$[OH^-]=\sqrt{K_b\cdot c}=\sqrt{1.8\times10^{-5}\times0.30}$$
$$=2.32\times10^{-3}\ (\text{mol/L})$$
$$\text{pH}=14-\text{pOH}=14-3+0.37=11.37$$

四、多元弱酸和弱碱溶液 pH 值的计算

多元弱酸和弱碱在水溶液中的电离是分步进行的，例如 H_2CO_3 的电离。

第一级电离：

$$H_2CO_3 \rightleftharpoons H^+ + HCO_3^-$$
$$\frac{[H^+][HCO_3^-]}{[H_2CO_3]}=K_{a1}=4.20\times10^{-7}$$

第二级电离：

$$HCO_3^- \rightleftharpoons H^+ + CO_3^{2-}$$
$$\frac{[H^+][CO_3^{2-}]}{[HCO_3^-]}=K_{a2}=5.61\times10^{-11}$$

H_2CO_3 分步电离常数 $K_{a1}\gg K_{a2}$[1]，第二步电离产生的 H^+ 相对于第一步来说小得多，可以忽略不计。因此，这种二元弱酸可以用一元弱酸电离平衡的方法来处理。

初始浓度为 $c_{初}$，第二步电离忽略，则 $[H^+]\approx[HCO_3^-]$。

$$\frac{[H^+][HCO_3^-]}{[H_2CO_3]}=\frac{[H^+]^2}{c_{初}-[H^+]}=K_{a1}$$

再则 K 也很小，$[H^+]$ 很低，相对于初浓度也可以忽略，即 $[H_2CO_3]=c_{初}-[H^+]\approx c_{初}$，于是上式可简化为

$$\frac{[H^+][HCO_3^-]}{[H_2CO_3]}=\frac{[H^+]^2}{c_{初}}=K_{a1}$$

$$[H^+]=\sqrt{K_{a1}\cdot c_{初}} \tag{4-6}$$

$$\text{pH}=-\lg K_{a1}-\frac{1}{2}\lg c_{初} \tag{4-7}$$

【例 4-3】 当 $c=0.04\text{mol/L}$ 时，求 H_2CO_3 溶液的 pH 值。

解： 因为 $K_{a1}\gg K_{a2}$　$K_{a1}=4.20\times10^{-7}$

$$[H^+]=\sqrt{K_{a1}\cdot c_{初}}=\sqrt{4.20\times10^{-7}\times0.04}$$
$$=1.30\times10^{-4}\ (\text{mol/L})$$

---

[1] 通常 $K_{a1}>10^4K_{a2}$ 时，可以认为 $K_{a1}\gg K_{a2}$。

$$pH=-\lg(1.3\times10^{-4})=3.89$$

同理可得多元弱碱的$[OH^-]$计算公式为

$$[OH^-]=\sqrt{K_{b1}\cdot c_{初}} \qquad (4\text{-}8)$$

$$p[OH^-]=-\frac{1}{2}\lg K_{b1}-\frac{1}{2}\lg c_{初}$$

$$pH=14-p[OH^-]=14+\frac{1}{2}\lg K_{b1}+\frac{1}{2}\lg c_{初} \qquad (4\text{-}9)$$

五、盐的水解及 pH 值的计算

酸碱中和生成的盐，其水溶液可能呈酸性、中性或碱性，这要根据物质组成来确定。强酸和强碱所形成的盐，如 NaCl 水溶液呈中性；强碱和弱酸所形成的盐，如 NaAc 水溶液呈碱性；强酸和弱碱形成的盐，如 NH_4Cl 水溶液呈酸性。强碱和弱酸或强酸和弱碱所形成的盐溶于水时，离解出的弱酸或弱碱离子能和水中 H^+ 或 OH^- 结合又形成难以电离的弱酸或弱碱，从而破坏了水的电离平衡，致使水溶液中$[H^+]$小于或大于$[OH^-]$，故水溶液呈现碱性或酸性，这种现象称盐类的水解。

1. 强酸和强碱盐溶液的 pH 值

强酸和强碱形成的盐溶于水时，由于电离完全，其离子和 H^+、OH^- 作用生成的强酸和强碱仍是完全电离的物质，因此溶液中$[H^+]$和$[OH^-]$不会发生变化，强酸和强碱形成的盐溶液不发生水解作用，溶液是中性的，其 pH 值为 7。

2. 强碱弱酸盐溶液的 pH 值

氢氧化钠和醋酸生成的盐为醋酸钠，其水解平衡为

$$\begin{array}{l} NaAc \rightleftharpoons Na^+ + Ac^- \\ \qquad\qquad\qquad\quad + \\ H_2O \rightleftharpoons OH^- + H^+ \\ \qquad\qquad\qquad\quad \Updownarrow \\ \qquad\qquad\qquad\quad HAc \end{array}$$

可将上面两个平衡合并成水解反应

$$Ac^-+H_2O \rightleftharpoons HAc+OH^-$$

按质量作用定律得

$$\frac{[HAc][OH^-]}{[Ac^-][H_2O]}=K$$

$[H_2O]$为常数与 K 合并

$$\frac{[HAc][OH^-]}{[Ac^-]}=K\cdot[H_2O]=K_h \qquad (4\text{-}10)$$

K_h 称为水解平衡常数，简称水解常数。

由式(4-10) 得

$$\frac{[HAc][H^+][OH^-]}{[Ac^-][H^+]}=\frac{K_w}{K_a}=K_h$$

上式为一元强碱弱酸盐水解平衡常数的通式。在水解平衡中$[HAc]=[OH^-]$。

用 $c_{盐}$ 表示盐的初始浓度，由于醋酸酸性不是太弱，水解度不太大，此情况下，$[Ac^-]=c_{盐}-[OH^-]\approx c_{盐}$。

得
$$\frac{[OH^-]^2}{c_{盐}}=\frac{K_w}{K_a}$$

则
$$[OH^-]=\sqrt{\frac{K_w}{K_a}c_{盐}} \tag{4-11}$$

$$pH=14+\frac{1}{2}(\lg K_w-\lg K_a+\lg c_{盐})$$

$$=7-\frac{1}{2}\lg K_a+\frac{1}{2}\lg c_{盐} \tag{4-12}$$

3. 强酸弱碱盐溶液的 pH 值

氢氧化铵和盐酸生成的盐为氯化铵，其水解水溶液中存在如下平衡。

$$NH_4Cl \rightleftharpoons NH_4^+ + Cl^-$$
$$+$$
$$H_2O \rightleftharpoons OH^- + H^+$$
$$\Updownarrow$$
$$NH_3 \cdot H_2O$$

水解反应可写成：$NH_4^+ + H_2O \Longrightarrow NH_3 \cdot H_2O + H^+$

$$K_h=\frac{[NH_3][H^+]}{[NH_4^+]}$$

经推导可得
$$[H^+]=\sqrt{\frac{K_w}{K_b}\cdot c_{盐}} \tag{4-13}$$

$$pH=-\frac{1}{2}(\lg K_w-\lg K_b+\lg c_{盐})$$

$$=7+\frac{1}{2}\lg K_b-\frac{1}{2}\lg c_{盐} \tag{4-14}$$

4. 二元弱酸强碱盐溶液的 pH 值

多元弱酸和强碱所生成的盐的水解是分级进行的。以 Na_2CO_3 为例，有如下的水解平衡：

$$Na_2CO_3 \rightleftharpoons 2Na^+ + CO_3^{2-}$$
$$+$$
$$H_2O \rightleftharpoons OH^- + H^+$$
$$\Updownarrow$$
$$HCO_3^- \overset{H_2O}{\rightleftharpoons} H_2CO_3 + OH^-$$

$$CO_3^{2-} + H_2O \overset{K_{a1}}{\rightleftharpoons} HCO_3^- + OH^-$$

$$HCO_3^- + H_2O \overset{K_{a2}}{\rightleftharpoons} H_2CO_3 + OH^-$$

水解反应达到平衡时

$$\frac{[HCO_3^-][OH^-]}{[CO_3^{2-}]}=K_{h1} \qquad \frac{[H_2CO_3][OH^-]}{[HCO_3^-]}=K_{h2}$$

由 H_2CO_3 及 H_2O 的电离平衡

$$H_2CO_3 \rightleftharpoons HCO_3^- + H^+$$

$$HCO_3^- \rightleftharpoons CO_3^{2-} + H^+$$

$$H_2O \rightleftharpoons H^+ + OH^-$$

$$\frac{[HCO_3^-][H^+]}{H_2CO_3}=K_{a1} \qquad \frac{[CO_3^{2-}][H^+]}{[HCO_3^-]}=K_{a2}$$

$$[H^+][OH^-]=K_w$$

上下同时乘$[H^+]$

$$K_{h1}=\frac{[HCO_3^-][OH^-][H^+]}{[CO_3^{2-}][H^+]}=\frac{K_w}{K_{a2}} \qquad 第一步水解$$

$$K_{h2}=\frac{[H_2CO_3][OH^-][H^+]}{[HCO_3^-][H^+]}=\frac{K_w}{K_{a1}} \qquad 第二步水解$$

由于$K_{a1} \gg K_{a2}$，第一步水解程度比第二步水解程度大得多，一般计算时，第二步水解可以忽略。

设第一步水解达到平衡时，$[OH^-] \approx [HCO_3^-]$

$$[CO_3^{2-}]=c_{盐}-[OH^-] \approx c_{盐}$$

得

$$\frac{[HCO_3^-][OH^-]}{[CO_3^{2-}]}=\frac{[OH^-]^2}{c_{盐}}=\frac{K_w}{K_{a2}}$$

$$[OH^-]=\sqrt{\frac{K_w}{K_{a2}} \cdot c_{盐}} \tag{4-15}$$

$$pH=\frac{1}{2}pK_w-\frac{1}{2}\lg K_{a2}+\frac{1}{2}\lg c_{盐}$$

$$=\frac{1}{2}(pK_w-\lg K_{a2}+\lg c_{盐}) \tag{4-16}$$

【例 4-4】 试计算 0.10mol/L NaAc 溶液的$[OH^-]$和 pH 值。

解：NaAc 的水解平衡为

$$Ac^- + H_2O \rightleftharpoons HAc + OH^-$$

$$[OH^-]=\sqrt{\frac{K_w}{K_a} \cdot c_{盐}}$$

查表得

$$K_a=1.8\times10^{-5}$$

$$[OH^-]=\sqrt{\frac{1.0\times10^{-14}}{1.8\times10^{-5}}\times0.1000}$$

$$=\sqrt{0.556\times10^{-10}}$$

$$=7.46\times10^{-6}\ (mol/L)$$

$$pH=-\lg[H^+]=14-p[OH^-]=14-6+0.87=8.87$$

【例 4-5】 试计算 0.10mol/L Na_2CO_3 溶液的$[H^+]$和 pH 值。

解：Na_2CO_3 溶液的水解，据式(4-15) 得

$$[OH^-]=\sqrt{\frac{K_w}{K_{a2}} \cdot c_{初}}=\sqrt{\frac{1.0\times10^{-14}}{5.6\times10^{-11}}\times0.10}$$

$$=4.23\times10^{-3}\ (mol/L)$$

$$pH=14-pOH=14+\lg(4.23\times10^{-3})=14-3+0.63\approx11.63$$

5. 二元弱酸的酸式盐溶液的 pH 值

以 Na_2CO_3 为例，在水溶液中，Na_2CO_3 电离为 Na^+ 和 HCO_3^-，而 HCO_3^- 在水溶液中有如下的平衡。

$$HCO_3^- \rightleftharpoons H^+ + CO_3^{2-}$$

在溶液中$[H^+]$和$[CO_3^{2-}]$并不相等，因为溶液中的HCO_3^-会水解和一部分H^+结合生成H_2CO_3，因此

$$[H^+]+[H_2CO_3]=[CO_3^{2-}]$$

由于 $$[H_2CO_3]=\frac{[H^+][HCO_3^-]}{K_{a1}} \qquad [CO_3^{2-}]=\frac{[HCO_3^-]K_{a2}}{[H^+]}$$

代入得 $$[H^+]+\frac{[H^+][HCO_3^-]}{K_{a1}}=\frac{[HCO_3^-]K_{a2}}{[H^+]}$$

可写成 $$\frac{[H^+]K_{a1}}{K_{a1}}+\frac{[H^+][HCO_3^-]}{K_{a1}}=\frac{[HCO_3^-]K_{a2}}{[H^+]}$$

将上式整理得 $$[H^+]^2K_{a1}+[H^+]^2[HCO_3^-]=[HCO_3^-]K_{a1}K_{a2}$$

$$[H^+]=\sqrt{\frac{[HCO_3^-]K_{a1}K_{a2}}{K_{a1}+[HCO_3^-]}}$$

因为$K_{a1}=4.20\times10^{-7}$，$K_{a2}=5.6\times10^{-11}$，所以$[HCO_3^-]\gg K_{a1}$，则$K_{a1}+[HCO_3^-]$中K_{a1}可忽略。

$$[H^+]\approx\sqrt{\frac{[HCO_3^-]K_{a1}K_{a2}}{[HCO_3^-]}}=\sqrt{K_{a1}\cdot K_{a2}} \tag{4-17}$$

故$NaHCO_3$溶液的pH值为

$$pH\approx\frac{pK_1+pK_2}{2} \tag{4-18}$$

【例 4-6】 计算0.2mol/L $NaHCO_3$溶液的$[H^+]$和pH值。

解： 查表得$K_{a1}=4.2\times10^{-7}$ $K_{a2}=5.6\times10^{-11}$

$$[H^+]=\sqrt{K_{a1}K_{a2}}=\sqrt{4.2\times10^{-7}\times5.6\times10^{-11}}$$
$$=4.85\times10^{-9}\ (mol/L)$$
$$pH=-\lg(4.85\times10^{-9})=8.31$$

第二节 缓冲溶液

分析化学中，某些滴定反应要求在一定的酸度范围内才能定量进行。具有调节和控制溶液酸度作用的溶液，称为缓冲溶液。由于缓冲溶液的加入，在反应生成或外加少量的强酸或强碱后，也能保持溶液的pH值基本不变。因此缓冲溶液起到稳定溶液酸度的作用。

一、缓冲溶液的计算

缓冲溶液的pH值主要取决于溶液中弱酸或弱碱的电离常数和各组分的浓度比。以HAc-NaAc缓冲溶液为例进行讨论，根据HAc电离平衡得

$$HAc \rightleftharpoons H^+ + Ac^-$$

$$K_a=\frac{[H^+][Ac^-]}{[HAc]}$$

即 $$[H^+]=K_a\cdot\frac{[HAc]}{[Ac^-]}$$

设醋酸电离的 H^+ 浓度为 x，溶液中的醋酸浓度为 $c_{酸}$，醋酸钠的浓度为 $c_{盐}$。

则：

$$[HAc]=c_{酸}-x$$

$$[Ac^-]=c_{盐}+x$$

由于 $K_a=1.8\times10^{-5}$ 较小，且溶液中有大量 Ac^- 存在，由于同离子效应，使醋酸电离度减小，即 x 很小，可以忽略不计。由于醋酸的存在，抑制了水解作用，水解生成的 $[Ac^-]$ 也可忽略不计。

因此 $[HAc]=c_{酸}-x\approx c_{酸}$ $[Ac^-]=c_{盐}+x\approx c_{盐}$

即

$$[H^+]=K_a\cdot\frac{[HAc]}{[Ac^-]}=K_a\frac{c_{酸}}{c_{盐}} \tag{4-19}$$

$$pH=-\lg K_a-\lg\frac{c_{酸}}{c_{盐}} \tag{4-20}$$

同理可推导出 $NH_3\cdot H_2O$ 和 NH_4Cl 缓冲溶液中的 $[OH^-]$ 浓度。

$$[OH^-]=K_b\frac{c_{碱}}{c_{盐}} \tag{4-21}$$

$$pH=14-p[OH^-]=14+\lg K_b+\lg\frac{c_{碱}}{c_{盐}} \tag{4-22}$$

从上述计算式可看出，缓冲溶液的 pH 和弱酸或弱碱的电离常数（K_a 和 K_b）有关，对同一组成的缓冲溶液的 pH 值，则与弱酸和弱酸盐，弱碱和弱碱盐的浓度比值有关，利用这一特性，可以调整浓度比值配制成各种不同 pH 值的缓冲溶液。

【例 4-7】 在 100mL 纯水和 100mL0.1mol/L NaAc-HAc 的缓冲溶液中，各加入 1mL1mol/L HCl 溶液后，pH 值将发生什么变化？将上述缓冲溶液稀释 10 倍后的 pH 值又如何变化？

解： 1）水中 pH=7，水中加入 HCl，可按稀释定律（稀释前后物质的量相等）计算。

$$c_1V_1=c_2V_2$$

$$c_2=\frac{c_1V_1}{V_2}=\frac{1\times1}{100}=0.01\ (\text{mol/L})$$

HCl 是强酸，稀溶液中完全电离。

$$[H^+]=0.01\ (\text{mol/L})$$

$$pH=-\lg0.01=2$$

2）0.1mol/L HAc-NaAc 缓冲溶液的 pH 值

$$K_a=1.8\times10^{-5}$$

$$[H^+]=K_a\times\frac{c_{酸}}{c_{盐}}=1.8\times10^{-5}\times\frac{0.1}{0.1}=1.8\times10^{-5}\ (\text{mol/L})$$

$$pH=-\lg[H^+]=-\lg1.8\times10^{-5}=4.74$$

向此溶液中加入 1mL1mol/L HCl 后，$[H^+]$ 等于增加 0.01mol/L，加入的 H^+ 与溶液中的 Ac^- 结合成难电离的 HAc，消耗了 Ac^- 0.01mol/L，此时溶液中

$$[HAc]=0.1+0.01=0.11\ (\text{mol/L})\quad [Ac^-]=0.1-0.01=0.09\ (\text{mol/L})$$

故

$$[H^+]=K_a\times\frac{[HAc]}{[Ac^-]}=1.80\times10^{-5}\times\frac{0.11}{0.09}=2.16\times10^{-5}\ (\text{mol/L})$$

$$pH=-\lg(2.16\times10^{-5})=5-0.33=4.67$$

3）稀释10倍后，[HAc] 和 [Ac^-] 均降低10倍为0.01mol/L

$$[H^+]=K_a\frac{[HAc]}{[Ac^-]}=1.80\times10^{-5}\times\frac{0.01}{0.01}=1.80\times10^{-5}\ (mol/L)$$

$$pH=-\lg1.80\times10^{-5}=4.74$$

将0.1mol/L HCl 1mL加到100mL纯水中，溶液的pH值由7降为2，当将相同的HCl加到100mL0.1mol/L的HAc-NaAc缓冲溶液中，溶液的pH值由4.74到4.67，变化很小。

将0.1mol/L HAc-NaAc缓冲溶液稀释10倍后，溶液的pH值没有发生变化。

上述计算说明，在缓冲溶液中，加入少量的强酸和强碱或加水稀释时，溶液中的pH值都改变极少，因此，酸碱缓冲溶液具有稳定溶液酸度的能力。

二、缓冲溶液的缓冲容量及缓冲范围

从上述讨论中得知，在缓冲溶液中加入少量强酸或强碱时，溶液中的pH值变化不大，如果所加的酸或碱及溶剂超过了一定的限度时，缓冲溶液就失去了缓冲能力，即溶液的pH值会发生大幅度的变化。可见缓冲溶液的缓冲作用是有一定限度的。这样就引入一个衡量缓冲溶液的缓冲能力大小的尺度，即在1L缓冲溶液中，引起pH值改变1个单位时，所需加入的强酸（或强碱）的量（mol/L），称为缓冲容量。

【例4-8】 求0.1mol/L HAc-NaAc缓冲溶液的缓冲容量。

解： 已知0.1mol/L HAc-NaAc缓冲溶液的pH值为4.74。若使pH值改变1个单位，即为3.74或5.74，所需加入酸或碱的量是多少？

若使pH=3.74，设所加入的酸量为$x_1$mol/L，即溶液中增加$x_1$mol/L H^+并与Ac^-结合，增加了$x_1$mol/L的HAc，同时，减少了$x_1$mol/L的Ac^-。

$$pH=pK_a-\lg\frac{c_{酸}}{c_{盐}}$$

$$3.74=4.74-\lg\frac{0.1+x_1}{0.1-x_1}$$

$$\frac{0.1+x_1}{0.1-x_1}=10$$

得

$$x_1=0.080\ (mol/L)$$

若使pH=5.74，设需加入碱$x_2$mol/L，因而HAc浓度相应减少$x_2$mol/L，[Ac^-]增加$x_2$mol/L。

$$5.74=4.74-\lg\frac{0.1-x_2}{0.1+x_2}$$

$$\frac{0.1-x_2}{0.1+x_2}=\frac{1}{10}$$

$$x_2=0.08\ (mol/L)$$

0.1mol/L HAc-NaAc缓冲溶液的缓冲容量为酸0.08mol/L碱0.08mol/L。

【例4-9】 求0.01mol/L HAc-NaAc缓冲溶液的缓冲容量。

解： 0.01mol/L HAc-NaAc其pH值仍为4.74，设缓冲容量为$y$mol/L，则

$$3.74=4.74-\lg\frac{0.01+y}{0.01-y}$$

$$y=0.008\ (\text{mol/L})$$

0.01mol/L HAc-NaAc 缓冲容量酸碱各为：0.008mol/L。

【例 4-10】 求 0.10mol/L HAc 和 0.050mol/L NaAc 缓冲溶液的缓冲容量。

解： 0.10mol/L HAc 和 0.050mol/L NaAc 缓冲溶液的 pH 值为

$$\text{pH}=\text{p}K_a-\lg\frac{c_{\text{酸}}}{c_{\text{盐}}}=4.74-\lg\frac{0.1}{0.05}=4.44$$

设此缓冲溶液缓冲容量为 z mol/L

$$3.44=4.74-\lg\frac{0.1+z}{0.05-z}$$

$$\lg\frac{0.1+z}{0.05-z}=1.30$$

$$\frac{0.1+z}{0.05-z}=20$$

$$0.1+z=1.0-20z$$

$$21z=0.90$$

$$z=0.043\ (\text{mol/L})$$

从以上计算可看出，缓冲容量的大小和缓冲物质的浓度有关，浓度高的缓冲容量大，浓度低的缓冲容量小。同时还和缓冲物质浓度比有关，当浓度比为 1∶1 时，即浓度相等时，缓冲容量最大，两物质浓度相差越大，缓冲容量越小。相差量大到一定程度，就失去了缓冲能力。因此，对任何一种缓冲溶液，都有一个有效的缓冲范围。

三、缓冲溶液的选择和配制

在选择缓冲溶液时，应考虑缓冲物质对分析反应无干扰。需要控制的 pH 值应在缓冲范围之内，并且有足够的缓冲容量。一般选择时，应尽量选用接近缓冲溶液的 $\text{p}K_a$（或 $\text{p}K_w-\text{p}K_b$）值，由酸式盐组成的缓冲溶液，则为 $\frac{1}{2}(\text{p}K_a+\text{p}K_b)$。通常缓冲组分的浓度在 0.01～1mol/L 之间。

如果反应条件是 pH<2 或 pH>12 时，可在强酸和强碱溶液中进行，在酸碱浓度很高的情况下，虽加入了少量的酸和碱，浓度的改变在总浓度中所占的比例很小，不会对溶液的酸碱度发生多大的影响。因而，强酸或强碱能够稳定溶液的酸碱度，起到了缓冲溶液的作用。

表 4-1　常用缓冲溶液

缓冲溶液的配制	酸的存在形式	碱的存在形式	$\text{p}K_{a2}$
邻苯二甲酸氢钾-HCl	$C_6H_4(COOH)_2$（邻位，苯环-COOH，-COOH）	$C_6H_4(COO^-)(COOH)$（邻位，苯环-COO⁻，-COOH）	2.95($\text{p}K_{a1}$)
HAc-NaAc	HAc	Ac^-	4.74
六次甲基四胺-HCl	$(CH_2)_6N_4H^+$	$(CH_2)_6N_4$	5.15
KH_2PO_4-Na_2HPO_4	$H_2PO_4^-$	HPO_4^{2-}	7.20($\text{p}K_{a2}$)
NH_3-NH_4Cl	NH_4^+	NH_3	9.26
$NaHCO_3$-Na_2CO_3	HCO_3^-	CO_3^{2-}	10.25($\text{p}K_{a2}$)

常用的缓冲溶液及其配制方法列于表 4-1。在分析实验中，已有几种缓冲溶液，经过准确实验测得其 pH 值，目前在国际上已规定为标准参照缓冲溶液，见表 4-2。市场上已有 pH 标准试剂，可供选购，按说明配制，即得所需标准 pH 值溶液。

表 4-2 pH 标准缓冲溶液

pH 标准溶液	pH 值（标准值 25℃）	pH 标准溶液	pH 值（标准值 25℃）
饱和酒石酸氢钾(0.034mol/L)	3.56	0.025mol/L KH_2PO_4-0.025mol/L Na_2HPO_4	6.86
0.05mol/L 邻苯二甲酸氢钾	4.01	0.10mol/L 硼砂	9.18

第三节 酸碱指示剂

一、酸碱指示剂的变色原理

在酸碱滴定法中，所用指示剂一般都是有机弱酸或弱碱，它都有不同颜色的互变异构体。当溶液的 pH 值改变时，由于结构发生改变，溶液颜色也发生相应的变化。若用 HIn 来表示弱酸型指示剂，则在溶液中，由于溶液的 pH 值改变，发生着电离和互变异构的平衡。

$$\underset{(酸色)}{HIn} \underset{H^+}{\overset{+OH^-}{\rightleftharpoons}} H^+ + \underset{(碱色)}{In^-}$$

HIn 所具有的颜色，称为该指示剂的酸色，当加碱时，HIn 电离并发生异构变化，变为相应的异构体 In^-，同时呈现异构体色称为碱色。若在溶液中又加入酸时，则平衡向左移动，溶液则由碱色变为酸色。

二、酸碱指示剂的变色范围

1. 变色范围

由指示剂的电离平衡可得

$$K_{HIn}=\frac{[In^-][H^+]}{[HIn]}$$

在一定温度下，K_{HIn}是一个常数，称为指示剂电离常数。

$$[H^+]=K_{HIn}\frac{[HIn]}{[In^-]}$$

$$pH=pK_{HIn}-\lg\frac{[HIn]}{[In^-]}$$

从上式看出，溶液 pH 值改变，$\frac{[HIn]}{[In^-]}$也相应变化。当$[HIn]=[In^-]$时，$pH=pK_{HIn}$，此时，溶液的颜色为酸色和碱色互变的理论变色点。不同的指示剂其 K_{HIn}是不同的，即发生颜色变化的 pH 值不同。K_{HIn}由指示剂本质所决定。

溶液中 $[H^+]$ 发生变化时，$[HIn]$ 和 $[In^-]$ 的比值也发生着变化。当 $[HIn]>[In^-]$ 时，溶液以 HIn 的颜色为主；当 $[HIn]<[In^-]$ 时，以 In^- 颜色为主。但人的视觉对颜色的敏感程度是有限的，要观察到一种颜色变为另一种颜色，一般它们之间的浓度至少要有 10 倍之差，即 $\frac{[HIn]}{[In^-]}\geqslant 10$ 时，只看到 HIn 的颜色，而看不到 In^- 的颜色。

此时，

$$pH=pK_{HIn}-1$$

当$\frac{[HIn]}{[In^-]}\leqslant\frac{1}{10}$时，只看到 In^- 的颜色而看不到 HIn 的颜色，此时

$$pH=pK_{HIn}+1$$

变色过程可表示如下。

当$\frac{[HIn]}{[In^-]}>\frac{10}{1}$	酸色	酸色	$pH<pK_{HIn}-1$
$=\frac{10}{1}$	酸色为主 略带碱色	↑	$pH=pK_{HIn}-1$
	中间颜色	变色范围	$pH=pK_{HIn}$
$=1$	理论变色点		
$=\frac{1}{10}$	碱色为主 略带酸色	↓	$pH=pK_{HIn}+1$
$<\frac{1}{10}$	碱色	碱色	$pH>pK_{HIn}+1$

由此而知，指示剂从一种颜色变为另一种颜色不是瞬时发生的，而是有一个变化过程，在一定范围内，有一个从量变到质变的过程。即当 pH 值在 $pK_{HIn}\pm1$ 之间，人们才能明显地观察到指示剂酸色和碱色互相变化的过程。$pH=pK_{HIn}\pm1$，称为指示剂变色的 pH 值范围，简称指示剂的变色范围。

在实际测定过程中，指示剂的变色范围并不一定正好是在理论变色点的两边各一个 pH 单位内，而是略有差别。这主要是由于人眼对各种颜色的敏感程度不同，以及指示剂两种颜色之间互相掩盖所致。例如，甲基橙的 $pK_{HIn}=3.4$ 实际上变色范围是 3.1～4.4，这是由于人眼对红色较之对黄色敏感所致。在 pH 值小的一端，小于一个 pH 单位。

指示剂的变色范围越窄，变色越敏锐。即在溶液中 pH 值有微小变化时，指示剂就发生了明显的颜色改变，有利于提高滴定结果的准确度。

2. 影响酸碱指示剂变色范围的因素

指示剂变色范围受多种因素的影响，其主要有温度、用量、溶液中其他盐类的存在及不同溶剂的作用等。

滴定温度和盐类的存在，主要影响指示剂的离解平衡常数。在不同溶剂分子作用下，其离解常数也不同。如甲基橙在 18～25℃时，变色范围为 3.1～4.4，而 100℃时，则为 2.5～3.7。在水溶液中 $pK_{HIn}=3.4$，在甲醇溶液中 $pK_{HIn}=3.8$。

指示剂的用量过大，会使终点颜色变化不明显，同时指示剂本身也要消耗一些滴定剂，引起误差。单色指示剂的变色范围会向 pH 值低的方向发生移动，例如，50～100mL 溶液中，加入 2～3 滴酚酞，pH=9 时，出现红色；而在相同条件下，若加 10～15 滴酚酞，在 pH=8 时，出现红色。因此，实际操作中，在标准溶液的标定和测定样品时，指示剂的用量一致为好。

三、常用酸碱指示剂

1. 酚酞

酚酞是一种有机弱酸，它在水溶液中，发生如下离解作用和颜色变化。

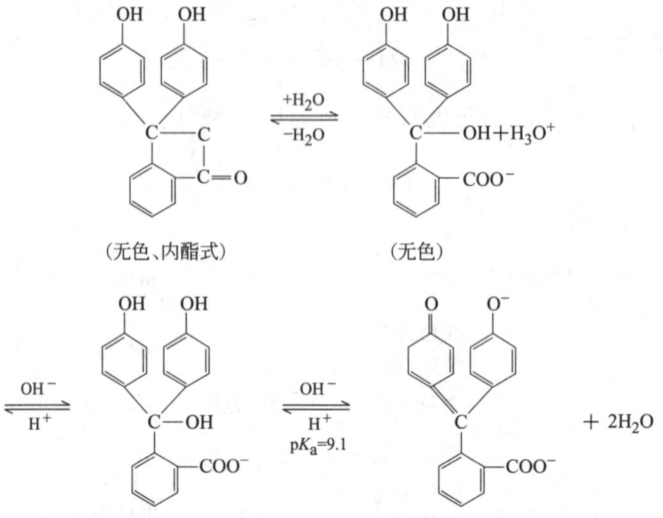

(无色、内酯式) $\underset{-H_2O}{\overset{+H_2O}{\rightleftharpoons}}$ (无色) $+H_3O^+$

$\underset{H^+}{\overset{OH^-}{\rightleftharpoons}}$ (无色、甲醇式) $\underset{H^+,\ pK_a=9.1}{\overset{OH^-}{\rightleftharpoons}}$ (红色、醌式，碱性溶液中) $+\ 2H_2O$

在酸性溶液中，酚酞以各种无色形式存在，在碱性溶液中，转化为醌式结构后显红色。酚酞的醌式结构在浓碱溶液中不稳定，易转变成羧酸盐式的无色离子而褪色。

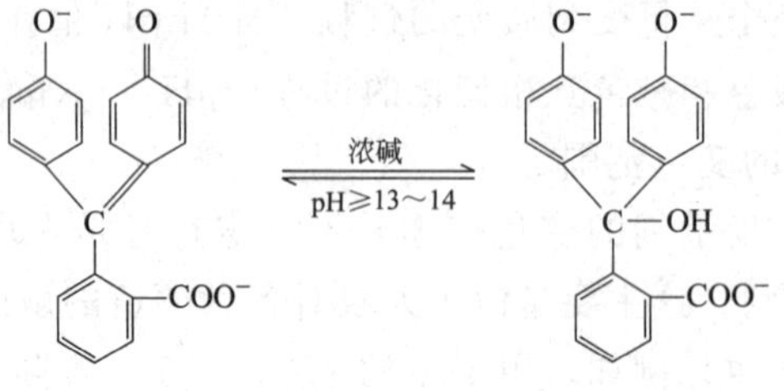

(红色) $\underset{pH\geqslant 13\sim 14}{\overset{浓碱}{\rightleftharpoons}}$ (无色，羧酸盐式)

另外，百里酚酞又名麝香草酚酞和 α-萘酚酞等均属酚酞类指示剂。

2. 甲基橙

甲基橙是一种有机弱碱，它在水溶液中的电离平衡为

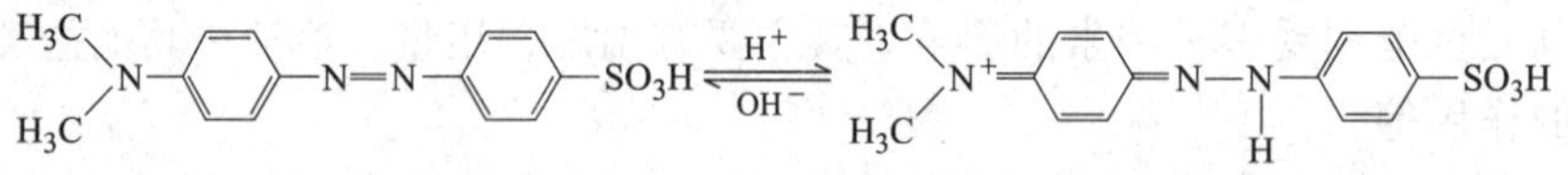

偶氮式(橙黄色) $\underset{OH^-}{\overset{H^+}{\rightleftharpoons}}$ 醌式(红色)

和甲基橙偶氮式化合物类似的指示剂，还有中性红、甲基红、刚果红等。

常用酸碱指示剂的变色范围，列于表 4-3。

四、混合指示剂

混合指示剂是将两种指示剂或指示剂和惰性有机染料按一定比例配制而成。它具有变色范围窄，颜色变化明显的特点。在酸碱滴定中，提高指示剂的敏锐程度可以提高滴定结果的准确性。

例如，甲基橙和靛蓝（染料）组成的混合指示剂，靛蓝在滴定过程中不变，见表 4-4。

单用甲基橙，滴定近等量点时，由黄色变橙色不大明显，而甲基橙加上靛蓝，指示剂则由绿变紫。中间几乎是无色的浅灰色，所以变色非常敏锐。常用的混合酸碱指示剂见表 4-5。

表 4-3　常用酸碱指示剂

指示剂	变色范围 pH 值	颜色		pK_{HIn}	浓　　度	20mL 试液用量/滴
		酸色	碱色			
百里酚蓝	1.2～2.8	红	黄	1.65	0.1%的 20%酒精溶液	1～4
甲基黄	2.9～4.0	红	黄	3.25	0.1%的 90%酒精溶液	1～4
甲基橙	3.1～4.4	红	黄	3.45	0.1%水溶液	1～2
溴酚蓝	3.0～4.6	黄	紫	4.1	0.1%的 20%酒精溶液或其钠盐的水溶液	2～5
甲基红	4.4～6.2	红	黄	5.0	0.1%的 60%酒精溶液或其钠盐的水溶液	1～4
溴百里酚蓝	6.2～7.6	黄	蓝	7.3	0.1%的 20%酒精溶液或其钠盐的水溶液	1～5
中性红	6.8～8.0	红	黄橙	7.4	0.1%的 60%酒精溶液	1～4
酚红	6.8～8.0	黄	红	8.0	0.1%的 60%酒精溶液或其钠盐的水溶液	1～4
酚酞	8.0～10.0	无	红	9.1	1%的 90%酒精溶液	1～3
百里酚酞	9.4～10.6	无	蓝	10.0	0.1%的 90%酒精溶液	1～4

表 4-4　指示剂的变色情况

溶液的酸度	甲基橙颜色	溶液的酸度	甲基橙＋靛蓝颜色
pH≥4.4	黄　色	pH≥4.1	绿　色
pH＝4.0	橙　色	pH＝4.1	灰　色
pH≤3.1	红　色	pH≤4.1	紫　色

表 4-5　常用混合指示剂

指示剂组成	配制比例	变色点	颜色		备　注
			酸色	碱色	
0.1%甲基黄溶液 0.1%次甲基蓝酒精溶液	1∶1	3.25	蓝紫	绿	pH3.4 绿色 pH3.2 蓝紫色
0.1%甲基橙水溶液 0.25%靛蓝二磺酸水溶液	1∶1	4.1	紫	黄绿	—
0.1%溴甲酚绿酒精溶液 0.2%甲基红酒精溶液	3∶1	5.1	酒红	绿	—
0.2%甲基红酒精溶液 0.2%次甲基蓝酒精溶液	3∶2	5.4	红紫	绿	pH5.2 红紫 5.4 暗蓝 5.6 绿色
0.1%溴甲酚绿钠盐水溶液 0.1%氯酚红钠盐水溶液	1∶1	6.1	黄绿	蓝紫	pH5.4 蓝绿 5.8 蓝 6.0 蓝带紫 6.2 蓝紫
0.1%中性红酒精溶液 0.1%次甲基蓝酒精溶液	1∶1	7.0	蓝紫	绿	pH7.0 紫蓝
0.1%甲酚红钠盐水溶液 0.1%百里酚蓝钠盐水溶液	1∶3	8.3	黄	紫	pH8.2 玫瑰色 8.4 紫色
0.1%百里酚蓝 50%酒精溶液 0.1%酚酞 50%酒精溶液	1∶3	9.0	黄	紫	从黄到绿再到紫
0.1%百里酚酞酒精溶液 0.1%茜素黄酒精溶液	2∶1	10.2	黄	紫	—

第四节　滴定曲线与指示剂的选择

酸碱滴定过程中，溶液的酸度将随滴定剂的加入而发生变化，溶液 pH 值随滴定剂加入而变化的曲线称为滴定曲线。为了选择适当的指示剂，必须了解滴定等量点附近 pH 值的变化情况。下面分别讨论几种类型的滴定曲线和指示剂的选择。

一、强酸、强碱的滴定

（一）强碱滴定强酸

以 0.1000mol/L NaOH 溶液滴定 0.1000mol/L HCl 溶液 20.00mL 为例，反应为

$$H^+ + OH^- = H_2O$$

1）滴定前溶液的 pH 值，溶液为 HCl 溶液

$$[H^+]=0.1000\ (mol/L)\qquad pH=1.00$$

2）滴定开始至等量点前溶液的 pH 值，由于强碱的加入和强酸作用生成 NaCl 后，余量 HCl 决定了溶液的 pH 值。例如，滴定用去 18.00mL NaOH 时，相应消耗 18.00mL HCl，余下 2.00mL，溶液中的氢离子浓度为

$$[H^+]=\frac{(20.00-18.00)\times 0.1000}{20.00+18.00}=5.3\times 10^{-3}\ (mol/L)$$

$$pH=2.28$$

当加入 19.98mL NaOH 时

$$[H^+]=\frac{(20.00-19.98)\times 0.1000}{20.00+19.98}=5.0\times 10^{-5}\ (mol/L)$$

$$pH=4.30$$

3）等量点的 pH 值：加入 20.00mL NaOH 溶液，和 HCl 全部生成 NaCl，溶液呈中性，pH=7。

4）等量点后的 pH 值：在等量点之后，溶液的 pH 值取决于过量 NaOH 的量。例如，当加入 20.02mL NaOH 溶液时，过量的 NaOH 为 0.02mL，这时溶液的 $[OH^-]$ 为

$$[OH^-]=\frac{(20.02-20.00)\times 0.1000}{20.00+20.02}=5.0\times 10^{-5}\ (mol/L)$$

$$pOH=4.30$$

$$pH=14-pOH=14-4.30=9.70$$

用上述的方法，计算出滴定过程中各点的 pH 值，见表 4-6 所示。以溶液的 pH 值为纵坐标，对应所加 NaOH 的量为横坐标，绘制出滴定曲线如图 4-1 所示。

5）结论

a. 滴定前期，即 NaOH 溶液加入量在 19.98mL 以前曲线较平坦，pH 值变化范围为 1.00～4.31。

b. 等量点前后是指 NaOH 加入量从 19.98mL 增加到 20.02mL，为 0.04mL（约 1 滴）。而 pH 值从 4.30 增加到 9.70，改变了 5.4 个 pH 单位。溶液由酸性变成了碱性，曲线几乎是一垂直于横坐标的直线。这个较大的 pH 值突跃，称为滴定的突跃范围。

表 4-6 用 0.1000mol/L NaOH 溶液滴定 20.00mL 0.1000mol/L HCl 溶液时的 pH 值（室温下）

加入的 NaOH 溶液		剩余 HCl /mL	过量 NaOH /mL	$[H^+]$ /(mol·L^{-1})	pH 值
%	mL				
0	0.00	20.00	—	1×10^{-1}	1.0
90	18.00	2.00	—	5×10^{-3}	2.3
99	19.80	0.20	—	5×10^{-4}	3.3
99.9	19.98	0.02	—	5×10^{-5}	4.3
100.0	20.00	0.00	0.00	1×10^{-7}	7.0
100.1	20.02	—	0.02	2×10^{-10}	9.7
101	20.20	—	0.20	2×10^{-11}	10.7
110	22.00	—	2.00	2×10^{-12}	11.7
200	40.00	—	20.00	2×10^{-13}	12.5

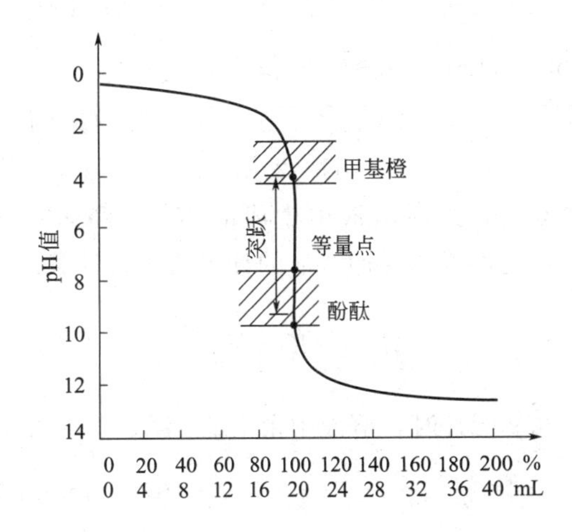

图 4-1 0.1000mol/L NaOH 滴定 20.00mL 0.1000mol/L HCl 的滴定曲线

c. 等量点后，由于滴定剂的过量，pH 值变化由快转慢，曲线是由倾斜逐渐变为平坦。直到几乎不变，成为平行于横坐标的直线。

（二）强酸滴定强碱

强酸滴定强碱的滴定曲线与强碱滴定强酸的滴定曲线相对称，pH 值变化则相反，例如 0.1000mol/L HCl 滴定 20.00mL0.1000mol/L NaOH 的滴定曲线如图 4-2 所示。pH 突跃范围为 9.70～4.30。

滴定突跃范围是选择酸碱指示剂的依据，凡是能在全部或部分突跃范围内发生明显变色的指示剂都可以选用。从图 4-1 中看到，选用酚酞（pH 为 8.0～10.0）、甲基橙（pH 为 3.1～4.4）均可。

滴定突跃范围的大小与滴定溶液的浓度有关。浓度越高，突跃范围越大；浓度越小，突跃范围越小，1mol/L 时，滴定突跃范围是 3.30～10.70，而浓度是 0.01mol/L 时，突跃范围是 5.30～8.70。但必须注意，在浓度高时，1 滴溶液所引起的误差较大。

二、强碱滴定弱酸

以 0.1000mol/L 的 NaOH 滴定 20.00mL0.1000mol/L HAc 溶液为例，其反应为

$$HAc+OH^- \rightleftharpoons NaAc+H_2O$$

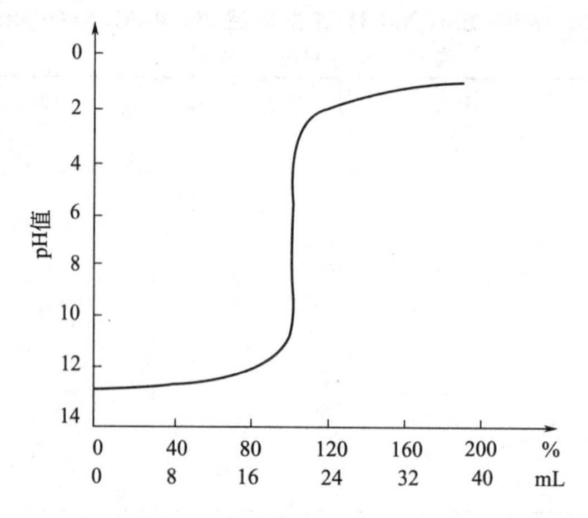

图 4-2　0.1000mol/L HCl 滴定 0.1000mol/L NaOH 的滴定曲线

1）滴定前 0.1000mol/L HAc 溶液的 pH 值为

$$[H^+]=\sqrt{K_a \cdot c}=\sqrt{1.8\times10^{-5}\times0.1000}=1.34\times10^{-3}\ (mol/L)$$

$$pH=2.87$$

2）滴定开始至等量点前，此时溶液中生成的 NaAc 和未反应的 HAc，形成 HAc-NaAc 缓冲体系，$[H^+]$ 浓度可根据缓冲溶液的计算式进行计算。

$$[H^+]=K_a\frac{[HAc]}{[Ac^-]}$$

当滴入的 NaOH 为 19.98mL 时，溶液中余下的 HAc 为 0.02mL，其浓度为

$$[HAc]=\frac{0.02\times0.1000}{20.00+19.98}=5.0\times10^{-5}\ (mol/L)$$

$$[Ac^-]=\frac{19.98\times0.1000}{20.00+19.98}=5.0\times10^{-2}\ (mol/L)$$

代入前式

$$[H^+]=K_a\frac{[HAc]}{[Ac^-]}=18\times10^{-5}\frac{5\times10^{-5}}{5.0\times10^{-2}}=1.8\times10^{-8}$$

$$pH=-\lg1.8\times10^{-8}=7.74$$

3）等量点时 HAc 全部中和生成 NaAc，溶液的 pH 值由 Ac^- 水解公式来求得

$$[OH^-]=\sqrt{\frac{K_w}{K_a}\cdot c_{盐}}$$

式中　$c_{盐}$——NaAc 的浓度，$c_{盐}\approx[Ac^-]$，由于溶液总体增加 1 倍。

$$[Ac^-]=\frac{0.10000\times20.00}{20.00+20.00}=0.05000\ (mol/L)$$

$$[OH^-]=\sqrt{\frac{10^{-14}}{1.8\times10^{-5}}\times0.05000}=5.3\times10^{-6}\ (mol/L)$$

$$pH=14-pOH=14+\lg(5.3\times10^{-6})=8.72$$

等量点时，溶液偏碱性。

4）等量点后　溶液中有过量的 NaOH 存在，抑制了 Ac^- 的水解，溶液的 pH 值主要

由过量的 NaOH 决定。计算方法和强酸强碱滴定相同。例如，当 NaOH 的量加到 20.02mL 时，NaOH 溶液过量 0.02mL，则

$$[OH^-]=\frac{0.02\times 0.1000}{20.00+20.02}=5.0\times 10^{-5}\ (mol/L)$$

$$pH=14-pOH=14-4.30=9.70$$

用上述方法，计算出滴定过程中各点的 pH 值，见表 4-7 所示。并绘制滴定曲线，如图 4-3(Ⅰ) 所示。

表 4-7　0.1000mol/L NaOH 溶液滴定 20.00mol/L 0.1000mol/L HAc 溶液时的 pH 值（室温下）

加入 NaOH 溶液 %	加入 NaOH 溶液 mL	剩余 HAc /mL	过量 NaOH /mL	计算公式	pH 值	
0	0.00	20.00	—	$[H^+]=\sqrt{K_{酸}\cdot c_{酸}}$	2.8	
90	18.00	2.00	—	$[H^+]=K_{酸}\cdot\frac{c_{酸}}{c_{盐}}$	5.7	
99	19.80	0.20	—		6.7	
99.9	19.98	0.02	—		7.7	突跃范围
100	20.00	0.00	0.00	$[OH^-]=\sqrt{\frac{K_{H_2O}}{K_{酸}}\cdot c_{盐}}$	8.7	
100.1	20.02	—	0.02	$[OH^-]=\frac{V_{碱过量}}{V_{总量}}\cdot c_{盐}$	9.7	
101	20.20	—	0.20		10.7	
110	22.00	—	2.00		11.7	
200	40.00	—	20.00		12.5	

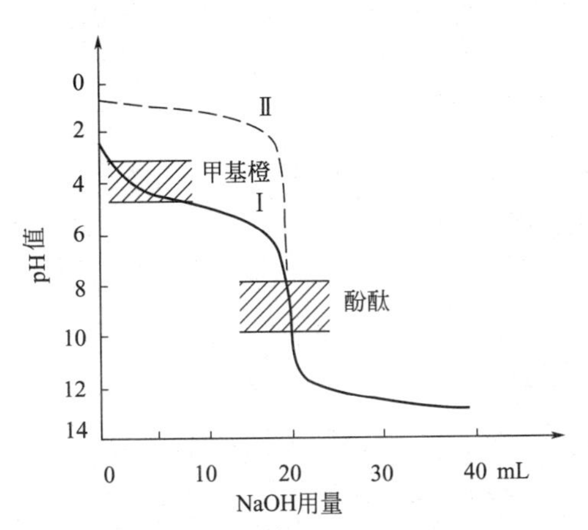

图 4-3　强碱与强酸，强碱与弱酸的滴定曲线
Ⅰ—0.1000mol/L NaOH 滴定 0.1000mol/L HAc 溶液 20.00mL 的滴定曲线；
Ⅱ—0.1000mol/L NaOH 滴定 0.1000mol/L HCl 溶液 20.00mL 的滴定曲线

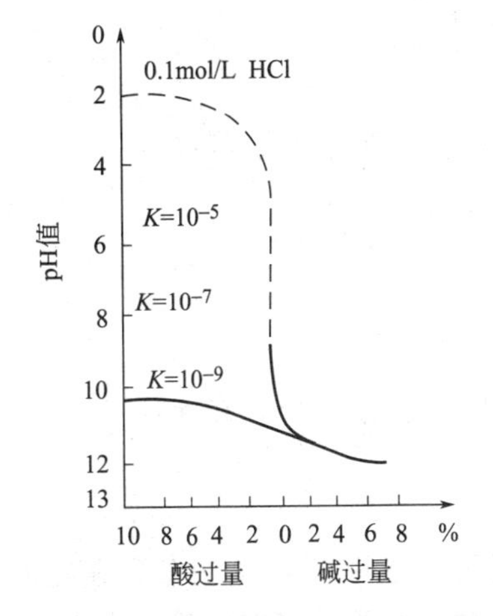

图 4-4　强碱滴定不同弱酸（0.1mol/L）的滴定曲线

a. 滴定前期　起点是由被滴弱酸的性质所决定。和强酸强碱之间的滴定曲线相比较，起点 pH 值高，说明滴定前，溶液中的 [H⁺] 较相同浓度的强酸低。开始滴定时，溶液中 [H⁺] 很快下降，因而曲线开始倾斜较大。继而由于大量的 NaAc 产生，在溶液中形成了 HAc-NaAc 缓冲体系，致使溶液 pH 值增加缓慢，曲线出现平缓。接近等量点

时，由于HAc浓度很低，溶液失去缓冲作用，溶液的pH值增加较快，曲线倾斜度增加。

b. 等量点时　全部生成NaAc，由于Ac^-的水解作用，溶液等量点pH值为8.7，突跃范围是7.7～9.7，偏碱性。

c. 等量点后　溶液中为过量的NaOH，曲线与强碱滴定强酸相同。

指示剂的选择，凡在突跃范围pH值7.7～9.7之间变色的指示剂均可选用，如酚酞（pH为8.0～10.0）等。但不能选用甲基橙为指示剂。

对于不同的弱酸，因离解常数K_a不同，其滴定曲线前半部的位置因此不同，如图4-4所示。K_a值越小，曲线前半部pH值越向下移动，滴定突跃越小。如当弱酸溶液的浓度c与电离常数K_a的乘积$cK_a \leqslant 10^{-8}$，则在等量点附近pH值突跃很小，在水溶液中滴定时，难于指示等量点而无法进行直接滴定。

三、强酸滴定弱碱

现以0.1000mol/L HCl溶液滴定20.00mL0.1000mol/L NH_3H_2O溶液为例，滴定反应为

$$NH_3 \cdot H_2O + H^+ = NH_4^+ + H_2O$$

由于滴定产物NH_4^+的水解，等量点时，溶液偏酸性。滴定过程的pH值可近似计算为

（1）滴定前

$$[OH^-] = \sqrt{K_b \cdot c_{碱}} = \sqrt{1.8 \times 10^{-5} \times 0.1000} = 1.34 \times 10^{-3}\ (mol/L)$$

$$pOH = 2.87$$

$$pH = 14 - pOH = 14 - 2.87 = 11.13$$

（2）滴定开始至等量点前

根据下式计算

$$[OH^-] = K_b \frac{c_{碱}}{c_{盐}}$$

（3）等量点时

按NH_4^+水解公式来计算

$$[H^+] = \sqrt{\frac{K_w}{K_b} \cdot c_{盐}}$$

计算结果见表4-8，并绘制滴定曲线，如图4-5所示。

此曲线与强碱滴定弱酸曲线相似，仅pH值的变化是由大变小，等量点时pH=5.28，pH突跃范围为6.25～4.30。可选用甲基红（pH为4.4～6.2）、溴甲酚绿（pH为3.8～5.4）、溴酚蓝（pH为3.0～4.6）等为指示剂。

同样，较弱的碱，当$cK_b < 10^{-8}$时，pH突跃很小，由于没有合适的指示剂而不能直接滴定。

四、强碱滴定多元酸

多元弱酸的滴定是分步进行的。以NaOH溶液滴定H_3PO_4为例来进行讨论。H_3PO_4分三步电离。

$$H_3PO_4 \rightleftharpoons H^+ + H_2PO_4^- \qquad K_{a1} = 7.6 \times 10^{-3}$$

表 4-8　0.1000mol/L HCl 溶液滴定 20.00mL 0.1000mol/L $NH_3 \cdot H_2O$ 的 pH 值

加入 HCl 溶液		剩余 $NH_3 \cdot H_2O$ /mL	过量 HCl /mL	计算公式	pH
%	mL				
0	0.00	20.00	—	$[OH^-]=\sqrt{K_{碱} \cdot c_{碱}}$	11.1
90	18.00	2.0	—		8.3
99	19.80	0.20	—	$[OH^-]=K_{碱} \cdot \frac{c_{碱}}{c_{盐}}$	6.5
99.9	19.98	0.02	—		6.2 (突跃范围)
100.0	20.00	0.00	0.00	$[H^+]=\sqrt{\frac{K_{H_2O}}{K_{碱}} \cdot c_{盐}}$	5.2 (突跃范围)
100.1	20.02	—	0.02		4.3 (突跃范围)
101	20.20	—	0.20		3.3
110	22.00	—	2.00	$[H^+]=\frac{V_{酸过量}}{V_{总量}} \cdot c_{酸}$	2.3
200	40.00	—	20.00		1.3

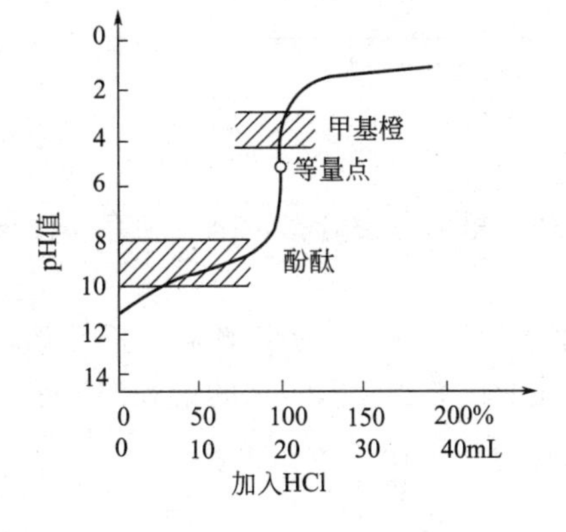

图 4-5　0.1000mol/L HCl 溶液滴定 20.00mL 0.1000mol/L NH_3 的滴定曲线

图 4-6　NaOH 滴定 H_3PO_4 的滴定曲线

$$H_2PO_4^- \rightleftharpoons H^+ + HPO_4^{2-} \qquad K_{a2}=6.3\times10^{-8}$$

$$HPO_4^{2-} \rightleftharpoons H^+ + PO_4^{3-} \qquad K_{a3}=4.4\times10^{-13}$$

NaOH 溶液滴定 H_3PO_4 时，中和反应如下：

$$H_3PO_4+NaOH = NaH_2PO_4+H_2O$$

$$NaH_2PO_4+NaOH = Na_2HPO_4+H_2O$$

对于这两个等量点，pH 值近似计算为

$$[H^+]_1=\sqrt{K_{a1} \cdot K_{a2}}=\sqrt{7.6\times10^{-3}\times6.3\times10^{-8}}=2.2\times10^{-5}\ (mol/L)$$

$$pH=4.66$$

$$[H^+]_2=\sqrt{K_{a2} \cdot K_{a3}}=\sqrt{6.3\times10^{-8}\times4.4\times10^{-13}}=1.7\times10^{-5}\ (mol/L)$$

$$pH=9.78$$

滴定曲线见图 4-6 所示。

在滴定过程中，首先进行第一步反应，在第一等量点（pH 为 4.66）附近出现第一个突跃，然后生成的 NaH_2PO_4 继续被 NaOH 溶液中和。在第二等量点（pH 为 9.78 左右）又有第二个突跃。由于 K_{a3} 很小，第三等量点附近没有突跃，难以确定等量点，无法滴定。可选用甲基红和酚酞分别确定第一、第二等量点。由于两个等量点附近突跃范围较小，终点变色难掌握，滴定误差较大。采用变色范围较小的混合指示剂，如溴甲酚绿和甲基橙混合指示剂（pH 值为 4.3）、酚酞和百里酚酞（pH 值为 9.9）混合指示剂，确定等量点较好。

用强碱滴定多元弱酸时，只有当相邻两个 K_a 值相差 10^4 倍以上（即 $K_{a1}/K_{a2}\geqslant 10^4$），等量点附近才出现 pH 突跃。只有当 $K_{a2}/K_{a3}\geqslant 10^4$ 时，第二个等量点附近才出现第二个 pH 突跃。

五、水解盐的滴定

此类盐在水溶液中发生水解，例 Na_2CO_3 水解

$$CO_3^{2-}+H_2O \rightleftharpoons HCO_3^- + OH^-$$

$$HCO_3^- + H_2O \rightleftharpoons H_2CO_3 + OH^-$$

一般用强酸如 HCl 滴定反应分两步中和，第一步中和时，由 Na_2CO_3 变为 $NaHCO_3$，其 pH 值为

$$[H^+]=\sqrt{K_{a1}\cdot K_{a2}}=\sqrt{4.2\times10^{-7}\times5.6\times10^{-11}}$$

$$=4.9\times10^{-9}\ (mol/L)$$

$$pH=8.31$$

可用酚酞作指示剂。由于突跃较小，若采用甲酚红和百里酚蓝混合指示剂（变色 pH 值为 8.3）更为接近等量点，滴定误差较小。

第二步中和时，由 HCO_3^- 变为 H_2CO_3，pH 值可据 H_2CO_3 的离解来进行计算，由于 $K_{a1}\gg K_{a2}$，所以只考虑一级电离，此时 $c\approx 0.04$mol/L（常温下 CO_2 的饱和溶液浓度）。

$$[H^+]=\sqrt{K_{a1}c}=\sqrt{4.2\times10^{-7}\times0.04}=1.3\times10^{-4}\ (mol/L)$$

$$pH=3.9$$

可选用甲基橙为指示剂。

滴定曲线，如图 4-7，从反应和滴定曲线可看出，作为 Na_2CO_3 的两步滴定，第一步用酚酞为指示剂消耗 HCl 的体积和第二步用甲基橙为指示剂所消耗 HCl 的体积相等，这是通常所称的双指示剂法。

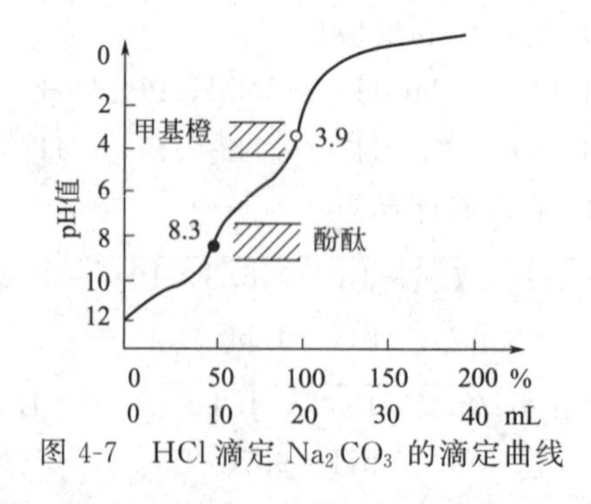

图 4-7　HCl 滴定 Na_2CO_3 的滴定曲线

第五节　酸碱标准滴定溶液

一、酸标准滴定溶液

作为酸碱滴定的酸标准滴定溶液，一般为强酸，如盐酸、硫酸，一般可配成浓度为

1mol/L、0.5mol/L、0.1mol/L、0.01mol/L 等的溶液。可根据 GB 601—88 标准制备。硝酸具有氧化性本身不稳定，一般不采用。

1. 配制

以 HCl 为例，市售盐酸（浓），密度为 1.19g/mL，浓度为 12mol/L。如配制浓度为 1mol/L，0.5mol/L，0.1mol/L 溶液时，可分别量取 90mL、45mL、9mL 浓盐酸注入 1000mL 蒸馏水中，摇匀待用。

2. 标定

(1) 标定原理

以基准无水 Na_2CO_3 进行标定，用溴甲酚绿-甲基红混合指示剂（或甲基橙指示剂）。反应为

$$Na_2CO_3 + 2HCl \longrightarrow 2NaCl + H_2O + CO_2\uparrow$$

据 Na_2CO_3 的质量和消耗 HCl 的体积可计算出 HCl 溶液的物质的量浓度。

(2) 计算

$$c(\mathrm{HCl}) = \frac{m \times 1000}{(V_1 - V_2) \times 52.99}$$

式中 m——基准无水碳酸钠的质量，g；

V_1——盐酸溶液的体积，mL；

V_2——空白试验盐酸溶液的体积，mL；

52.99——基准 Na_2CO_3 的摩尔质量 $M\left(\frac{1}{2}Na_2CO_3\right)$，g/mol。

二、碱标准滴定溶液的配制和标定

作为酸碱滴定的碱标准滴定溶液，一般均为强碱，如 NaOH，KOH 可将其配制成 1mol/L、0.5mol/L、0.1mol/L 浓度的标准溶液。

1. 碱标准溶液的配制

将氢氧化钠配成饱和溶液，注入塑料桶中，密闭放置至溶液清亮，使用前以塑料管虹吸上层清液。配制方法见表 4-9 所示。量取一定体积的 NaOH 饱和溶液，注入 1000mL 无二氧化碳的水中，摇匀。

表 4-9 NaOH 溶液的配制

配制浓度/($mol \cdot L^{-1}$)	量取饱和溶液体积/mL	蒸馏水量/mL
1	52	1000
0.5	26	1000
0.1	5	1000

2. 标定

一般采用邻苯二甲酸氢钾，它易精制，无吸湿性，此外还可采用草酸等来进行标定。邻苯二甲酸氢钾与 NaOH 的反应为

$$C_6H_4(COOH)(COOK) + NaOH \longrightarrow C_6H_4(COONa)(COOK) + H_2O$$

由于生成的邻苯二甲酸钾钠是强碱弱酸盐，所以等量点时，溶液偏碱性。选酚酞作指示剂为宜。

3. 计算

氢氧化钠标准溶液的物质的量浓度，按下式计算

$$c(\mathrm{NaOH})=\frac{m\times1000}{(V_1-V_2)\times204.2}$$

式中 m——基准邻苯二甲酸氢钾的质量，g；

V_1——氢氧化钠溶液的体积，mL；

V_2——空白试验氢氧化钠溶液的体积，mL；

204.2——基准 $KHC_8H_4O_4$ 的摩尔质量，$M(KHC_8H_4O_4)$，g/mol。

氢氧化钠和盐酸标准溶液可用互标的方法进行标定。例如已知 HCl 浓度为 0.1006mol/L，标定 0.1mol/L 的 NaOH 溶液，取 25.00mL HCl 溶液，用 0.1mol/L 的 NaOH 滴定，若用去 25.02mL，则 NaOH 的浓度为

$$c(\mathrm{NaOH})=\frac{(cV)(\mathrm{HCl})}{V(\mathrm{NaOH})}=\frac{0.1006\times25.00}{25.02}=0.1005\ (\mathrm{mol/L})$$

第六节 应用实例

一、工业硫酸浓度的测定

硫酸为无色透明的油状液体，吸水性强，溶于水和乙醇，同时放出大量的热，在空气中则迅速吸水，密度为 1.84g/mL（20℃）。

1. 测定原理

硫酸是强酸，可采用 NaOH 标准溶液直接滴定，其反应为

$$H_2SO_4+2NaOH = Na_2SO_4+2H_2O$$

由于生成物为强酸强碱盐，等量点时溶液为中性，指示剂可选用甲基橙、甲基红或甲基红-溴甲酚绿混合指示剂。

2. 计算硫酸的质量分数

$$w(H_2SO_4)=\frac{cV\times49.04}{m\times1000}\times100$$

式中 c——NaOH 标准溶液的实际浓度，mol/L；

V——滴定时 NaOH 标准滴定溶液的用量，mL；

49.04——硫酸的摩尔质量$\left[M\left(\frac{1}{2}H_2SO_4\right)\right]$，g/mol；

m——硫酸样品的质量，g。

对不同浓度的工业硫酸进行测定时，其样品采取量应不同，一般分析所采用的配制浓度和 NaOH 标准溶液浓度相近，若采用以上实验步骤，则取样质量 m 应为

$$m=\frac{c(\mathrm{NaOH})\times V\times\frac{49.04}{1000}}{w(H_2SO_4)}$$

式中 $c(\mathrm{NaOH})$——NaOH 标准滴定溶液的物质的量浓度，mol/L；

V——滴定时消耗 NaOH 的体积，mL；

$w(H_2SO_4)$——硫酸的质量分数，一般由测得密度在附表中查得。

【例 4-11】 用 1.000mol/L NaOH 测定密度为 1.83g/mL 硫酸时，应取样多少克？

解： 设滴定体积为 25.00～35mL，查表得相对密度为 1.83 的硫酸质量分数为 92%。

$$m=\frac{1.000\times25.00\times\frac{49.04}{1000}}{92\%}=1.33\ (\mathrm{g})$$

$$m=\frac{1.000\times35.00\times\frac{49.04}{1000}}{92\%}=1.86\ (\mathrm{g})$$

取样质量应为 1.33～1.86g 之间。

二、工业冰醋酸的测定

冰醋酸为无色透明液体，在约 15℃时凝固，具有刺激性酸味，溶于水、乙醇及乙醚，密度为 1.05g/mL，相对分子质量为 60.05。参照 GB 670—907 方法测定。

1. 测定原理

冰醋酸中，醋酸含量较高，醋酸为弱酸，采用强碱标准溶液进行直接滴定。一般用 NaOH 滴定。选用酚酞作指示剂。

2. 计算

$$w(\mathrm{CH_3COOH})=\frac{cV\times60.05}{m\times1000}\times100$$

式中 V——NaOH 标准滴定溶液的体积，mL；

c——NaOH 标准滴定溶液的实际浓度，mol/L；

m——样品质量，g；

60.05——CH_3COOH 的摩尔质量[$M(CH_3COOH)$],g/mol。

三、烧碱中 NaOH 和 Na_2CO_3 含量的测定

烧碱即 NaOH，一般为白色固体，易吸收空气中水分和二氧化碳，易溶于水，相对分子质量为 40.00。参照 GB 629—89，采用 $BaCl_2$ 沉淀碳酸钠的方法；当 Na_2CO_3 含量较低时，也可采用双指示剂法。

1. 氯化钡法

(1) 测定原理

利用生成 $BaCO_3$ 沉淀的反应，使 CO_3^{2-} 生成 $BaCO_3$ 沉淀，以酚酞为指示剂，用 HCl 标准溶液滴定，NaOH 与它反应达等量点后，再用甲基橙为指示剂，继续滴定，则$BaCO_3$ 参加反应，其反应过程为

$$Na_2CO_3+BaCl_2 = BaCO_3\downarrow+2NaCl$$

$$NaOH+HCl = NaCl+H_2O\text{(酚酞为指示剂)}$$

$$BaCO_3+2HCl = BaCl_2+H_2O+CO_2\text{(甲基橙为指示剂)}$$

由两次滴定消耗之 HCl 量，可分别计算 NaOH 和 Na_2CO_3 的质量分数。

(2) 计算

$$w(\mathrm{NaOH})=\frac{cV_1\times40.00}{m\times1000}\times100\%$$

$$w(\mathrm{Na_2CO_3})=\frac{cV_2\times53.00}{m\times1000}\times100\%$$

式中 c——盐酸标准滴定溶液的物质的量浓度，mol/L；

V_1,V_2——分别为滴定 NaOH 和 Na_2CO_3 时盐酸标准溶液的量，mL；

m——样品的质量，g；

40.00——NaOH 的摩尔质量［M(NaOH)］，g/mol；

53.00——$\left(\frac{1}{2}Na_2CO_3\right)$的摩尔质量$\left[M\left(\frac{1}{2}Na_2CO_3\right)\right]$，g/mol。

2. 双指示剂

(1) 测定原理

双指示剂法就是在滴定碳酸盐时，出现两个等量点，溶液 pH 值有两个突跃，采用两种指示剂分别指示两个终点的测定方法。

氢氧化钠和碳酸钠混合溶液中，当用盐酸标准溶液进行滴定时，盐酸和氢氧化钠作用突跃范围为 4.3～9.7，HCl 和 Na_2CO_3 作用时，第一个等量点 pH 值为 8.3，第二个等量点 pH 值为 3.9。因此，选用酚酞为指示剂（其变色范围 pH8～10），NaOH 全部中和，而 Na_2CO_3 只中和至 $NaHCO_3$，若此时再加入甲基橙为指示剂，继续滴定到第二个等量点时，则将 $NaHCO_3$ 中和为 H_2CO_3，反应为

$$NaOH + HCl \xrightarrow{pH=7} NaCl + H_2O$$

$$Na_2CO_3 + HCl \xrightarrow{pH=8.3} NaHCO_3 + NaCl$$

$$NaHCO_3 + HCl \xrightarrow{pH=3.9} H_2CO_3 + NaCl$$

$$H_2CO_3 \longrightarrow H_2O + CO_2\uparrow$$

用盐酸滴定 NaOH 和 Na_2CO_3 混合碱液分析如图 4-8 所示。

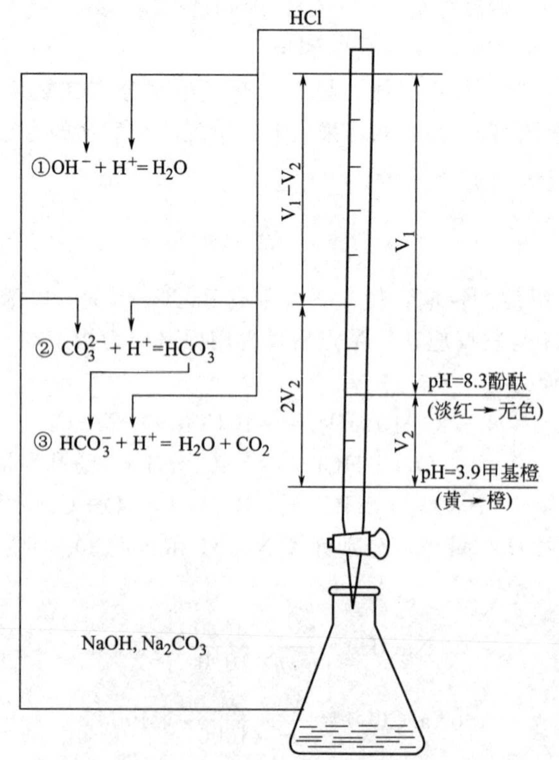

图 4-8 双指示剂法用 HCl 滴定 NaOH 和 Na_2CO_3 混合物

根据两次滴定消耗盐酸的量 V_1 和 V_2，可计算 NaOH 和 Na_2CO_3 的含量。

（2）计算

从滴定过程可得 V_2 为 $NaHCO_3$ 中和至 H_2CO_3 时，消耗体积恰好是 Na_2CO_3 的一半，因此得 NaOH 消耗 HCl 体积为 V_1-V_2，Na_2CO_3 消耗 HCl 体积为 $2V_2$。

烧碱为浓溶液时

$$\rho(NaOH)=\frac{(V_1-V_2)c(HCl)\times 0.04000}{V_{样}}\times 1000$$

$$\rho(Na_2CO_3)=\frac{2V_2c(HCl)\times 0.0530}{m_{样}}\times 1000$$

烧碱为固体时

$$w(NaOH)=\frac{(V_1-V_2)c(HCl)\times 0.04000}{m_{样}}\times 100\%$$

$$w(Na_2CO_3)=\frac{2V_2\times c(HCl)\times\frac{0.1060}{2}}{m_{样}}\times 100\%$$

总碱量以 Na_2O 表示

$$w(Na_2O)=\frac{(V_1+V_2)c(HCl)\times\frac{M(Na_2O)}{2000}}{m_{样}}\times 100\%$$

双指示剂法还可以用于 Na_2CO_3 和 $NaHCO_3$ 的混合碱分析，用酚酞作指示剂，HCl 标准溶液滴定，当溶液的颜色由红色变到无色时，Na_2CO_3 被中和到 $NaHCO_3$，此时消耗 HCl 体积为 V_1，再加甲基橙指示剂，继续用 HCl 溶液滴定到溶液由黄色变到橙色，此时 $NaHCO_3$ 被中和到 CO_2 消耗 HCl 体积为 V_2，其反应为

$$Na_2CO_3+HCl = NaCl+NaHCO_3\text{（酚酞为指示剂）}$$

$$NaHCO_3+HCl = NaCl+CO_2\uparrow+H_2O\text{（甲基橙为指示剂）}$$

反应中 Na_2CO_3 消耗 HCl 体积为 $2V_1$；$NaHCO_3$ 消耗 HCl 体积为 V_2-V_1。

$$w(Na_2CO_3)=\frac{c(HCl)\cdot 2V_1\times\frac{M(Na_2CO_3)}{2000}}{m_{样}}\times 100\%$$

$$w(NaHCO_3)=\frac{(V_2-V_1)\cdot c(HCl)\times\frac{M(NaHCO_3)}{1000}}{m_{样}}\times 100\%$$

四、铵盐中氮的测定

铵盐为强酸弱碱盐，如 NH_4NO_3、NH_4Cl、$(NH_4)_2SO_4$ 采用直接滴定有困难，一般可采用蒸馏法和甲醛法进行分析。

1. 蒸馏法

蒸馏法是将铵盐试样加入过量的碱，加热使氨蒸馏出来，并通入过量的酸标准溶液中，然后将余下的酸以甲基橙为指示剂，用碱标准溶液进行回滴，根据消耗碱溶液的量来计算铵盐的含量。

用酸吸收时计算如下：

$$w(铵盐)=\frac{(V_2-V_1)c\times\frac{M(NH_4NO_3)}{1000}}{m_{样}}\times 100\%$$

式中 c——滴定所用碱标准溶液的实际浓度，mol/L；

V_1——分析样品时，滴定所用碱标准溶液体积，mL；

V_2——空白试验所用碱标准溶液的体积，mL。

也可以采用2%H_3BO_3溶液吸收，然后以甲基红和溴甲酚绿混合指示剂，用盐酸标准溶液滴定，溶液由绿色变为红色。

$$NH_4NO_3+NaOH = NH_3+NaNO_3+H_2O$$

$$NH_3+H_3BO_3 = NH_4H_2BO_3$$

$$NH_4H_2BO_4+HCl = H_3BO_3+NH_4Cl$$

质量分数计算式为

$$w(\text{铵盐})=\frac{(V_1-V_2)c(HCl)\times\frac{80.04}{1000}}{m_{\text{样}}}\times100\%$$

式中 $c(HCl)$——滴定所用HCl标准滴定溶液浓度，mol/L；

V_1——滴定所用HCl标准滴定溶液的体积，mL；

V_2——空白试验所用HCl标准滴定溶液的体积，mL；

$m_{\text{样}}$——样品的质量，g；

80.04——NH_4NO_3的摩尔质量［$M(NH_4NO_3)$］，g/mol。

空白实验均用蒸馏水代替样品溶液，进行蒸馏滴定。

2. 甲醛法

甲醛与铵盐作用，生成六亚甲基四胺，同时生成定量的酸，以甲基橙为指示剂，碱标准溶液进行滴定。

$$4NH_4NO_3+6HCHO = (CH_2)_6N_4+4HNO_3+6H_2O$$

$$HNO_3+NaOH = H_2O+NaNO_3$$

硝酸铵质量分数为

$$w(NH_4NO_3)=\frac{c(NaOH)V\times80.04}{m_{\text{样}}\times1000}\times100\%$$

式中 $c(NaOH)$——氢氧化钠标准滴定溶液的物质的量浓度，mol/L；

V——氢氧化钠标准滴定溶液的体积，mL；

$m_{\text{样}}$——样品的质量，g；

80.04——NH_4NO_3的摩尔质量［$M(NH_4NO_3)$］，g/mol。

中性甲醛为1∶1的水溶液，并以1%酚酞为指示剂，用0.1mol/L氢氧化钠溶液中和呈淡红色。

五、尿素中含氮量的测定

1. 测定原理

尿素在H_2SO_4存在下，加热发生水解，水解生成的NH_3又与H_2SO_4作用生成$(NH_4)_2SO_4$，反应式为

$$(NH_2)_2CO+H_2SO_4+H_2O \xlongequal{\triangle} CO_2\uparrow+(NH_4)_2SO_4$$

过量的H_2SO_4用NaOH中和，反应式为

$$H_2SO_4+2NaOH = Na_2SO_4+2H_2O$$

生成的 $(NH_4)_2SO_4$ 和 HCHO 作用生成 $(CH_2)_6N_4$ 和 H_2SO_4，反应式为

$$6HCHO + 2(NH_4)_2SO_4 = (CH_2)_6N_4 + 2H_2SO_4 + 6H_2O$$

（甲醛）　（硫酸铵）　（环六亚甲基四胺）

游离出的 H_2SO_4 用 NaOH 标准溶液滴定，反应式为

$$H_2SO_4 + 2NaOH = Na_2SO_4 + 2H_2O$$

2. 计算

尿素总氮含量（干基计）以质量分数表示，按下式计算。

$$w(\text{总氮}) = \frac{c(\mathrm{NaOH})(V_1 - V_2)\frac{14.01}{1000}}{m_{\text{样}} \times \frac{100 - w(\mathrm{H_2O})}{100}} \times 100\%$$

式中　$c(NaOH)$——NaOH 标准滴定溶液的物质的量浓度，mol/L；

V_1——滴定耗用 NaOH 标准滴定溶液的体积，mL；

V_2——空白试验耗用 NaOH 标准滴定溶液的体积，mL；

14.01——氮的摩尔质量，g；

$m_{样}$——尿素试样的质量，g；

$w(H_2O)$——尿素中水分的质量分数。

复　习　题

1. 什么是酸碱滴定法？其实质是什么？
2. 溶液中 pH 值和 pOH 值之间有何关系？
3. 欲使溶液的 pH 值由 3 增到 5，问需加酸还是加碱？为什么？
4. 什么叫盐类的水解？举例说明各类盐类水解的情况。
5. 哪类物质可以组成缓冲溶液？举例说明其作用。
6. 酸碱指示剂为什么能变色？什么叫指示剂的变色范围？
7. 滴定曲线说明什么问题？在酸碱滴定法中，各种类型滴定曲线上为什么突跃范围各不相同？
8. 根据什么原则选择指示剂？为什么某些外表上同属一种类型的滴定，在选择指示剂时却有所不同？例如：(1) 0.1mol/L HCl 溶液滴定 0.1mol/L NaOH 溶液可以选择甲基橙，但 0.01mol/L HCl 溶液滴定 0.01mol/L NaOH 溶液却选用甲基红而不能用甲基橙？(2) 用 HCl 溶液滴定 NaOH 溶液选用甲基橙，而用 NaOH 溶液滴定 HCl 溶液则选用酚酞。
9. 怎样配制不含 CO_2 的 NaOH 溶液？
10. 用基准 Na_2CO_3 标定 HCl 溶液时，为何不选用酚酞而用甲基橙作指示剂？为什么在近终点时加热赶除 CO_2？
11. 什么叫双指示剂法？实际应用有哪些？
12. 甲醛法测定铵盐的原理是什么？选用什么指示剂？

练　习　题

1. 求下列各题的 pH 值

(1) $[H^+] = 0.0001\text{mol/L}$　　(2) $[H^+] = 2.8 \times 10^{-4}\text{mol/L}$

(3) $[H^+] = 5.8 \times 10^{-13}\text{mol/L}$　　(4) $[OH^-] = 0.2\text{mol/L}$

(5) $[OH^-] = 7.6 \times 10^{-11}\text{mol/L}$　　(6) $[OH^-] = 0.015\text{mol/L}$

2. 求0.01mol/L HAc溶液的pH值。

3. 求0.1mol/L $NH_3 \cdot H_2O$溶液的pH值及pOH值。

4. 计算下列各溶液的pH值

(1) 0.2mol/L H_2SO_4　　(2) 0.2mol/L H_3PO_4

(3) 0.02mol/L NaAc　　(4) 0.05mol/L NH_4NO_3

5. 计算0.1mol/L $NH_3 \cdot H_2O$和0.1mol/L NH_4Cl所组成缓冲溶液的pH值。

6. 计算0.05mol/L邻苯二甲酸氢钾溶液的pH值（已知$K_1=1.1\times10^{-3}$,$K_2=3.9\times10^{-6}$）。

7. 若需配制pH值为2的缓冲溶液，甲酸铵与甲酸的浓度比值应保持多少？在1L6mol/L甲酸溶液中，应加入多少克固体甲酸铵？

8. 在20.00mL 0.0100mol/L NaOH溶液中加入19.98mL 0.0100mol/L HCl溶液后，溶液的pH值是多少？

9. 在20mL 0.01000mol/L NaOH溶液中加入20.02mL 0.01000mol/L HCl溶液后，溶液的pH值是多少？

10. 用0.1mol/L NaOH溶液滴定0.1mol/L蚁酸（HCOOH），应选用什么作指示剂？（先计算等量点的pH值）

11. 需要将多少mL密度为1.30g/mL的40.0%H_2SO_4溶液加到1200mL 0.1000mol/L H_2SO_4溶液中，才能配成0.2000mol/L的H_2SO_4溶液？

12. 今欲将一种HCl溶液准确稀释为0.05000mol/L，已知此HCl溶液44.97mL相当43.76mL NaOH溶液，而此NaOH溶液49.14mL能与纯$H_2C_2O_4 \cdot 2H_2O$、0.2160g完全作用，问此HCl溶液1000mL需加水多少mL才能配成为0.0500mol/L？

13. 如果用21.12mL HCl溶液滴定0.8714g硼砂，而HCl与NaOH的体积比$\frac{V(HCl)}{V(NaOH)}$为1.025，计算HCl溶液和NaOH溶液的浓度（mol/L）。

14. 今有7.6521g硫酸样品，在容量瓶中稀释成250mL。取出25mL，滴定时用去20.00mL的0.7500mol/L NaOH溶液，计算H_2SO_4的质量分数。

15. 今有含NaOH和Na_2CO_3的样品1.1790g在溶液内用酚酞作指示剂，加0.3000mol/L HCl溶液48.16mL，溶液刚好变为无色。再加甲基橙作指示剂，用该酸滴定，则需24.04mL，计算样品中NaOH及Na_2CO_3的质量分数。

16. 如果：(1) 用酚酞或用甲基橙作指示剂滴定溶液时，用去等量的HCl溶液；(2) 用酚酞滴定时，比用甲基橙滴定时少用一半HCl溶液；(3) 用酚酞时溶液不显颜色，但可用甲基橙作指示剂，以HCl溶液滴定；(4) 用酚酞作指示剂所用HCl溶液比继续用甲基橙作指示剂所用HCl溶液少；(5) 用酚酞作指示剂所用HCl溶液比继续用甲基橙作指示剂所用HCl溶液多。判断各种情况下样品中含有哪些成分（K_2CO_3、KOH、$KHCO_3$）。

17. 已知一样品中含有NaOH或$NaHCO_3$或Na_2CO_3或为此三种化合物中两种成分的混合物。1.1000g样品，用甲基橙为指示剂需要31.4mL HCl溶液（1.00mL≈0.0140gCaO），相同质量的样品，若用酚酞作指示剂需用13.3mL HCl溶液。计算样品中各成分的质量分数。

18. 测定0.2471g肥料中的含氮量，加浓碱溶液蒸馏，产生的NH_3用50.00mL 0.1015mol/L HCl溶液吸收，然后用0.1022mol/L NaOH溶液11.69mL滴定过量的HCl，计算样品中氮的质量分数。

19. 精铵盐2.000g，加过量KOH溶液，加热，蒸出的氨吸收在50.00mL 0.5000mol/L标准酸溶液中，过量的酸用0.5000mol/L NaOH溶液回滴，用去1.56mL，计算试样中的NH_3质量分数。

20. 称取工业尿素样品0.4648g于250mL锥形瓶中，经加水溶解和加浓H_2SO_4溶解之后，以甲基红为指示剂中和除去余酸。加入10mL含有3～4滴酚酞指示剂的预先中和过的25%HCHO溶液，用0.5329mol/L的NaOH标准溶液滴定，耗用28.69mL即达终点，试计算尿素样品中氮的质量分数。反

应式为

$$(NH_2)_2CO + H_2SO_4 + H_2O = (NH_4)_2SO_4 + CO_2\uparrow$$

（尿素）

$$2(NH_4)_2SO_4 + 6HCHO = (CH_2)_6N_4 + 2H_2SO_4 + 6H_2O$$

$$H_2SO_4 + 2NaOH = Na_2SO_4 + 2H_2O$$

第五章 氧化还原滴定法

氧化还原滴定法是以氧化还原反应为基础的滴定分析方法。按照分析中所用的标准溶液（氧化剂或还原剂）的不同，氧化还原滴定法可分为：高锰酸钾法、重铬酸钾法、碘量法、铈量法、溴酸盐法等。

氧化还原滴定法的特点：①氧化还原反应与酸碱反应、配合反应及沉淀反应相比较，反应机理复杂，反应物间具有电子转移过程或电子的偏离，反应往往分步进行，不能瞬时完成。因此，在滴定过程中必须考虑氧化还原反应的速率，注意滴定速度要和反应速率相适应。②氧化还原反应除主反应外，常常可能发生各种副反应或因反应条件不同而生成不同产物，因此，在滴定过程中必须严格控制反应条件才能得到预期的结果。③氧化还原滴定法种类繁多，不仅可以测定具有氧化性或者还原性的物质，而且可以测定能与氧化剂或还原剂定量反应的物质，因此，氧化还原滴定法的应用范围较大。

第一节 电极电位

氧化还原反应的实质是氧化剂和还原剂间的电子转移或共用电子对的偏移。例如

$$2Fe^{3+} + Sn^{2+} \rightleftharpoons 2Fe^{2+} + Sn^{4+}$$

其半反应为

$$Fe^{3+} + e \longrightarrow Fe^{2+}$$

$$Sn^{2+} \longrightarrow Sn^{4+} + 2e$$

由上述半反应可以看到，Fe^{3+} 发生了还原反应，由高价态得电子变为低价态。而 Sn^{2+} 发生了氧化反应，由低价态失电子变为高价态。

一般称同一元素高价态的形式为氧化型，低价态的形式为还原型。同一元素的两种不同价态，由于电子得失而可以互相转化的体系，用一氧化还原电对来表示，即氧化型/还原型，简称电对，上述反应可用 Fe^{3+}/Fe^{2+} 和 Sn^{4+}/Sn^{2+} 两个电对来表示。无论是氧化反应或还原反应，其电对都应写成氧化型/还原型的形式。

各电对都有接受电子和给出电子的能力，得失电子后，向其对应的形式转化，一般表示

$$\text{氧化型} \underset{-ne}{\overset{+ne}{\rightleftharpoons}} \text{还原型}$$

例如 $I_3^- \underset{-2e}{\overset{+2e}{\rightleftharpoons}} 3I^-$ 电对为 $I_3^-/3I^-$

$$2H^{+} \underset{-2e}{\overset{+2e}{\rightleftharpoons}} H_2 \quad \text{电对为 } 2H^{+}/H_2$$

$$Sn^{4+} \underset{-2e}{\overset{+2e}{\rightleftharpoons}} Sn^{2+} \quad \text{电对为 } Sn^{4+}/Sn^{2+}$$

$$Cr_2O_7^{2-} + 14H^{+} \underset{-6e}{\overset{+6e}{\rightleftharpoons}} 2Cr^{3+} + 7H_2O \quad \text{电对为 } Cr_2O_7^{2-}/2Cr^{3+}$$

$$MnO_4^{-} + 8H^{+} \underset{-5e}{\overset{+5e}{\rightleftharpoons}} Mn^{2+} + 4H_2O \quad \text{电对为 } MnO_4^{-}/Mn^{2+}$$

一、电极电位

金属或气体电极和其盐溶液之间的电位差称电极电位，用 φ 表示，单位为伏特（V）。

$$\varphi = \varphi_{金属} - \varphi_{溶液}$$

电极电位可以用来表示电对的氧化性或还原性的强弱，但单个的电极电位的绝对值是无法测得的。因此，选用一电极为标准电极，其他各电对均与之比较可得相对电位数值。

1. 标准氢电极

标准氢电极电位，是压力保持 1.013×10^5 Pa[1] 的氢气所饱和的铂黑电极（铂片上镀了蓬松铂的电极），插入氢离子浓度等于 1mol/L 的溶液中，所组成的 $2H^{+}/H_2$ 电对，其半反应式为

$$2H^{+}(1mol/L) + 2e \rightleftharpoons H_2(1.013\times10^5 Pa)$$

在 25℃时，规定它的电极电位为零，即 $\varphi^{\ominus}_{2H^{+}/H_2} = 0$（V）。

2. 标准电极电位

标准电极电位，是指在 25℃时各电对中氧化型和还原型分子（或离子）的浓度各为 1mol/L 时，与标准氢电极组成的原电池所测得的电动势，用 $E^{\ominus}$ 表示。此值为正值表示电对与标准氢电极组成原电池时，它为正极，标准氢电极是负极，即该电对氧化型得到电子的能力比氢电极中的 H^{+} 强；为负值表示该电对与标准氢电极组成原电池为负极，标准氢电极是正极，其还原型失去电子能力比氢电极中 H_2 强。

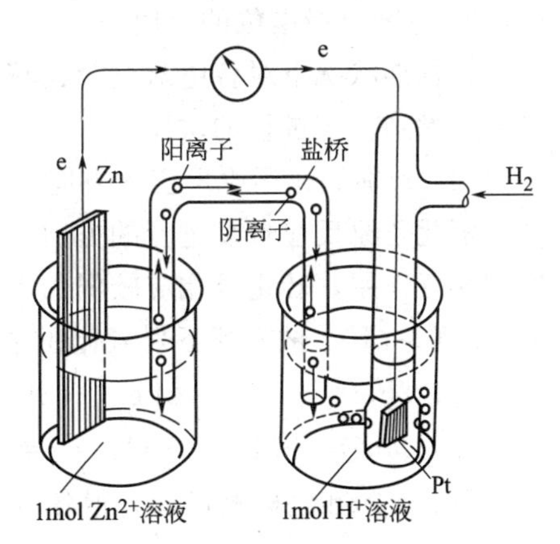

图 5-1　测定锌的标准电极电位的装置

如图 5-1 所示为锌电极在 1mol/L $ZnSO_4$ 溶液中的标准锌半电池，把它和标准氢半电池组成原电池，在 25℃恒温下，用电位计来测量，得原电池的电动势。即可计算 Zn 标准电极的电位。25℃时，测得电动势为 0.76V。

负极　　$Zn - 2e = Zn^{2+}$

正极　　$2H^{+} + 2e = H_2$

$$Zn + 2H^{+} \overset{2e}{\rightleftharpoons} Zn^{2+} + H_2$$

[1] 1.013×10^5 Pa 相当于 1 个标准大气压。

$$E(\text{电动势})=E^{\ominus}_{\text{正极}}-E^{\ominus}_{\text{负极}}\quad=E^{\ominus}_{2H/H_2}-E^{\ominus}_{Zn^{2+}/Zn}=0.76\ (V)$$

则
$$E^{\ominus}_{Zn^{2+}/Zn}=-0.76\ (V)$$

用同样的方法可使各电对和标准氢电极组成原电池，测得电动势和电流方向，计算出其标准电极电位。排列在一起组成标准电极电位表，见表 5-1 所示。

表 5-1　某些电对的标准电极电位（25℃）

氧化型	电子数		还原型	$\varphi^{\ominus}$/V
Li^+	$+e$	=	Li	-3.03
Na^+	$+e$	=	Na	-2.71
Mg^{2+}	$+2e$	=	Mg	-2.38
Zn^{2+}	$+2e$	=	Zn	-0.76
Sn^+	$+2e$	=	Sn	-0.14
Pb^{2+}	$+2e$	=	Pb	-0.13
$2H^+$	$+2e$	=	H_2	0.00
$S_4O_6^{2-}$	$+2e$	=	$2S_2O_3^{2-}$	$+0.08$
Cu^{2+}	$+e$	=	Cu^+	$+0.159$
I_3^-	$+2e$	=	$3I^-$	$+0.54$
$2HgCl$	$+2e$	=	$Hg_2Cl_2+2Cl^-$	$+0.63$
O_2+2H^+	$+2e$	=	H_2O_2	$+0.68$
Fe^{3+}	$+e$	=	Fe^{2+}	$+0.77$
Br_3^-	$+2e$	=	$3Br^-$	$+1.05$
$Cr_2O_7^{2-}+14H^+$	$+6e$	=	$2Cr^{3+}+7H_2O$	$+1.33$
Cl_2	$+2e$	=	$2Cl^-$	$+1.36$
$MnO_4^-+8H^+$	$+5e$	=	$Mn^{2+}+4H_2O$	$+1.51$
$H_2O_2+2H^+$	$+2e$	=	$2H_2O$	$+1.77$
$S_2O_8^{2-}$	$+2e$	=	$2SO_4^{2-}$	$+2.01$

A 获得电子的能力依次增强（↓）

B 失去电子的能力依次增强（↑）

3. 标准电极电位的应用

在标准状况下对各电对进行比较，用以判别氧化还原反应进行的方向和多电对参加反应时，判别反应进行的次序。

（1）判别氧化还原反应的方向

氧化还原反应自发进行的方向，应是由电对中氧化性较强的氧化剂和还原性较强的还原剂相互作用，转化成相应较弱的还原型和氧化型的过程。

【例 5-1】 试判断下列氧化还原反应自发进行的方向。

（1）$2Fe^{2+}+I_2 \rightleftharpoons 2Fe^{3+}+2I^-$

（2）$MnO_4^-+5Fe^{2+}+8H^+ \rightleftharpoons Mn^{2+}+5Fe^{3+}+4H_2O$

解： 查标准电极电位表，得各电对的 $\varphi^{\ominus}$ 值

$$\varphi^{\ominus}_{I_3^-/3I^-}=0.54\ (V)$$

$$\varphi^{\ominus}_{Fe^{3+}/Fe^{2+}}=+0.77\ (V)$$

$$\varphi^{\ominus}_{MnO_4^-/Mn^{2+}}=1.51\ (V)$$

从标准电极电位大小比较是 $\varphi^{\ominus}_{MnO_4^-/Mn^{2+}}>\varphi^{\ominus}_{Fe^{3+}/Fe^{2+}}>\varphi^{\ominus}_{I_3^-/3I^-}$。因此，其中的氧化性顺序为 $MnO_4^->Fe^{3+}>I_2$，而还原性顺序为 $I^->Fe^{2+}>Mn^{2+}$。由此可知，上述三个电对的氧化还原反应的方向应为

$$2Fe^{3+}+2I^-\longrightarrow 2Fe^{2+}+I_2$$

$$MnO_4^-+5Fe^{2+}+8H^+\longrightarrow 5Fe^{3+}+Mn^{2+}+4H_2O$$

从上例说明，氧化还原电对反应的方向，是 $\varphi^{\ominus}$ 高的电对中氧化型（如 MnO_4^-）与

$\varphi^{\ominus}$低的电对中还原型（如 Fe^{2+}）相互作用，向各自对应形式变化的方向进行。某一物质的电对（如 Fe^{3+}/Fe^{2+}），与电极电位低的电对作用时，它做氧化剂（如 Fe^{3+}）；而与电极电位高的电对作用做还原剂（如 Fe^{2+}）。

（2）判断氧化还原反应的次序

溶液中若有两种以上的氧化剂和一种还原剂存在时，哪一种氧化剂先作用呢？应该是还原剂与最强的氧化剂首先反应，然后才与另一种氧化剂作用。反之，一种氧化剂和两种还原剂相遇时，首先作用的是最强的还原剂，如在用 $K_2Cr_2O_7$ 法测铁时，首先是用氯化亚锡将 Fe^{3+} 还原成 Fe^{2+}，然后再用 $K_2Cr_2O_7$ 标准溶液来滴定 Fe^{2+}。为了保证使 Fe^{3+} 全部还原成 Fe^{2+}，氯化亚锡的用量一般需过量一点，此时，Sn^{2+} 存在对滴定的准确度是否有影响？

$$\varphi^{\ominus}_{Cr_2O_7^{2-}/2Cr^{3+}}=+1.33\ (V)$$
$$\varphi^{\ominus}_{Fe^{3+}/Fe^{2+}}=+0.77\ (V)$$
$$\varphi^{\ominus}_{Sn^{4+}/Sn^{2+}}=+0.15\ (V)$$

氧化能力的顺序：$Cr_2O_7^{2-}>Fe^{3+}>Sn^{4+}$；还原能力的顺序：$Sn^{2+}>Fe^{2+}>Cr^{3+}$。

由标准电极电位可知，$Cr_2O_7^{2-}$ 是最强的氧化剂，它能氧化 Fe^{2+} 和 Sn^{2+}，但 Sn^{2+} 是最强的还原剂，$Cr_2O_7^{2-}$ 首先氧化的是 Sn^{2+}，而后才能氧化 Fe^{2+}。如果 Sn^{2+} 过量多了，就要影响分析结果。

二、能斯特方程

标准电极电位是在特定条件下，即温度为 25℃，离子或分子的浓度都是 1mol/L，若反应中有气体参加时其分压为1×10^5Pa（1 标准大气压）时所测得的电极电位。若条件发生了变化，如氧化型或还原型物质的浓度、酸度发生了变化，电对的电极电位将相应的也会发生改变。这时就可按能斯特方程式来进行计算。

$$\varphi=\varphi^{\ominus}+\frac{RT}{nF}\ln\frac{[\text{氧化型}]}{[\text{还原型}]}$$

式中　φ——指定浓度下的电极电位，V；

$\varphi^{\ominus}$——标准电位，V；

R——气体常数，8.314J/(K·mol)；

T——绝对温度，$273+t$℃；

F——法拉第常数，96487C/mol；

n——反应中电子转移数。

当 $t=25$℃时，将各常数代入上式中，并将自然对数换为常用对数，得

$$\varphi=\varphi^{\ominus}+\frac{0.059}{n}\lg\frac{[\text{氧化型}]}{[\text{还原型}]}$$

当［氧化型］＝［还原型］＝1mol/L 时，$\lg\frac{[\text{氧化型}]}{[\text{还原型}]}=0$

即
$$\varphi=\varphi^{\ominus}$$

在应用能斯特方程式进行计算时，应注意下述几点。

1）温度不同时，方程式中的系数也就不同。如 18℃时，$\varphi=\varphi^{\ominus}+\frac{0.058}{n}\lg\frac{[\text{氧化型}]}{[\text{还原型}]}$。

2）实际应用时要注意方程式中电对中氧化型和还原型的系数，参加反应的 H^+ 也应参与计算。

3）气体浓度用压力（大气压数），纯固体试剂及水的浓度定为常数 1，其他皆用物质的量浓度。

4）对于一种物质来说可能有几个氧化还原电对，而每个电对的标准电极电位是不同的。

举例说明如下。

$2H^+/H_2$ $\qquad \varphi_{2H^+/H_2}=\varphi^{\ominus}_{2H^+/H_2}+\frac{0.059}{2}\lg\frac{[H^+]^2}{p_{H_2}}$

Cu^{2+}/Cu $\qquad \varphi_{Cu^{2+}/Cu}=\varphi^{\ominus}_{Cu^{2+}/Cu}+\frac{0.059}{2}\lg[Cu^{2+}]$

Fe^{3+}/Fe^{2+} $\qquad \varphi_{Fe^{3+}/Fe^{2+}}=\varphi^{\ominus}_{Fe^{3+}/Fe^{2+}}+0.059\lg\frac{[Fe^{3+}]}{[Fe^{2+}]}$

MnO_4^-/Mn^{2+} $\qquad \varphi_{MnO_4^-/Mn^{2+}}=\varphi^{\ominus}_{MnO_4^-/Mn^{2+}}+\frac{0.059}{5}\lg\frac{[MnO_4^-][H^+]^8}{[Mn^{2+}]}$

$Cr_2O_7^{2-}/2Cr^{3+}$ $\qquad \varphi_{Cr_2O_7^{2-}/2Cr^{3+}}=\varphi^{\ominus}_{Cr_2O_7^{2-}/2Cr^{3+}}+\frac{0.059}{6}\lg\frac{[Cr_2O_7^{2-}][H^+]^{14}}{[Cr^{3+}]^2}$

可以利用能斯特方程式来计算溶液中电对的电位，同时还可以在测得电位时，求其离子浓度。

【例 5-2】 求 $[Fe^{3+}]=1mol/L$、$[Fe^{2+}]=0.001mol/L$ 时的 $\varphi_{Fe^{3+}/Fe^{2+}}$。

解： $\varphi_{Fe^{3+}/Fe^{2+}}=\varphi^{\ominus}_{Fe^{3+}/Fe^{2+}}+\frac{0.059}{1}\lg\frac{[Fe^{3+}]}{[Fe^{2+}]}=0.77+0.059\lg\frac{1}{0.001}=0.95\ (V)$

【例 5-3】 求 Cl_2 为 $1\times10^5 Pa$（1 标准大气压），$[Cl^-]=0.01mol/L$ 时的电极电位。

解： 半反应为 $Cl_2+2e \rightleftharpoons 2Cl^-$，查表得 $\varphi^{\ominus}_{Cl_2/2Cl^-}=1.358V$，$n=2$。

$$\varphi_{Cl_2/2Cl^-}=\varphi^{\ominus}_{Cl_2/2Cl^-}+\frac{0.059}{2}\lg\frac{p_{Cl_2}}{[Cl^-]^2}=1.358+0.0295\lg\frac{1.0}{0.01^2}=1.48\ (V)$$

【例 5-4】 Cu 电极插在 Cu^{2+} 溶液中，与标准氢电极组成原电池，测得电位是 0.224V，求此时溶液中 Cu^{2+} 浓度是多少？

解： 半反应式为 $Cu^{2+}+2e = Cu$，查表得 $\varphi^{\ominus}=0.34V$，据能斯特方程式

$$\varphi_{Cu^{2+}/Cu}=\varphi^{\ominus}_{Cu^{2+}/Cu}+\frac{0.059}{2}\lg\frac{[Cu^{2+}]}{1}$$

$$\lg[Cu^{2+}]=[\varphi-\varphi^{\ominus}]\frac{2}{0.059}=(0.224-0.34)\frac{2}{0.059}=-3.93=\bar{4}.07$$

查反对数得：$[Cu^{2+}]=1.18\times10^{-4}$ (mol/L)

【例 5-5】 计算 $MnO_4^-+5Fe^{2+}+8H^+ = Mn^{2+}+5Fe^{3+}+4H_2O$ 反应达到等量点时 $\varphi_{等}$ 的电位和溶液中各种离子浓度之间关系。

解： 当反应达到等量点时，按能斯特方程式

$$\varphi_{等}=\varphi^{\ominus}_{MnO_4^-}/Mn^{2+}+\frac{0.059}{5}\lg\frac{[MnO_4^-][H^+]^8}{[Mn^{2+}]}=1.51+\frac{0.059}{5}\lg\frac{[MnO_4^-][H^+]^8}{[Mn^{2+}]}$$

$$\varphi_{等}=\varphi^{\ominus}_{Fe^{3+}/Fe^{2+}}+\frac{0.059}{1}\lg\frac{[Fe^{3+}]}{[Fe^{2+}]}=0.77+0.059\lg\frac{[Fe^{3+}]}{[Fe^{2+}]}$$

为求 $\varphi_{等}$ 的值将(1)×5+(2)得

$$5\varphi_{等}+\varphi_{等}=5\times1.51+1\times0.77+0.059$$

$$\lg\frac{[MnO_4^-][H^+]^8[Fe^{3+}]}{[Mn^{2+}][Fe^{2+}]}$$

反应到达等量点平衡时，由反应方程式得各离子间浓度关系为

$$\frac{[MnO_4^-]}{[Fe^{2+}]}=\frac{1}{5},[MnO_4^-]=\frac{[Fe^{2+}]}{5}$$

$$\frac{[Mn^{2+}]}{[Fe^{3+}]}=\frac{1}{5},[Mn^{2+}]=\frac{[Fe^{3+}]}{5}$$

设等量点时 $[H^+]=1mol/L$，将这些浓度值代入式(3) 得

$$\varphi_{等}(5+1)=5\times1.51+1\times0.77+0.059\lg\frac{\frac{[Fe^{2+}]}{5}\times[Fe^{3+}]\times1^8}{\frac{[Fe^{3+}]}{5}\times[Fe^{2+}]}$$

$$\varphi_{等}=\frac{5\times1.51+1\times0.77+0.059\lg1}{5+1}=1.39\ (V)$$

从上例中可知，氧化还原反应等量点时的电位 $\varphi_{等}$ 的一般通式为

$$\varphi_{等}=\frac{n_1\varphi_1^{\ominus}+n_2\varphi_2^{\ominus}}{n_1+n_2}$$

在有 H^+、OH^- 等参加半反应的氧化还原电对中，应用此式，H^+、OH^- 浓度应为 1mol/L。

三、条件电极电位

影响电位的因素，一方面是氧化还原电对本身的性质和浓度，另外，溶液中有一些物质虽然不参加电子转移，但对氧化还原过程也可能产生影响，如大量电解质离子存在、酸度的改变、与氧化态或还原态生成难溶化合物或配合物等。由于这些物质的存在，使得实际的电位与标准电极电位有很大的差别。因此，在不同的介质条件下测出的电极电位，称为条件电极电位用 $\varphi^{\ominus\prime}$ 表示。在一定温度和介质条件下，当氧化型和还原型物质浓度都为 1mol/L 时，$\varphi^{\ominus\prime}$ 为一个常数，部分电对的条件电极电位见表 5-2 所示。

表 5-2 部分氧化还原电对的条件电极电位

电对	$\varphi^{\ominus}$/V	条件电极电位 φ'			
		$HClO_4$ 1mol/L	HCl 1mol/L	H_2SO_4 1mol/L	其他介质
$Pb^{2+}+2e \rightleftharpoons Pb$	−0.13	−0.4	—	−0.29	
$Cu^{2+}+e \rightleftharpoons Cu^+$	+0.15	—	+0.45	—	
$[Fe(CN_6)]^{3-}+e \rightleftharpoons [Fe(CN_6)]^{4-}$	+0.36	+0.72	+0.71	+0.72	+0.46(0.01mol/LNaOH)
$Fe^{3+}+e \rightleftharpoons Fe^{2+}$	+0.77	+0.73	+0.70	+0.68	+0.61(1mol/L H_2SO_4 0.5mol/L H_3PO_4)
$Hg^{2+}+2e \rightleftharpoons 2Hg$	+0.79	+0.78	+0.27	+0.67	
$Ce^{4+}+e \rightleftharpoons Ce^{3+}$	+1.61	+1.70	+1.28	+1.44	
$Cr_2O_7^{2-}+6e+14H^+ \rightleftharpoons 2Cr^{3+}+7H_2O$	+1.36	+1.025	+1.00	+1.03	
$MnO_4^-+8H^++5e \rightleftharpoons Mn^{2+}+4H_2O$	+1.51	+1.45			+1.27(8mol/L H_3PO_4)

条件电极电位的大小，说明在某些外界因素影响下氧化还原电对的实际氧化还原能力。因此，在分析化学中，使用条件电极电位比用标准电极电位更符合实际情况，更能正

确地判断氧化还原反应的方向、次序和反应完全的程度。由于条件电极电位的数据目前还较少，在缺乏数据的情况下，仍可采用标准电极电位来进行计算。

在应用条件电极电位计算时，能斯特方程式应表示为

$$\varphi' = \varphi^{\ominus\prime} + \frac{0.059}{n}\lg\frac{[\text{氧化型}]}{[\text{还原型}]}$$

如 Ce^{4+} 的浓度为 2.00×10^{-2} mol/L，Ce^{3+} 的浓度为 4.0×10^{-3} mol/L，在 1mol/L H_2SO_4 溶液中 Ce^{4+}/Ce^{3+} 电对的电位为

$$\varphi_{Ce^{4+}/Ce^{3+}} = \varphi'_{Ce^{4+}/Ce^{3+}} + 0.059\lg\frac{[Ce^{4+}]}{[Ce^{3+}]}$$

$$= 1.44 + 0.059\lg\frac{2.0\times10^{-2}}{4.0\times10^{-3}} = 1.48(\text{V})$$

若用 $\varphi^{\ominus}$ 计算

$$\varphi^{\ominus}_{Ce^{4+}/Ce^{3+}} = 1.61 + 0.059\lg\frac{2.0\times10^{-2}}{4.0\times10^{-3}} = 1.65\ (\text{V})$$

由计算看出，是否考虑反应所处介质条件，所得的电位相差是较大的。

第二节　影响氧化还原反应方向的因素

一个氧化还原反应的方向，主要取决于两个反应电对的氧化型、还原型的氧化还原能力的大小，具体是根据两电对的实际电极电位的大小。影响电对实际电位的因素很多，其主要因素有氧化剂与还原剂的浓度、溶液的酸度、沉淀的生成和配合物的形成等。

一、氧化型和还原型浓度的影响

从能斯特方程式可以看出，氧化剂和还原剂的浓度发生变化时，电对的电极电位也相应地发生改变。氧化型浓度增加，电极电位升高，还原型浓度增加，电极电位降低。当两个氧化还原电对的电极电位相差不大时，有可能通过改变氧化剂或还原剂的浓度来改变氧化还原反应的方向。例如

$$2Cu^{2+} + Sn^{2+} \rightleftharpoons 2Cu^{+} + Sn^{4+}$$

标准电极电位　$\varphi_{Cu^{2+}/Cu^{+}} = 0.159\text{V}$　　$\varphi_{Sn^{4+}/Sn^{2+}} = 0.15\text{V}$

反应应从左向右进行，如果 $[Cu^{2+}]$ 为 0.1mol/L 而 Sn^{2+}、Cu^{+}、Sn^{4+} 浓度仍为 1mol/L 时，则其电极电位

$$\varphi_{Cu^{2+}/Cu^{+}} = \varphi^{\ominus}_{Cu^{2+}/Cu^{+}} + \frac{0.059}{1}\lg\frac{[Cu^{2+}]}{[Cu^{+}]} = 0.159 + 0.059\lg\frac{0.1}{1} = 0.10\ (\text{V})$$

$$\varphi_{Sn^{4+}/Sn^{2+}} = +0.15\ (\text{V})$$

此时，因 $\varphi_{Sn^{4+}/Sn^{2+}} > \varphi_{Cu^{2+}/Cu^{+}}$，反应方向则应相反，由右向左进行。

从上例可看出，改变氧化剂或还原剂的浓度，能够改变氧化还原反应的方向。

如果两个电对的 $\varphi^{\ominus}$（或 $\varphi^{\ominus\prime}$）相差较大时，要改变反应方向，则要求浓度改变量也要相应增大，这是难以实现的。例如，Sn 能够使 Cu^{2+} 还原为 Cu 的反应

$$Cu^{2+} + Sn \longrightarrow Cu + Sn^{2+}$$

由于 $\varphi^{\ominus}_{Cu^{2+}/Cu} = 0.34$ (V)，$\varphi^{\ominus}_{Sn^{2+}/Sn} = -0.14$ (V)，两者相差 0.48V，通过计算要使上述反应改变方向，Cu^{2+} 浓度要降低到 10^{-17} mol/L 时才行，这是难以做到的。

二、溶液酸度的影响

有些氧化还原反应中，有含氧酸（如 MnO_4^-、$Cr_2O_7^{2-}$、IO_3^- 等）参加时，一般都有 H^+ 参加反应。

例如，$Cr_2O_7^{2-}+14H^++6e \longrightarrow 2Cr^{3+}+7H_2O$

$$\varphi^{\ominus}_{Cr_2O_7^{2-}/2Cr^{3+}}=+1.33\ (V)$$

据能斯特方程式

$$\varphi_{Cr_2O_7^{2-}/2Cr^{3+}}=\varphi^{\ominus}_{Cr_2O_7^{2-}/2Cr^{3+}}+\frac{0.059}{6}\lg\frac{[Cr_2O_7^{2-}]\cdot[H^+]^{14}}{[Cr^{3+}]^2}$$

从上式看出，H^+ 浓度对电对的电极电位影响是很大的，以至比其氧化型和还原型浓度的影响都大得多。一般 H^+ 浓度提高，φ 增高，使氧化剂的氧化性更强。相反，降低酸度则可控制某些反应的发生而消除干扰。例如在用碘量法测 Cu^{2+} 时，消除 AsO_4^{3-} 的干扰，就是采用降低酸度的方法。

$$\varphi^{\ominus}_{I_2/2I^-}=+0.54\ (V)$$

$$\varphi^{\ominus}_{H_3AsO_4/HAsO_2}=+0.56\ (V)$$

从标准电极电位看，H_3AsO_4 能被 I^- 还原，但当酸度降低到 pH=4 时

$$\varphi_{H_3AsO_4/HAsO_2}=0.33\ (V)$$

H_3AsO_4 就不能被 I^- 还原了。

采用改变酸度的办法来改变氧化还原反应的方向，也只有在 $\varphi^{\ominus}$ 相差不大的情况才能实现。

三、生成沉淀的影响

在氧化还原反应中，如加入沉淀剂使反应中某一组分或离子生成沉淀，由于沉淀的生成改变了氧化剂或还原剂的浓度，从而影响电对的电极电位。有时氧化还原反应本身也生成一种沉淀，使生成物离子浓度大大下降，从而使反应向生成沉淀的方向进行。例如，用碘化物还原二价铜的反应。

$$2Cu^{2+}+4I^- \longrightarrow 2CuI\downarrow+I_2$$

从半电池反应来看

$$Cu^{2+}+e \rightleftharpoons Cu^+ \qquad \varphi^{\ominus}_{Cu^{2+}/Cu^+}=+0.159\ (V)$$

$$I_3^-+2e \rightleftharpoons 3I^- \qquad \varphi^{\ominus}_{I_3^-/3I^-}=0.54\ (V)$$

由于 $\varphi^{\ominus}_{Cu^{2+}/Cu^+}<\varphi_{I_2/2I^-}$，反应不能向右进行。但当溶液中有过量的 I^- 时，能和 Cu^+ 生成 CuI 沉淀。溶度积为 $K_{sp}=1.1\times10^{-12}$，因而溶液中的 Cu^+ 浓度大大下降。使 Cu^{2+}/Cu^+ 电对的电极电位大大提高，根据能斯特公式计算

$$\varphi_{Cu^{2+}/Cu}=\varphi^{\ominus}_{Cu^{2+}/Cu^+}+0.059\lg\frac{[Cu^{2+}]}{[Cu^+]}$$

已知 $$K_{sp(CuI)}=[Cu^+][I^-]=1.1\times10^{-12}$$

则 $$\varphi_{Cu^{2+}/Cu^+}=\varphi^{\ominus}_{Cu^{2+}/Cu^+}+0.059\lg\frac{[Cu^{2+}][I^-]}{K_{sp(CuI)}}$$

当$[Cu^{2+}]=[I^-]=1mol/L$ 时，Cu^{2+}/CuI(固)标准电极电位。

$$\varphi^{\ominus}_{Cu^{2+}/CuI}=0.159-0.059\lg K_{sp}=0.159-0.059\lg 1.1\times10^{-12}=0.864\ (V)$$

通过上述的计算说明，由于 CuI 沉淀的生成使 $\varphi^{\ominus}_{Cu^{2+}/CuI} > \varphi^{\ominus}_{I_3^-/3I^-}$，使反应可以向右进行。

四、形成配合物的影响

在氧化还原反应中，加入一种能和氧化型或还原型生成稳定配合物的配位剂时，溶液中氧化型和还原型的相对浓度发生变化，可能影响反应的方向。

例如 $$2Fe^{3+} + 2I^- \longrightarrow I_2 + 2Fe^{2+}$$

当加入 F^- 时，Fe^{3+} 和 F^- 形成稳定的 $[FeF_6]^{3-}$ 配位离子，Fe^{3+} 浓度大大下降，使 $\varphi_{Fe^{3+}/Fe^{2+}}$ 相应下降，以致小于 $\varphi_{I_3^-/3I^-}$ 时，Fe^{3+} 就不能氧化 I^-，从而改变了反应的方向。在分析化学中，常利用这个办法来消除 Fe^{3+} 对主反应的干扰。

第三节 氧化还原反应速率及影响因素

判断氧化还原反应进行的方向、顺序、程度，可以用电对的电极电位，但电极电位不能说明反应的速率。有许多氧化还原反应，尽管在理论上可以进行，但实际上往往因反应速率太慢，而不能应用于氧化还原滴定。因此，还需要讨论氧化还原反应的速率及影响反应速率的主要因素。

一、反应物浓度对反应速率的影响

一般氧化还原反应速率是随着反应物浓度增加而提高。由于氧化还原反应过程机理复杂，氧化剂与还原剂之间电子的转移不是一次完成，而是分步进行的，不能简单地从总的氧化还原反应方程式来判断反应物浓度对反应速率的影响。例如，在酸性溶液中，一定量的 $K_2Cr_2O_7$ 和 KI 反应。

$$Cr_2O_7^{2-} + 6I^- + 14H^+ = 2Cr^{3+} + 3I_2 + 7H_2O$$

此反应比较慢，但若提高 I^- 和 H^+ 浓度时，反应即可加快。实验证明，在 0.4mol/L 酸度下，使用过量 2 倍的 KI 时，只需静置 5min 反应即可完成。

二、温度对反应速率的影响

在大多数情况下，升高温度，可以提高反应速率。这是由于溶液温度升高时，不仅增加了反应物之间的碰撞几率，更重要的是增加了活化分子或活化离子的数目。通常溶液的温度每增高 10℃时，反应速度约增加 2～3 倍。例如在酸性溶液中，MnO_4^- 和 $C_2O_4^{2-}$ 的反应

$$2MnO_4^- + 5C_2O_4^{2-} + 16H^+ = 2Mn^{2+} + 10CO_2\uparrow + 8H_2O$$

在常温下此反应很慢，当加热至 75～85℃时，反应大大加快。但增加温度还应考虑到其他一些可能引起的不利因素。例如超过 90℃时，$H_2C_2O_4$ 将部分分解。对一些挥发性物质（如 I_2），加热将引起挥发损失；有些在空气中能被氧化的物质（如 Sn^{2+}、Fe^{2+} 等），加热将促进其氧化作用。因此，滴定分析中，必须选择一个适当的温度进行反应。欲对于不能采用加热来提高反应速率的物质，则可根据具体情况，选择其他适当的操作条件。

三、催化和诱导反应对反应速率的影响

1. 催化作用

有些氧化还原反应，由于某种物质的存在能加快其反应速率，这种物质称为催化剂。

例如 MnO_4^- 与 $C_2O_4^{2-}$ 的反应在强酸性溶液中，加热到75～85℃，最初几滴 $KMnO_4$ 反应速率仍是很慢的，但随着反应的进行，Mn^{2+} 的生成，其反应越来越快，在实际操作中，一般不另加 Mn^{2+} 作催化剂，而是利用滴定反应生成的微量 Mn^{2+} 作催化剂。这种生成物本身就起催化作用的反应叫做自动催化反应。

自动催化反应的特点是，滴定开始时，由于催化剂量少，反应比较慢（称为诱导期），实际操作中，当第一滴 $KMnO_4$ 溶液滴入 $H_2C_2O_4$ 溶液中，紫色很久才褪去，随着生成物（Mn^{2+}）逐渐增加，反应速率逐渐加快，接近等量点时，由于 $C_2O_4^{2-}$ 浓度变小，反应速率又逐渐降低。因此，在用 $KMnO_4$ 标准溶液滴定 $H_2C_2O_4$ 溶液时，加起初1～2滴时要慢，当 Mn^{2+} 生成后，反应速率加快，滴定也可以快一些。

在分析化学中，有些催化作用会降低反应速率，称反催化或阻化作用。例如，多元醇可以防止 $SnCl_2$ 被空气中 O_2 氧化等。

2. 诱导反应

在分析实践中，一些反应速率本来很慢，但可能由于另一反应的进行，促使其提高了反应速率，这种现象称为诱导作用。这种被加速的反应，称为受诱反应。能促使别的反应加速的反应，称为诱导反应。

例如，在滴定反应的浓度条件下，MnO_4^- 与 Cl^- 的反应速率很慢，但当溶液中有 Fe^{2+} 存在时，MnO_4^- 与 Fe^{2+} 的反应能加快 MnO_4^- 和 Cl^- 的反应速率。

$$MnO_4^- + 10Cl^- + 16H^+ = 2Mn^{2+} + 5Cl_2^- \uparrow + 8H_2O \text{（受诱反应）}$$

$$MnO_4^- + 5Fe^{2+} + 8H^+ = Mn^{2+} + 5Fe^{3+} + 4H_2O \text{（诱导反应）}$$

其中 MnO_4^- 叫做用体，Fe^{2+} 叫做诱导体，Cl^- 叫做受诱体。

由于诱导作用，当采用 $KMnO_4$ 法测 Fe^{2+} 时，不宜在 HCl 介质中进行，否则就会由于诱导反应，使溶液中 Cl^- 也消耗 MnO_4^-，从而使结果偏高。如果加入大量 Mn^{2+} 时，促使 Mn 由高价迅速还原为较低价，从而可以防止 MnO_4^- 和 Cl^- 的反应发生。这样就能在含有 Cl^- 的溶液中，用 MnO_4^- 测定铁的含量。

催化反应和诱导反应是不同的，催化反应中的催化剂，参加反应后又转变回原来的组成；而诱导反应中的诱导体，参加反应后变为其他的物质了。

第四节 氧化还原滴定曲线

在氧化还原滴定过程中，随着滴定剂氧化剂或还原剂的加入，溶液中电对的电极电位也相应的变化。在溶液中电对的电极电位随标准溶液的滴入量而变化所作的曲线，称氧化还原滴定曲线。借以研究等量点附近溶液电极电位的改变情况，对正确选取氧化还原指示剂或采用仪器指示等量点具有重要作用。滴定曲线的数据，可以通过实验测定，也可以用能斯特方程式进行计算。

高铈离子滴定亚铁离子的反应，是可逆氧化还原体系的反应，故可用能斯特方程进行计算。

用0.1000mol/L $Ce(SO_4)_2$ 标准溶液滴定20.00mL 0.1000mol/L Fe^{2+} 溶液时，溶液的酸度保持为1mol/L H_2SO_4，半反应式为

$$Fe^{3+} + e \rightleftharpoons Fe^{2+} \qquad \varphi^{\ominus\prime}_{Fe^{3+}/Fe^{2+}} = 0.68\ (V)$$

按滴定不同阶段，电位计算如下。

(1) 滴定前

即未加入 Ce^{4+} 时，溶液是 0.1000mol/L Fe^{2+}，即使因空气氧化而在溶液中会有少量的 Fe^{3+} 存在，组成 Fe^{3+}/Fe^{2+} 电对，但由于 Fe^{3+} 的浓度未知，故此时的电位无法计算。

(2) 滴定开始至等量点前

此阶段溶液中虽有两个电对即 Fe^{3+}/Fe^{2+} 和 Ce^{4+}/Ce^{2+}，由于滴入的 Ce^{4+} 几乎全部还原成 Ce^{3+}，等量点前 Ce^{4+} 浓度很小，不易求得。因此，等量点前溶液中，电极电位的变化利用 Fe^{3+}/Fe^{2+} 电对来计算。

$$\varphi_{Fe^{2+}/Fe^{3+}}=\varphi^{\ominus}_{Fe^{2+}/Fe^{3+}}+\frac{0.059}{1}\lg\frac{[Fe^{3+}]}{[Fe^{2+}]}$$

为简便起见，采用 Fe^{3+} 与 Fe^{2+} 的百分比值来代替$\frac{[Fe^{3+}]}{[Fe^{2+}]}$进行计算。

当加入 1mL 0.1000mol/L Ce^{4+} 溶液时，则溶液中 Fe^{2+} 有 5%被氧化为 Fe^{3+}，余下 95%仍是 Fe^{2+}。

则得 $$\varphi_{Fe^{3+}/Fe^{2+}}=\varphi^{\ominus\prime}_{Fe^{3+}/Fe^{2+}}+0.059\lg\frac{[Fe^{3+}]}{[Fe^{2+}]}=0.68+0.59\lg\frac{5}{95}=0.60\text{（V）}$$

(3) 等量点时

即加入 20.00mL 0.1000mol/L Ce^{4+} 标准溶液时，电位按下式计算。

$$\varphi_{等}=\frac{n_1\varphi^{\ominus\prime}_1+n_2\varphi^{\ominus\prime}_2}{n_1+n_2}$$

因反应 $n_1=n_2$，则

$$\varphi_{等}=\frac{1.44+0.68}{2}=1.06\text{（V）}$$

(4) 等量点后

由于 $Ce(SO_4)_2$ 过量，溶液电极电位的变化可用 Ce^{4+}/Ce^{3+} 电对进行计算。例如，加入 20.02mL 0.1000mol/L Ce^{4+} 溶液时，Ce^{4+} 过量 0.1%。

$$\varphi_{Ce^{4+}/Ce^{3+}}=1.44+0.059\lg\frac{[Ce^{4+}]}{[Ce^{3+}]}=1.44+0.059\lg\frac{0.1}{100}=1.26\text{（V）}$$

计算结果如表 5-3 所示，滴定曲线如图 5-2 所示。

表 5-3 在 1mol/L H_2SO_4 溶液中用 0.1000mol/L $Ce(SO_4)_2$ 滴定 20.00mL 0.1000mol/L Fe^{2+} 时氧化还原电位

加入的 Ce^{4+} 溶液		剩余 Fe^{2+}/%	过量 Ce^{4+}/%	电位/V	
mL	%				
0.00	0.0	100.0	—	—	
18.00	90.0	10.0	—	0.74	
19.80	99.0	1.0	—	0.80	
19.98	99.9	0.1	—	0.86	滴定突跃
20.00	100.0	0.0	0.0	1.06	
20.02	100.1	—	0.1	1.26	
20.20	101.0	—	1.0	1.32	
22.00	110.0	—	10.0	1.38	
40.00	200.0	—	100.0	1.44	

从图 5-2 看出，随着滴定液的加入，溶液中电对电位随之增加。当接近等量点时，有一个电位值的突跃。在突跃以后，随着滴定液的加入，溶液中电位变化趋于一个常数。突跃范围的大小和氧化剂与还原剂两电对的条件电位有关，电极电位相差大的突跃范围长，反之则较短。例如用 $KMnO_4$ 溶液滴定 Fe^{2+} 时突跃范围为 0.86～1.46V。比用 $Ce(SO_4)_2$ 溶液滴定 Fe^{2+} 的突跃范围 0.86～1.26V 长些。

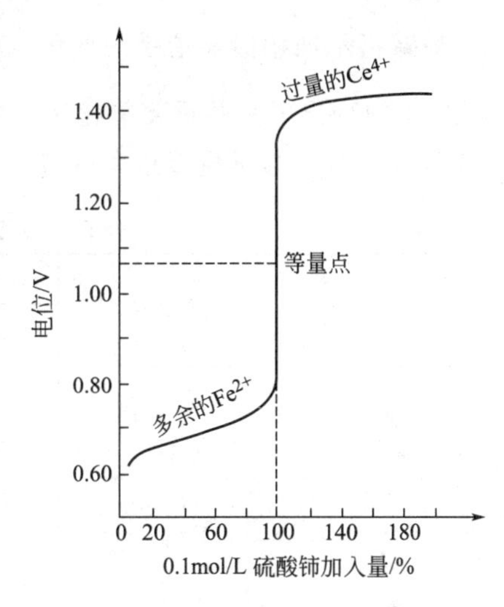

图 5-2　1mol/L H_2SO_4 溶液中用 0.1000mol/L $Ce(SO_4)_2$ 滴定 20.00mL 0.1000mol/L Fe^{2+} 的滴定曲线

若用电位法测得的滴定曲线，可以选定突跃部分的中点作为滴定终点。中点处和由能斯特方程计算出来的 $\varphi_{等}$ 并不完全相同，只有当 $n_1=n_2$ 时，$\varphi_{等}$ 正好在突跃中点，而 $n_1\neq n_2$ 时，则 $\varphi_{等}$ 偏向于 n 值较大的电对一方。例如，1mol/L H_2SO_4 中用 $KMnO_4$ 滴定 Fe^{2+} 时，按 $\varphi_{等}$ 通式计算。

$$\varphi_{等}=\frac{5\varphi^{\ominus\prime}_{MnO_4^-/Mn^{2+}}+\varphi^{\ominus\prime}_{Fe^{3+}/Fe^{2+}}}{n_1+n_2}=\frac{5\times1.45\times0.68}{5+1}=1.32\ (V)$$

此值偏向于 $\varphi^{\ominus\prime}_{MnO_4^-/Mn^{2+}}$。

在实际操作中，如果用氧化还原指示剂来指示终点，终点电位决定于指示剂变色的电位，其值可能和等当点电位不一致，也可能和电位滴定之终点电位不一致，这一点在实际操作中应考虑到。

第五节　氧化还原滴定指示剂

氧化还原滴定过程中的指示剂，根据作用不同可分为三类。

一、氧化还原指示剂

氧化还原指示剂是一些本身就具有氧化还原性质的有机化合物，这类物质的氧化型和还原型的颜色是不同的。其半反应如下。

$$\underset{(氧化型)}{In\ (O)}+ne \rightleftharpoons \underset{(还原型)}{In\ (R)}$$

当滴定反应到达等量点时，溶液电位和 $\varphi_{In(O)/In(R)}$ 接近，指示剂参加氧化还原反应，使溶液颜色发生相应的变化，从而指示出等量点。指示剂电对电位计算如下：

$$\varphi_{In}=\varphi^{\ominus}_{In}+\frac{0.059}{n}\lg\frac{[In(O)]}{[In(R)]}$$

式中　$\varphi^{\ominus}_{In}$——指示剂的标准电位，V；

[In(O)]——指示剂氧化型的浓度，mol/L；

[In(R)]——指示剂还原型的浓度，mol/L；

n——指示剂得失电子数。

和酸碱指示剂相似，指示剂变色范围为 $\varphi=\varphi_{In}^{\ominus\prime}\pm\frac{0.059}{n}$ (V)。

表 5-4 中列出了一些重要氧化还原指示剂的条件电极电位。一般选择指示剂的 $\varphi^{\ominus\prime}$ 应和反应等量点时 φ 等尽量接近，以减少终点误差。

表 5-4　常用的氧化还原指示剂

指示剂	分子式	颜色变化		$\varphi_{In}^{\ominus}$/V [H^+]=1mol/L	配制方法
		氧化型	还原型		
次甲基蓝	—	蓝	无色	0.36	0.05%水溶液
二苯胺	$C_{12}H_{11}N$	紫	无色	0.76	1g 溶于 100mL12% 的 H_2SO_4 溶液中
二苯胺磺酸钠	$C_{12}H_{10}O_3NSNa$	紫红	无色	0.85	0.8g 加 2gNa_2CO_3，加水稀释至 100mL
邻苯氨基苯甲酸	$C_{13}H_{11}NO_2$	紫红	无色	1.08	0.107g 溶于 20mL5% Na_2CO_3 溶液中，用水稀释至 100mL
邻二氮菲	$C_{12}H_8N_2\cdot H_2O$	浅蓝	红	1.06	1.485g 及 0.965g$FeSO_4$ 溶于 100mL 水中
5-硝基邻二氮菲	$C_{12}H_2O_2N_3$	浅蓝	紫红	1.25	1.608g 及 0.695g$FeSO_4$ 溶于 100mL 水中

必须指出，由于氧化还原指示剂参加了氧化还原反应，也要消耗一定量的标准溶液，一般量小时可以忽略不计，但标准溶液浓度很低如 0.01mol/L 以下时，应考虑校正问题。

二、自身指示剂

在氧化还原滴定中，不另加指示剂而利用反应物（滴定剂或被测物质），在反应前后颜色变化来指示等量点的方法称自身指示剂。例如，用高锰酸钾法在酸性溶液中滴定 Fe^{2+} 时，滴定到等量点后过量一滴，溶液即呈 MnO_4^- 紫红色，由此而确定滴定终点。实验证明，在 100mL 水中，加入 0.1mol/L $KMnO_4$ 约 0.01mL，就可以看出溶液呈紫红色，此时 $KMnO_4$ 的浓度为 10^{-5}mol/L，因此，过量的 $KMnO_4$ 量很小，对分析结果影响不大。

在回滴中，向被测物中加入过量的 $KMnO_4$，溶液呈红色，再用 Fe^{2+} 标准溶液来滴定，至红色消失，即指示终点到达，此时为 $KMnO_4$ 还原成无色的 Mn^{2+} 而褪色。

此外，虽然还有一些物质是有色溶液，但由于它们的灵敏度不够，因而不能作自身指示剂。

三、特殊指示剂

能与氧化剂或还原剂产生特殊颜色而指示等量点的指示剂。例如，在碘量法中，用可溶性淀粉作指示剂，淀粉本身并不具有氧化还原性，并且是无色的，但是只要遇到极少量的碘，就能形成显著的蓝色吸附化合物。当 I_2 被还原成 I^- 时，深蓝色立即消失。因此，可利用深蓝色的出现和消失来指示反应的终点。

第六节　高锰酸钾法

一、概述

高锰酸钾法就是用高锰酸钾作氧化剂，配制成标准溶液，进行滴定分析的氧化还原法。$KMnO_4$ 在不同的介质中氧化能力不同，在强酸性溶液中，$KMnO_4$ 和还原剂作用生成 Mn^{2+}，半反应为

$$MnO_4^- + 8H^+ + 5e \longrightarrow Mn^{2+} + 4H_2O \quad \varphi^{\ominus}_{MnO_4^-/Mn^{2+}} = 1.51\ (V)$$

在微酸性、中性和弱碱性溶液中，MnO_4^- 则被还原成 MnO_2，半反应式为

$$MnO_4^- + 2H_2O + 3e \longrightarrow MnO_2\downarrow + 4OH^- \quad \varphi^{\ominus} = 0.59\ (V)$$

在强碱性溶液中，KOH 浓度大于 2mol/L 时，$KMnO_4$ 可用于测定有机物。

$$MnO_4^- + e \longrightarrow MnO_4^{2-} \quad \varphi^{\ominus} = 0.564\ (V)$$

$KMnO_4$ 在强酸性溶液中氧化能力最强，用高锰酸钾作滴定剂，可以直接滴定许多还原性物质，如 Fe^{2+}、As(Ⅲ)、Sb^{3+}、H_2O_2、NO_2^-、$C_2O_4^{2-}$ 等及具有还原性的有机化合物。还可间接测定不具有氧化还原性，但能与还原剂定量作用形成沉淀的物质，如 Ca^{2+} 形成 CaC_2O_4 沉淀。因此，在酸性介质中，高锰酸钾法广泛地用于无机物质的测定。在微酸性、中性、弱碱性溶液中，由于 MnO_4^- 被还原成棕色胶状 MnO_2，影响观察终点，应用较少。

由于高锰酸钾氧化能力强，可以和很多还原性物质作用，所以在滴定反应中，干扰比较严重。高锰酸钾试剂常含有少量杂质，而且溶液不够稳定，受日光照射容易分解，析出棕色的二氧化锰（$MnO_2 \cdot H_2O$）沉淀。

二、高锰酸钾标准溶液的配制及标定

1. $KMnO_4$ 溶液的配制

市售的高锰酸钾为黑褐色晶体，常含有少量杂质如二氧化锰、硫酸盐、氯化物、硝酸盐等。因此不能用直接法配制，而要经过配制净化后进行标定。为了配制较稳定的 $KMnO_4$ 溶液，常采取下列措施。

（1）由于市售高锰酸钾试剂不纯，须称取稍多于理论量的高锰酸钾。例如，配制 $c\left(\frac{1}{5}KMnO_4\right)$ 为 0.1 的 $KMnO_4$ 溶液 1L，理论量为 3.16g 固体高锰酸钾，实际操作时可称取 3.3g。

（2）因为 MnO_4^- 可和蒸馏水中微量的还原性物质作用析出 $MnO(OH)_2$ 沉淀。杂质中 MnO_2 和 $MnO(OH)_2$ 又能进一步促使 $KMnO_4$ 的分解，因此应将配好的 $KMnO_4$ 溶液加热煮沸，并保持微沸约 15min，冷却后置于暗处密闭静置两周，待各还原性物质完全氧化后再标定。

（3）用 4 号微孔玻璃漏斗过滤，除去析出沉淀，微孔玻璃漏斗上的棕色 MnO_2 可用浓盐酸泡洗，然后以水冲洗，其反应为

$$MnO_2 + 4H^+ + 4Cl^- \longrightarrow MnCl_2 + 2H_2O + Cl_2\uparrow$$

（4）由于高锰酸钾可自身分解，在光线照射下分解加速。因而，过滤后溶液应装入棕色试剂瓶中存放于暗处。

如需要配制 0.01 $\left(\frac{1}{5}KMnO_4\right)$ 溶液，通常用新蒸馏的或煮沸后冷却的蒸馏水将 0.1 $\left(\frac{1}{5}KMnO_4\right)$ 溶液临时稀释并标定后使用，不宜长期保存。

2. $KMnO_4$ 标准溶液的标定

（1）基准物质

$Na_2C_2O_4$、$H_2C_2O_4 \cdot 2H_2O$、$(NH_4)_2Fe(SO_4)_2 \cdot 6H_2O$、$As_2O_3$、和纯铁丝等，都可作基准物。其中 $Na_2C_2O_4$ 容易提纯，性质稳定，不含结晶水，较为常用。$Na_2C_2O_4$ 在105～110℃烘干约2h，即可使用。

（2）标定

草酸盐在 H_2SO_4 溶液中与 $KMnO_4$ 的反应为

$$5C_2O_4^{2-}+2MnO_4^-+16H^+ = 2Mn^{2+}+8H_2O+10CO_2\uparrow$$

该反应速率极慢，为使反应能够较快地、定量地进行，必须掌握好几个滴定条件。

1）温度　此反应随温度的升高反应速率相应加快。但温度高于90℃时，会使部分 $H_2C_2O_4$ 发生分解，反应为

$$H_2C_2O_4 \xrightleftharpoons{90℃} CO_2\uparrow + CO\uparrow + H_2O$$

使标定结果偏高。因而应将溶液加热到75～85℃时进行滴定，近终点时不得低于65℃。

2）酸度　为了使滴定反应能够按反应式进行，溶液必须保持足够的酸度。酸度不够时，反应产物可能混有 MnO_2 沉淀，酸度过大又会促使 $H_2C_2O_4$ 分解。一般开始滴定时，溶液酸度约为0.5～1mol/L，滴定终了时，酸度约为0.2～0.5mol/L。

3）滴定速度　由于 MnO_4^- 和 $C_2O_4^{2-}$ 的反应速率极慢，当有 Mn^{2+} 存在时，就可以加速反应的进行。滴定开始时，加入1滴 $KMnO_4$ 后，溶液褪色较慢。必须待红色褪去后，再滴加第二滴，待溶液中有较多的 Mn^{2+} 生成后，才能稍加快些。但仍不宜过快，否则过多的 $KMnO_4$ 在热溶液中会分解，接近等量点时，应逐滴地滴加。

$$4MnO_4^-+12H^+ \longrightarrow 4Mn^{2+}+5O_2\uparrow+6H_2O$$

4）终点的判断　当滴定到终点后，稍微过量，溶液即呈现紫红色，保持30s即为终点。$KMnO_4$ 滴定终点不太稳定，这是由于空气中的还原性物质及尘埃等杂质落于溶液中，能使 $KMnO_4$ 缓慢分解而使紫红色消失。

（3）计算

$KMnO_4$ 的物质的量浓度为

$$c\left(\frac{1}{5}KMnO_4\right)=\frac{m}{M\left(\frac{1}{2}Na_2C_2O_4\right)}\times1000\times\frac{1}{V_{KMnO_4}}$$

式中　$c\left(\frac{1}{5}KMnO_4\right)$——$KMnO_4$ 标准滴定溶液的物质的量浓度，mol/L；

m——$Na_2C_2O_4$ 的质量，g；

$M\left(\frac{1}{2}Na_2C_2O_4\right)$——$\left(\frac{1}{2}Na_2C_2O_4\right)$的摩尔质量，g/mol。

三、应用实例

1．过氧化氢的测定

过氧化氢俗称双氧水，化学式为 H_2O_2，相对分子质量为34.02。纯 H_2O_2 为无色稠厚液体，商品双氧水中含过氧化氢一般为30%。

（1）测定原理

在酸性溶液中，可用 $KMnO_4$ 标准溶液直接滴定，其反应为

$$5H_2O_2+2MnO_4^-+6H^+ = 2Mn^{2+}+5O_2\uparrow+8H_2O$$

（2）计算

H_2O_2 的质量浓度为

$$\rho(H_2O_2)=\frac{(cV)\left(\frac{1}{5}KMnO_4\right)\times\frac{17.01}{1000}}{V_{样}}\times1000$$

式中　$(cV)\left(\frac{1}{5}KMnO_4\right)$——高锰酸钾物质的量，mol；

$V_{样}$——H_2O_2 样品体积，mL；

17.01——$\left(\frac{1}{2}H_2O_2\right)$的摩尔质量 g/mol。

2. 绿矾含量的测定

绿矾化学名称为硫酸亚铁，分子式 $FeSO_4\cdot7H_2O$，相对分子质量为 278.01，绿色小颗粒状结晶，工业品含量 95%以上。

（1）测定原理

在酸性溶液中，用高锰酸钾标准溶液直接滴定溶液中亚铁离子，反应为

$$5Fe^{2+}+MnO_4^-+8H^+ = 5Fe^{3+}+Mn^{2+}+4H_2O$$

由消耗 $KMnO_4$ 标准溶液的用量计算绿矾质量分数。

（2）计算

$$w(FeSO_4\cdot7H_2O)=\frac{cV\frac{M(FeSO_4\cdot7H_2O)}{1000}}{m_{样}}\times100\%$$

式中　c——高锰酸钾标准滴定溶液的物质的量浓度，mol/L；

V——高锰酸钾标准溶液的体积，mL；

$m_{样}$——样品质量，g；

$M(FeSO_4\cdot7H_2O)$——$FeSO_4\cdot7H_2O$ 的摩尔质量，g/mol。

测定时用 H_2SO_4 酸化，其目的是防止亚铁盐水解，保持溶液的酸度，以利于$KMnO_4$与 Fe^{2+} 的反应。

此反应不能加硝酸，因为 HNO_3 能使 Fe^{2+} 氧化成 Fe^{3+}。也不能有盐酸存在，当盐酸存在时，由于 Fe^{2+} 被氧化而产生诱导反应，使 Cl^- 被氧化成 Cl_2，多消耗 $KMnO_4$，使结果偏高。

第七节　重铬酸钾法

一、概述

重铬酸钾法是用 $K_2Cr_2O_7$ 作标准溶液的氧化还原滴定法。$K_2Cr_2O_7$ 在酸性条件下与还原剂作用，半反应为

$$Cr_2O_7^{2-}+14H^++6e = 2Cr^{3+}+7H_2O\quad \varphi^{\ominus}_{Cr_2O_7^{2-}/2Cr^{3+}}=1.33\ (V)$$

和高锰酸钾法相比较，由于 $Cr_2O_7^{2-}$ 氧化性不如 MnO^- 强，因而应用范围较窄些。但它具有如下优点：①重铬酸钾易于提纯，可直接配制标准溶液；②重铬酸钾溶液相当稳

定，只要保存在密闭容器中，浓度可长期保持不变；③室温下 Cl^- 不干扰 $K_2Cr_2O_7$ 滴定，但当 HCl 浓度大大超过 3.5mol/L 时或高温时，$K_2Cr_2O_7$ 可将 Cl^- 氧化成 Cl_2；④重铬酸钾法应用也很广泛，可以直接测定还原性物质如 Fe^{2+}，也可以间接测定某些氧化剂的含量。

重铬酸钾法常用氧化还原指示剂，如二苯胺磺酸钠或邻苯氨基苯甲酸等。

二、标准溶液

$K_2Cr_2O_7$ 标准溶液，通常是将 $K_2Cr_2O_7$ 在水中重结晶，于 140～150℃烘干，即得基准物质。配制 $c\left(\frac{1}{6}K_2Cr_2O_7\right)$ 为 0.1000mol/L 的 $K_2Cr_2O_7$ 溶液称取 4.9030g 基准 $K_2Cr_2O_7$ 用适量水溶解后，定量地移入容量瓶中，用蒸馏水稀释至 1L，摇匀。

$$c\left(\frac{1}{6}K_2Cr_2O_7\right)=\frac{m}{M\left(\frac{1}{6}K_2Cr_2O_7\right)}$$

式中 m——重铬酸钾的质量，g；

$c\left(\frac{1}{6}K_2Cr_2O_7\right)$——重铬酸钾标准滴定溶液的物质的量浓度，mol/L；

$M\left(\frac{1}{6}K_2Cr_2O_7\right)$——重铬酸钾$\left[M\left(\frac{1}{6}K_2Cr_2O_7\right)\right]$的摩尔质量，g/mol。

三、重铬酸钾法应用实例

铁矿石中全铁的测定

（1）测定原理

在 1～2mol/LH_2SO_4-H_3PO_4 混合介质中，以二苯胺磺酸钠为指示剂，用 $K_2Cr_2O_7$ 标准溶液滴定 Fe^{2+}。

$$6Fe^{2+}+Cr_2O_7^{2-}+14H^+ = 6Fe^{3+}+2Cr^{3+}+7H_2O$$

由 $K_2Cr_2O_7$ 标准溶液的用量计算铁的含量。

褐铁矿主要成分是水合氧化铁（$Fe_2O_3\cdot nH_2O$），铁矿石一般用 HCl 加热溶解，生成易溶于水的配离子 $[FeCl_4]^-$ 或 $[FeCl_6]^{3-}$，再用过量的 $SnCl_2$ 将 Fe^{3+} 完全还原为 Fe^{2+}。过量的 $SnCl_2$ 用 $HgCl_2$ 氧化，析出白色丝状的 $Hg_2Cl_2\downarrow$（少量的 Hg_2Cl_2 沉淀不与 $K_2Cr_2O_7$ 作用）。其反应为

$$Fe_2O_3+6HCl = 2FeCl_3+3H_2O$$

$$FeCl_3+Cl^- = [FeCl_4]^-\text{（黄色）}$$

$$FeCl_3+3Cl^- = [FeCl_6]^{3-}$$

$$2Fe^{3+}\text{（黄色）}+Sn^{2+} = 2Fe^{2+}\text{（无色）}+Sn^{4+}$$

$$SnCl_2+2HgCl_2 = SnCl_4+Hg_2Cl_2\downarrow$$

（2）计算

$$w(Fe)=\frac{(cV)\left(\frac{1}{6}K_2Cr_2O_7\right)\times\frac{M(Fe)}{1000}}{m_{样}}\times100$$

$$w(Fe_2O_3)=\frac{(cV)\left(\frac{1}{6}K_2Cr_2O_7\right)\times\frac{M\left(\frac{1}{2}Fe_2O_3\right)}{1000}}{m_{样}}\times100$$

式中　　$M(Fe)$——Fe 的摩尔质量，g/mol；

$M\left(\frac{1}{2}Fe_2O_3\right)$——$\left(\frac{1}{2}Fe_2O_3\right)$的摩尔质量，g/mol；

$(cV)\left(\frac{1}{6}K_2Cr_2O_7\right)$——$K_2Cr_2O_7$ 标准滴定溶液的物质的量，mol；

$m_{样}$——铁矿石样品质量，g。

主要原理是：首先用 $SnCl_2$ 还原大部分的 Fe^{3+}，余下的 Fe^{3+} 采用 $TiCl_3$ ($\varphi^{\ominus}_{Ti^{4+}/Ti^{3+}}=+0.1V$)还原。反应为

$$Fe^{3+}+Ti^{3+}+H_2O \longrightarrow Fe^{2+}+TiO^{2+}+2H^+$$

过量的 Ti^{3+} 能使 Na_2WO_4（无色）还原为五价钨化合物，溶液呈"钨蓝"色，再滴入 $K_2Cr_2O_7$ 溶液使五价钨氧化成六价钨时刚好蓝色消失，就除去 Ti^{3+}，然后用二苯胺磺酸钠为指示剂，再用 $K_2Cr_2O_7$ 标准溶液进行滴定。

单使用 $TiCl_3$ 还原 Fe^{3+} 时，会引进较多的钛盐，当用水稀释试液时，常易水解出大量的四价钛盐沉淀，影响测定，因此采用 $SnCl_2$ 与 $TiCl_3$ 联合使用。

第八节　碘　量　法

一、概述

碘量法是利用碘的氧化性和碘离子的还原性来进行滴定的分析方法。其半反应为

$$I_2+2e \rightleftharpoons 2I^- \qquad \varphi^{\ominus}_{I_2/2I^-}=+0.54\ (V)$$

由于 I_2 在水中溶解度很小（20℃时为 0.00133mol/L）通常将 I_2 溶解在 KI 溶液中，以 I_3^- 形式存在。I^- 起到助溶作用。

由于 I_2 是较弱的氧化剂，能与较强的还原剂作用，而 I^- 是中等强度还原剂，能与许多氧化剂作用。因此，碘量法分为直接法和间接法两种。

1. 直接碘量法（碘滴定法）

对于电位比+0.54V 小的还原性物质，可用碘标准溶液作氧化剂直接进行滴定，称为直接碘量法。较强的还原剂，如 S^{2-}、SO_3^{2-}、Sn^{2+}、$S_2O_3^{2-}$、AsO_3^{3-}、SbO_3^{2-} 及部分有机物等与其反应，其中 SO_3^{2-}、H_2S、AsO_3^{3-} 反应为

$$SO_3^{2-}+I_2+H_2O \longrightarrow SO_4^{2-}+2H^++2I^-$$

$$H_2S+I_2 \longrightarrow S+2H^++2I^-$$

$$AsO_3^{3-}+I_2+H_2O \longrightarrow AsO_4^{3-}+2H^++2I^-$$

I_2 在碱性溶液中发生下列自身氧化还原反应（歧化反应）。

$$3I_2+6OH^- \longrightarrow IO_3^-+5I^-+3H_2O$$

消耗 I_2 使结果偏高。

2. 间接碘量法（滴定碘法）

间接碘量法应用于电位比 0.54V 大的氧化性物质，如 Cu^{2+}、$Cr_2O_7^{2-}$、IO_3^-、BrO_3^-、AsO_4^{3+}、SbO_4^{3-}、ClO_3^-、HClO、NO_2^-、H_2O_2 等，以及能与 $C_2O_4^{2-}$ 生成沉淀的阳离子，如 Pb^{2+}、Ba^{2+} 等，所以间接碘量法的应用范围比较广。

$$6I^-+Cr_2O_7^{2-}+14H^+ \longrightarrow 3I_2+2Cr^{3+}+7H_2O$$

$$I_2+2S_2O_3^{2-} = 2I^- + S_4O_6^{2-}$$

间接碘量法的反应条件及操作注意事项如下。

（1）溶液的酸度

硫代硫酸钠和 I_2 之间的反应，必须在中性或弱酸性溶液中进行。如在碱性溶液中，I_2 与 $S_2O_3^{2-}$ 将发生如下反应。

$$S_2O_3^{2-}+4I_2+10OH^- = 2SO_4^{2-}+8I^-+5H_2O$$

同时，I_2 在碱性溶液中也会发生歧化反应，若在酸性溶液中，则 $Na_2S_2O_3$ 溶液会发生分解，I^- 易被空气中 O_2 氧化，反应为

$$S_2O_3^{2-}+2H^+ = SO_2\uparrow + S\downarrow + H_2O$$

$$4I^-+4H^++O_2 = 2I_2+2H_2O$$

（2）防止 I_2 的挥发和 I^- 被空气氧化

I_2 的挥发和 I^- 被空气中的 O_2 氧化是造成间接碘量法误差的主要因素，操作必须采取以下措施。

1）加过量的 KI，一般是理论量的2～3倍，使 I_2 变成易溶的 I_3^-，减少它的挥发。

2）反应在室温或低温下进行，一般低于 25℃。

3）滴定时轻摇，在碘量瓶中进行。

4）溶液酸度不宜太高，酸度太高会增加 I_2 被空气氧化的程度。

5）反应生成 I_2 后及时滴定，滴定速度宜适当快些。

（3）终点的确定

碘量法的终点常用淀粉指示剂来指示。直接滴定法的滴定终点是由无色变为蓝色。间接滴定法的滴定终点是由蓝色变为无色。

$$\underset{\text{（蓝色吸附配合物）}}{I_2\text{（过量）}+\text{淀粉}} \xrightarrow{Na_2S_2O_3} \underset{\text{（无色）}}{\text{淀粉}+I^-}$$

在用 $Na_2S_2O_3$ 滴定 I_2 时，应该在大部分 I_2 被还原后，溶液呈浅黄色时，才加淀粉指示剂。如在 I_2 量较大时加入淀粉溶液将会有较多的 I_2 被淀粉胶粒所吸附，影响滴定结果的准确度。淀粉指示剂溶液应该用新配制的，淀粉溶液变质后与 I_2 形成配合物不是蓝色而是紫色或红色影响终点确定。

二、标准溶液及指示剂溶液

1. 硫代硫酸钠的配制及标定

（1）配制

市售硫代硫酸钠分子式为 $Na_2S_2O_3\cdot 5H_2O$，一般都含有少量杂质，如 S、Na_2SO_3、Na_2SO_4、Na_2CO_3、NaCl 等，易分解和潮解。同时，配好的 $Na_2S_2O_3$ 溶液易发生分解和被空气氧化。因此，不能直接配制标准溶液，只能配制近似浓度，然后再标定。$Na_2S_2O_3$ 溶液的浓度不稳定，其原因为：

1）水中的 CO_2 能使 $Na_2S_2O_3$ 分解。

$$S_2O_3^{2-}+H_2CO_3 \longrightarrow HCO_3^- + HSO_3^- + S\downarrow$$

此反应一般在配制后 10 天以内进行，生成了 HSO_3^-，其还原性比 $S_2O_3^{2-}$ 强，和 I_2 的作用如下。

$$HSO_3^- + I_2 + H_2O = HSO_4^- + 2H^+ + 2I^-$$

同时 HSO_3^- 还能在空气中被氧化，使溶液浓度下降，反应为

$$2HSO_3^- + O_2 \longrightarrow 2HSO_4^-$$

2）空气的氧化作用

$$2S_2O_3^{2-} + O_2 \longrightarrow 2SO_4^- + 2S\downarrow$$

3）由于嗜硫菌等微生物的作用，使硫代硫酸钠分解。

$$Na_2S_2O_3 \xrightarrow{细菌} Na_2SO_3 + S\downarrow$$

4）水中微量的 Cu^{2+} 或 Fe^{3+} 也能使 $Na_2S_2O_3$ 溶液分解。

由于上述原因，在配制 $Na_2S_2O_3$ 溶液时，必须按如下所述进行。

a. 配制溶液需使用新煮沸并冷却的蒸馏水，以除去 CO_2、O_2 并杀死微生物。

b. 加入少量的 Na_2CO_3，调整 pH 为 9～10，以抑制细菌的生长。一般 1L 溶液中，加入 0.2gNa_2CO_3。

c. $Na_2S_2O_3$ 溶液应盛装于棕色瓶中，放置于暗处，存放一段时间，以备标定。

若发现 $Na_2S_2O_3$ 溶液浑浊时（有硫析出），应重新配制。

浓度为 0.1mol/L 的配制：称取 26g 硫代硫酸钠（$Na_2S_2O_3 \cdot 5H_2O$）（或 16g 无水硫代硫酸钠）溶于 1000mL 水中，缓缓煮沸 10min，冷却。放置两周后过滤备用。

（2）标定

1）基准物　纯 I_2、KIO_3、$KBrO_3$、$K_2Cr_2O_7$ 等。其中最常用的是 $K_2Cr_2O_7$，这类物质首先与 KI 反应并析出定量的 I_2，然后再以淀粉为指示剂，用 $Na_2S_2O_3$ 溶液滴定，反应为

$$Cr_2O_7^{2-} + 6I^- + 14H^+ = 2Cr^{3+} + 3I_2 + 7H_2O$$

2）反应条件　由于 $K_2Cr_2O_7$ 和 I^- 的反应速率较慢，为使反应进行完全，必须按下列条件操作。由反应式得，溶液的酸度越大，反应速率越快。酸度太大时，I^- 易被空气中氧所氧化，故一般保持［H^+］0.4mol/L 酸度为宜。采用过量 I^-（一般为理论量的 2～3倍），提高 I^- 浓度加速反应。同时，使生成的 I_2 形成 I_3^- 减少挥发。

暗处放置一定时间，使之反应完全，一般反应 5min 即可。

（3）计算

硫代硫酸钠的物质的量浓度如下。

$$c(Na_2S_2O_3) = \frac{m \times 1000}{(V_1 - V_2) \times 49.03}$$

式中　m——重铬酸钾的质量，g；

V_1——硫代硫酸钠的体积，mL；

V_2——空白试验硫代硫酸钠的体积，mL；

49.03——基准重铬酸钾的摩尔质量$\left[M\left(\frac{1}{6}K_2Cr_2O_7\right)\right]$，g/mol。

2. 碘溶液的配制和标定

（1）配制

I_2 易挥发，腐蚀性大，不宜在天平上直接称重。故先配成近似浓度的溶液，然后，进行标定。0.1mol/L 液配制方法为：称取 13g 碘及 35g 碘化钾溶于 100mL 水中，稀释至

1000mL，摇匀，保存于棕色具塞瓶中。

(2) 标定

可以用比较法和基准物法来标定。

1）比较法　用已知浓度的 $Na_2S_2O_3$ 标准溶液标定。取 25.00mL$Na_2S_2O_3$ 标准溶液，放于 250mL 锥形瓶中，加 50mL 水，0.5%淀粉指示液 2mL，用碘溶液滴至恰显蓝色，即为终点。碘液的浓度按下式计算

$$c\left(\frac{1}{2}I_2\right)=\frac{25.00\times c(Na_2S_2O_3)}{V}$$

式中　$c(Na_2S_2O_3)$——硫代硫酸钠标准滴定溶液的浓度，mol/L；

V——碘溶液的体积，mL。

2）用三氧化二砷标定　As_2O_3 难溶于水，可溶于碱溶液中，生成亚砷酸钠。

$$As_2O_3+6NaOH \longrightarrow 2Na_3AsO_3+3H_2O$$

用 I_2 溶液滴定，反应为

$$AsO_3^{3-}+I_2+H_2O \rightleftharpoons AsO_4^{3-}+2I^-+2H^+$$

此反应是可逆的，由于上述反应的进行，溶液中酸度增加，AsO_4^{3-} 也可以氧化 I^-，使反应向相反的方向进行，因而滴定反应不完全。但是碘量法又不能在强碱性溶液中进行滴定，通常采用在微酸性溶液中加入碳酸氢钠，中和生成的 H^+。使溶液中的 pH 约为 8.0，所以滴定反应为

$$I_2+AsO_3^{3-}+2HCO_3 \longrightarrow AsO_4^{3-}+2I+2CO_2\uparrow+H_2O$$

实际测定方法为：称取 0.15g 预先在干燥器中干燥至恒重的基准三氧化二砷，称准至 0.0002g 置于碘量瓶中，加 4mL1mol/L 氢氧化钠溶液，加 50mL 水，加 2 滴 1%酚酞指示液，用 2mol/L 硫酸中和，加 3g 碳酸氢钠及 3mL0.5%淀粉指示液，用 0.1mol/L 碘溶液滴定至溶液呈浅蓝色。同时做空白试验。计算碘标准溶液的浓度

$$c\left(\frac{1}{2}I_2\right)=\frac{m\times 1000}{(V_1-V_2)\times 49.46}$$

式中　m——基准三氧化二砷的质量，g；

V_1——碘溶液的体积，mL；

V_2——空白试验碘溶液的体积，mL；

49.46——基准三氧化二砷的摩尔质量$\left[M\left(\frac{1}{4}As_2O_3\right)\right]$，g/mol。

三、碘量法应用实例

1. 硫酸铜中铜的测定

工业胆矾的成分是 $CuSO_4\cdot 5H_2O$，相对分子质量为 249.7，蓝色结晶，于空气中易风化。

$$CuSO_4\cdot 5H_2O \longrightarrow CuSO_4\cdot 4H_2O+H_2O$$

200℃时，可失去全部结晶水，成为白色硫酸铜粉末。

$$CuSO_4\cdot 5H_2O \xrightarrow{200℃} CuSO_4+5H_2O$$

工业品常含有亚铁、高铁、锌、镁等硫酸盐杂质，纯度为 93%～98%。

(1) 测定原理

硫酸铜溶解于水，在弱酸性溶液中，Cu^{2+} 与过量 KI 作用，生成 CuI 沉淀，同时，析出等当量的 I_2，用 $Na_2S_2O_3$ 标准滴定溶液滴定碘，反应式如下。

$$2Cu^{2+}+4I^- = 2CuI\downarrow+I_2$$

$$I_2+2S_2O_3^{2-} = 2I^-+S_4O_6^{2-}$$

用淀粉作指示剂，由消耗 $Na_2S_2O_3$ 标准溶液的体积计算胆矾的含量。

(2) 计算

硫酸铜的质量分数为

$$w(CuSO_4\cdot5H_2O)=\frac{c(Na_2S_2O_3)V\times\frac{249.7}{1000}}{m_{样}}\times100\%$$

式中　$c(Na_2S_2O_3)$ ——$Na_2S_2O_3$ 标准滴定溶液的浓度，mol/L；

V——$Na_2S_2O_3$ 标准滴定溶液的体积，mL；

$m_{样}$——硫酸铜样品质量，g；

249.7——硫酸铜的摩尔质量 [$M(CuSO_4\cdot5H_2O)$]，g/mol。

2. 漂白粉中有效氯的测定

漂白粉的主要成分是 CaCl(OCl)，另外，还有 $CaCl_2$、$Ca(ClO_3)_2$ 及 CaO·CaCl(OCl)，它与酸作用，放出 Cl_2 气，Cl_2 可以起漂白作用，就是有效氯。

测定原理，在酸性溶液中，加入过量 KI，然后用标准 $Na_2S_2O_3$ 滴定生成的 I_2，反应式如下。

$$Ca\langle^{Cl}_{OCl}+2H^+\longrightarrow Ca^{2+}+\underset{(次氯酸)}{HClO}+HCl$$

$$HClO+HCl\longrightarrow Cl_2\uparrow+H_2O$$

$$Cl_2+2KI\longrightarrow I_2+2KCl$$

$$I_2+2S_2O_3^{2-}\longrightarrow 2I^-+S_4O_6^{2-}$$

计算有效氯的质量分数为

$$w(Cl)=\frac{cV\times\frac{35.45}{1000}}{m}\times100$$

式中　c——$Na_2S_2O_3$ 标准滴定溶液的浓度，mol/L；

V——$Na_2S_2O_3$ 标准滴定溶液的体积，mL；

35.45——氯的摩尔质量$\left[M\left(\frac{1}{2}Cl_2\right)\right]$，g/mol；

m——样品质量，g。

3. Ba^{2+} 测定

在 HAc-NaAc 缓冲溶液中，CrO_4^{2-} 能将 Ba^{2+} 沉淀为 $BaCrO_4$。

$$Ba^{2+}+CrO_4^{2-} = BaCrO_4\downarrow$$

经过过滤、洗涤后，用稀盐酸溶解，加入过量的 KI，$Cr_2O_7^{2-}$ 将 I^- 氧化为 I_2。

$$2BaCrO_4+2H^+ = 2Ba^{2+}+Cr_2O_7^{2-}+H_2O$$

$$Cr_2O_7^{2-}+14H^++6I^- = 2Cr^{3+}+7H_2O+3I_2$$

析出的 I_2，用淀粉作指示剂，用 $Na_2S_2O_3$ 标准溶液滴定。

在上述反应中，Ba^{2+}虽不参加氧化还原反应，但从反应可以看出，2个Ba^{2+}相当于2个CrO_4^{2-}，也相当于1个$Cr_2O_7^{2-}$，而1个$Cr_2O_7^{2-}$在反应中得到6个电子，所以Ba^{2+} Ba的质量分数为

$$w(Ba)=\frac{cV(Na_2S_2O_3)\times\frac{45.78}{1000}}{m_{样}}\times 100\%$$

式中 c——$Na_2S_2O_3$标准溶液的物质的量浓度，mol/L；

$V(Na_2S_2O_3)$——$Na_2S_2O_3$标准溶液的体积，mL；

$m_{样}$——样品质量，g；

45.78——钡的摩尔质量$\left(\frac{1}{3}Ba\right)$，g/mol。

第九节 其他氧化还原滴定法

一、铈量法（硫酸铈法）

1. 概述

以硫酸铈为标准溶液测定物质含量的方法称铈量法。硫酸铈为强氧化剂，和还原剂作用，其半反应为

$$Ce^{4+}+e\longrightarrow Ce^{3+}\qquad \varphi^{\ominus}=1.61\ (V)$$

Ce^{4+}/Ce^{3+}电对在不同介质中，条件电极电位不同，如表5-5所示。

表5-5 在不同介质中电对Ce^{4+}/Ce^{3+}条件电极电位/(V)

酸的浓度/$(mol\cdot L^{-1})$	$HClO_4$溶液	HNO_3溶液	H_2SO_4溶液	HCl溶液
0.5	—	—	+1.44	—
1	1.70	+1.61	1.44	+1.28
2	1.71	1.62	1.44	—
4	1.75	1.61	1.43	—
6	1.82	—	—	
8	1.87	1.65	1.42	—

从表5-5中看出，$Ce(SO_4)_2$在$HClO_4$溶液中条件电极电位最高，在HCl中最低，这是因为在H_2SO_4和HCl溶液中Ce^{4+}都可能和SO_4^{-}、Cl^{-}形成配合物所造成。

硫酸铈溶液呈黄色乃至橙色，而三价铈盐为无色，在滴定无色溶液时，可用铈盐的黄色作自身指示剂。但灵敏度不高，实际测定中，常用氧化还原指示剂，如邻二氮杂菲亚铁盐溶液。

2. 标准溶液

(1) 配制

配制铈溶液时，应在溶液中加入一定量的酸，以防止铈盐水解。称取40g硫酸铈[$C_2(SO_4)_2\cdot 4H_2O$]或67g硫酸铈铵[$2(NH_4)_2SO_4\cdot Ce(SO_4)_2\cdot 4H_2O$]。先加30mL水及28mL硫酸，加300mL水，加热溶解，再加入650mL水，摇匀。

(2) 标定

1) 标定方法　称取0.2g于105～110℃烘至恒重的基准草酸钠，精确至0.0001g。溶

于 75mL 水中，加 4mL 硫酸（20%）及 10mL 盐酸加热至 70～75℃，用配好的硫酸铈（或硫酸铈铵）溶液滴至溶液呈浅黄色，加入了滴亚铁-邻菲啰啉指示剂，使溶液浓度为橘红色，继续滴定至溶液呈浅蓝色。

硫酸铈标准滴定溶液的物质的量浓度为

$$c[Ca(SO_4)_2]=\frac{m\times 1000}{(V_1-V_2)\times 67.00}$$

式中 m——基准草酸钠质量，g；

V_1——硫酸铈（或硫酸铈铵）溶液的体积，mL；

V_2——空白试验硫酸铈溶液体积，mL；

67.00——基准草酸钠的摩尔质量$\left[M\left(\frac{1}{2}Na_2C_2O_4\right)\right]$，g/mol。

也可用基准 As_2O_3 标定铈盐溶液。

2）比较法标定　一般在要求不高时，可用已知浓度的 $Na_2S_2O_3$ 标准溶液进行标定，反应为

$$2Ce^{4+}+2I^-=\!=\!=2Ce^{3+}+I_2$$

$$I_2+2S_2O_3^{2-}=\!=\!=2I^-+S_4O_6^{2-}$$

采用淀粉作指示剂。

3. 和高锰酸钾法相比铈量法的优缺点

（1）优点

1）铈量法中，高价铈和还原剂作用，只有一个电子转移，没有不稳定的中间价态离子或游离基的生成。因而反应速率快（能瞬时完成），没有诱导反应。

2）高价铈盐稳定，其标准溶液浓度不受放置时间、光的照射等因素的影响，甚至短时间的加热也不易分解。

3）硫酸铈和硫酸铈铵容易提纯，可用高纯度试剂，直接配制标准溶液，操作简单。

4）在 1mol/L 盐酸介质中 $\varphi^{\ominus}_{Ce^{4+}/Ce^{3+}}=1.28V$。而 $\varphi^{\ominus}_{Cl_2/2Cl^-}=1.36V$。$Ce^{4+}$ 不能氧化 Cl^-，因此，可以在 HCl 溶液中用 Ce^{4+} 直接滴定 Fe^{2+}，而不受影响。

（2）缺点

1）在酸度较低（<1mol/L）时，磷酸有干扰，可能生成磷酸高铈沉淀。

2）铈量法不能在碱性溶液中进行，因为铈盐在碱性溶液中水解生成碱式盐而不起氧化作用，水解反应为

$$Ce^{4+}+H_2O \rightleftharpoons Ce(OH)^{3+}+H^+$$

3）铈为稀有金属，价格较贵，限制了它的广泛应用。

二、溴酸盐法

1. 溴酸盐法的测定原理

溴酸盐法是利用溴酸钾作氧化剂的滴定方法。$KBrO_3$ 是一种强氧化剂，在酸性溶液中，$KBrO_3$ 与还原剂作用，其半反应为

$$BrO_3^-+6H^++6e \rightleftharpoons Br^-+3H_2O \quad \varphi^{\ominus}_{BrO_3^-/Br^-}=1.44\ (V)$$

当滴定至等量点后，稍过量的 $KBrO_3$ 与 Br^- 作用生成游离 Br_2。

其反应终点可用 Br_2 的黄色判断，但是灵敏度较差。也可利用 Br_2 能破坏甲基橙或甲

基红的显色结构，由红色褪为无色来判断终点。

$$\text{甲基橙}\xrightarrow{H^+}\text{红色}\xrightarrow{+Br_2}\text{无色}$$

$$BrO_3^- + 5Br^- + 6H^+ = 3Br_2 + 3H_2O$$

由于少量 Br_2 的生成，使溶液由红色变为无色。因为反应是不可逆的，在滴定时，指示剂不宜过早加入，以防止由于局部 $KBrO_3$ 过量生成 Br_2，将其破坏而不到终点就将指示剂褪色。因而在接近等量点时，再加入指示剂。

溴酸钾法和碘量法联合使用，测定还原性物质，利用 $KBrO_2$-KBr 作标准溶液，在酸性溶液中析出 Br_2。Br_2 与被测物质反应，剩余的 Br_2 与 KI 作用，析出定量的 I_2，再用 $Na_2S_2O_3$ 标准溶液滴定，滴定终点由淀粉指示。其反应为

$$BrO_3^- + 5Br^- + 6H^+ = 3Br_2 + 3H_2O$$

$$Br_2\text{（剩余）} + 2I^- = 2Br^- + I_2$$

$$I_2 + 2S_2O_3^{2-} = 2I^- + S_4O_8^{2-}$$

利用这种方法，可以测定很多有机物质，其反应是和某些饱和有机物发生取代反应，如酚类、芳胺类。

$$C_6H_5NH_2 + 3Br_2 = C_6H_2Br_3NH_2 + 3H^+ + 3Br^-$$

（苯胺）　（三溴苯胺）

反应中，1 个苯胺分子相当于和 $3Br_2$ 作用，得失电子数为 6。

Br_2 和某些不饱和有机化合物起加成反应。如和醋酸乙烯的加成反应，可以用来测定不饱和程度。

$$>C=C< + Br_2 = -CBr-CBr-$$

因此，由 Br_2 的消耗量，可测定出烯烃物的不饱和度。

2. 标准溶液的配制和标定

（1）0.1000mol/L$c\left(\frac{1}{6}KBrO_3\right)$

由于 $KBrO_3$ 易提纯，因此可直接配制，将基准试剂于 180℃烘 1～2h，即可用。称取 2.7833g 基准 $KBrO_3$ 以水溶解，于 1000mL 容量瓶中，以蒸馏水稀释到刻度，摇匀即可。

（2）0.1mol/L $\frac{1}{6}KBrO_3$-KBr 标准溶液（即溴标准溶液）

1）配制　可用直接法和标定法，标定法为，称取 3g 溴酸钾及 25g 溴化钾，溶于 1000mL 水中，摇匀。

2）标定　精确量取 30.00～35.00mL$KBrO_3$-KBr 溶液，置于碘量瓶中，加 2g 碘化钾及 5mL 盐酸（20%），摇匀。于暗处放置 5min，加 15mL 水，用 0.1000mol/L 硫代硫酸钠标准滴定溶液滴定，近终点时，加 3mL0.5(5g/L) 淀粉指示液，继续滴定至蓝色消失同时做空白试验。

3）计算　$KBrO_3$-KBr 标准滴定溶液物质的量浓度为

$$c\left(\frac{1}{6}KBrO_3\right)=\frac{(V_1-V_2)c(Na_2S_2O_3)}{V}$$

式中　V_1——硫代硫酸钠标准滴定溶液的体积，mL；

V_2——空白试验，硫代硫酸钠标准滴定溶液的体积，mL；

$c(Na_2S_2O_3)$——硫代硫酸钠标准滴定溶液的浓度，mol/L；

V——溴溶液的体积，mL。

3. 应用实例

苯酚含量的测定　苯酚化学式为 C_6H_5OH，相对分子质量为 94.11，是无色或淡红色细长针状结晶性块状。

(1) 测定原理

在酸性溶液中，过量的 $KBrO_3$-KBr 标准溶液生成 Br_2，首先和苯酚作用。

$$BrO_3^- + 5Br^- + 6H^+ = 3Br_2 + 3H_2O$$

$$C_6H_5OH + 3Br_2 = C_6H_2Br_3OH\downarrow + 3H^+ + 3Br^-$$

（苯酚）　（三溴苯酚）

余量的 Br_2 与 KI 作用，析出 I_2

$$Br_2 + 2KI = 2KBr + I_2$$

析出的 I_2 用 $Na_2S_2O_3$ 标准溶液滴定

$$I_2 + 2Na_2S_2O_3 = 2NaI + Na_2S_4O_6$$

以淀粉为指示剂，根据硫代硫酸钠消耗量来计算苯酚的含量。

(2) 计算

苯酚的质量分数

$$w(C_6H_5OH)=\frac{(V_2-V_1)\times c(Na_2S_2O_3)\times\frac{M\left[\frac{1}{6}(C_6H_5OH)\right]}{1000}}{m}\times 100\%$$

式中　V_1——样品测定时，消耗 $Na_2S_2O_3$ 标准滴定溶液体积，mL；

V_2——空白试验消耗 $Na_2S_2O_3$ 标准滴定溶液的体积，mL；

$M\left[\frac{1}{6}(C_6H_5OH)\right]$——苯酚的摩尔质量，g/mol；

m——苯酚的样品质量，g；

$c(Na_2S_2O_3)$——$Na_2S_2O_3$ 标准滴定溶液的物质的量浓度，mol/L。

复　习　题

1. 举例说明什么是氧化还原反应。其实质是什么？
2. 常用的氧化剂、还原剂有哪些？各举三例并写出半反应式。
3. 什么是氧化还原滴定法？
4. 什么是氧化还原电对？它说明什么？有何特点？用什么符号表示？
5. 什么是标准电极电位？符号是什么？它说明什么问题？
6. 什么是条件电极电位？它与标准电位有何区别？

7. 举例说明影响氧化还原反应速率的因素。

8. MnO_4^- 与 $C_2O_4^{2-}$ 在酸性溶液中反应时，Mn^{2+}存在不存在，对反应速率有何影响？怎样解释？

9. 氧化还原滴定曲线与酸碱滴定曲线比较有何区别？

10. 什么是氧化还原滴定指示剂？

11. 什么是高锰酸钾法？怎样判断终点？如何配制高锰酸钾标准溶液？

12. 高锰酸钾法测定绿矾含量的原理是什么？测定中应注意什么？

13. 什么是重铬酸钾法？怎样确定滴定终点？如何配制重铬酸钾标准溶液？

14. 重铬酸钾法测定铁矿石中含铁量的原理及注意事项是什么？

15. 什么是碘量法？直接碘量法和间接碘量法有何区别？怎样确定滴定终点？

16. 如何配制 $Na_2S_2O_3$ 标准溶液？标定时应注意什么？

17. 配制碘标准溶液时，应注意些什么？怎样标定？

18. 碘量法测定胆矾含量的原理及注意事项是什么？

19. 什么是溴量法？有哪些基本反应？终点如何确定？

20. 溴量法测定苯酚的原理和注意事项是什么？

21. 铈量法的基本原理是什么？

练　习　题

1. 电对 Mn^{2+}/Mn 和电对 Fe^{3+}/Fe^{2+} 分别与标准氢电极 $2H^+/H_2$ 组成原电池，各发生什么反应？写出方程式。

2. 电对 $S+2H^+/H_2S$ 与 $NO_3^-+4H^+/NO+2H_2O$ 能发生什么反应？试用标准电位说明。

3. 测定软锰矿中 MnO_2 含量时，在盐酸溶液中 MnO_2 粉末能氧化 I^- 析出碘。

$$MnO_2+4H^++2I^- \longrightarrow I_2+Mn^{2+}+2H_2O$$

可用碘量法测定 MnO_2 含量，Fe^{3+}有干扰。实验证明，用磷酸代替盐酸时，Fe^{3+}无干扰，何故？

4. 用 $K_2Cr_2O_7$ 法测定铁矿中的铁时，问：配制 0.05000mol/L$K_2Cr_2O_7$ 标准溶液 1L，应称取 $K_2Cr_2O_7$ 多少克？

5. 在含有 MnO_4^-、$Cr_2O_7^{2-}$、Fe^{3+}的酸性溶液中通入 H_2S 时，发生什么变化？顺序如何？

6. 当 $[Cr^{3+}]=0.010$mol/L，$[Cr_2O_7^{2-}]=0.0010$mol/L，$[H^+]=0.10$mol/L，求此电对的电极电位？

7. 将 1.0000g 钢样中铬氧化为 $Cr_2O_7^{2-}$ 后，加入 0.05000mol/L $FeSO_4$ 溶液 20.00mL 后，用 0.05032mol/L $KMnO_4$ 溶液滴定剩余的 Fe^{2+}，消耗 $KMnO_4$ 溶液 5.55mL，计算铬的质量分数。

8. 用 KIO_3 标定 $Na_2S_2O_3$ 溶液的浓度，称取 KIO_3 356.7mg，溶于水并稀释至 100mL，移取所得溶液 25.00mL，加入硫酸和碘化钾溶液，用 $Na_2S_2O_3$ 溶液滴定析出的碘，消耗 $Na_2S_2O_3$ 溶液 24.98mL，求硫代硫酸钠溶液的物质的量浓度。

9. $c(Na_2S_2O_3)=0.1050$mol/L$Na_2S_2O_3$ 标准溶液，储存过程中有 1% 与 H_2CO_3 作用而分解成为 $NaHSO_3$，问此时该溶液与 I_2 作用的物质的量浓度是多少？

10. 硫化钠样品 0.5000g，溶解后稀释成 100mL 取出 25.00mL，加入 25.00mL 碘标准溶液，反应完后，剩余的碘消耗 $c(Na_2S_2O_3)=0.1000$mol/L$Na_2S_2O_3$ 溶液 16.00mL。空白试验时 25.00mL 碘标准溶液，消耗 $c(Na_2S_2O_3)=0.1000$mol/L$Na_2S_2O_3$ 标准溶液 24.50mL，求样品中 Na_2S 的质量分数。

11. 标定 $KBrO_3$-KBr 标准溶液，吸取 25.00mL，于酸性溶液中与 KI 作用，析出 I_2，消耗 $c(Na_2S_2O_3)=0.1060$mol/L 的 $Na_2S_2O_3$ 标准溶液 24.94mL，求 $KBrO_3$-KBr 溶液的物质的量浓度。

12. 用溴酸盐法，测定苯酚含量。样品为 0.7500g，溶解后稀释成 500mL。吸取 25.00mL，加入 30.00mL$KBrO_3$-KBr 标准溶液，反应完后，加入 KI，析出 I_2，用 $Na_2S_2O_3$ 溶液滴定，共消耗 6.57mL，空白试验用 $Na_2S_2O_3$ 溶液为 30.00mL。已知 1mL$Na_2S_2O_3$ 溶液相当 1.569mg 苯酚，问样品中苯酚的质量分数是多少？

第六章　配位滴定法

第一节　概　　述

以形成配位化合物的反应为基础的滴定分析方法称为配位滴定法。目前，采用配位剂直接和间接测定金属元素的方法，已经日益广泛。本章着重讨论EDTA配位滴定的反应条件、指示剂及有关的基础知识。

一、配位化合物

由一个简单阳离子和几个中性分子或其他离子以配位键相结合而形成的复杂离子叫做配位离子，含有配位离子的盐叫做配位化合物（简称配合物）。例如 $K_4[Fe(CN)_6]$、$NH_4[Cr(NH_3)_2(CNS)_4]$、$[Cu(NH_3)_4]SO_4$ 等都是配位化合物。

配位化合物一般可分为内界和外界两个组成部分，内界称为配位离子。它由中心离子和配位体组成，位于配位离子中心的带有正电荷的离子称中心离子，它是配位离子的形成体。中心离子绝大多数是金属离子，例如：Fe^{2+}、Cr^{3+}、Cu^{2+}、Pb^{2+}、Mg^{2+} 等。同中心离子结合的中性分子或离子称为配位体。例如：NH_3、CN^-、CNS^-、$-COOH$、H_2O 等都是配位体。在配位体中直接和中心离子以配位键相结合的原子称配位原子。例如：NH_3 中的N原子、CN^- 中的N原子、H_2O 中的O原子、$-COO^*H$ 中有*号的O原子，都是配位原子。以 $NH_4[Cr(NH_3)_2(CNS)_4]$ 为例说明。

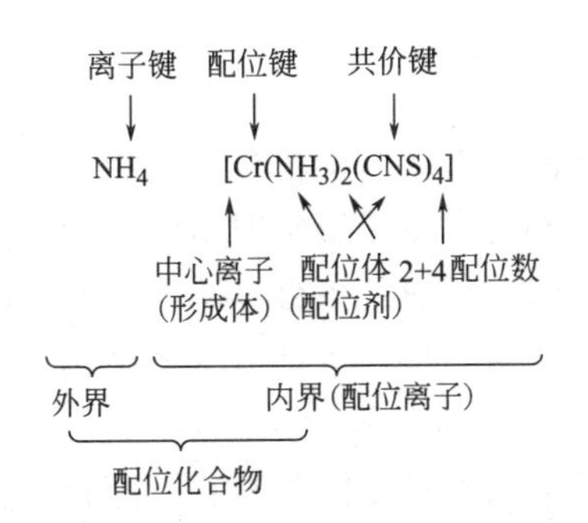

与中心离子相结合的配位原子的总个数，叫做中心离子的配位数。如上例中，中心离子 Cr^{3+} 的配位数为2个 NH_3 分子中的氮原子加4个 CNS^- 中的氮原子，总个数为6。一个配位体中具有两个以上的原子直接和中心离子以配位键相结合，则这配位体称多基配位体。例如 Ni^{2+} 与乙胺配位化合时，乙二胺中有2个配位原子和中心离子 Ni^{2+} 结合，所形成环状配位化合物称为螯合物，又叫内配位化合物。

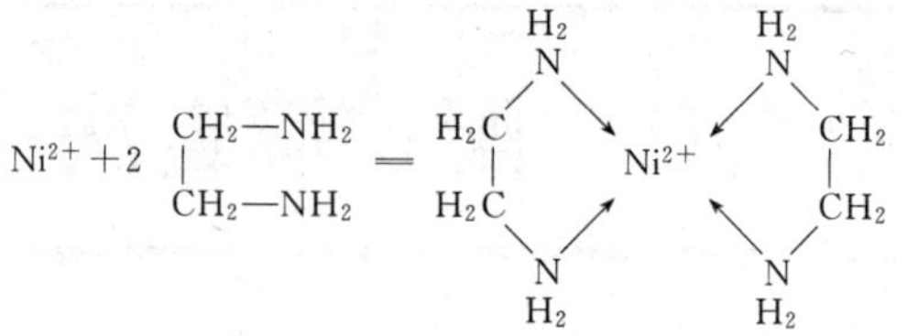

$$Ni^{2+}+2\begin{array}{l}CH_2-NH_2\\ |\\ CH_2-NH_2\end{array} = \begin{array}{c} H_2C \overset{H_2}{N} \to Ni^{2+} \leftarrow \overset{H_2}{N} CH_2 \\ | \qquad\qquad\qquad | \\ H_2C \underset{H_2}{N} \to \quad \leftarrow \underset{H_2}{N} CH_2 \end{array}$$

配位化合物中配位原子和中心离子之间的配位键用符号“→”表示，说明配位键的孤对电子由配位原子提供，配位原子和中心离子共用。

螯合物的环上有几个原子，就被称为几员环的螯合物。上例中，螯合物环上有 5 个原子，所以称 5 员环。螯合物由于有环状结构，比简单配位化合物的稳定性大得多，其中 5 原子环和 6 原子环最稳定。同一配位体所形成环状结构数目越多，螯合物就越稳定。同时，由于螯合结构很少有分级电离的现象，因此，目前此类配位化合物在分析化学中是应用最广的。

二、配位滴定反应必须具备的条件

1）配合反应必须迅速，并生成足够稳定的配位化合物。

2）反应必须按一定的化学反应式定量地进行，即生成配位数固定的配合物。

3）要有适当的方法来指示或确定终点。

如硝酸银和氰化物的配合反应

$$Ag^+ + 2CN^- \rightleftharpoons [Ag(CN)_2]^-$$

反应能迅速的形成稳定的 $[Ag(CN)_2]^-$ 配位离子，能定量的形成固定的配位数为 2 的配合物，当达到等量点时，稍过量的 Ag^+ 就会与 $[Ag(CN)_2]^-$ 配位离子结合形成 $Ag[Ag(CN)_2]$ 白色沉淀，从而确定终点。其反应为

$$Ag^+ + [Ag(CN)_2]^- = Ag[Ag(CN)_2]\downarrow \text{（白色）}$$

故此反应符合配位滴定对反应的要求，可采用硝酸银标准溶液滴定溶液中氰化物，根据硝酸银标准溶液用量来计算氰化物的含量。

三、配位剂的类型

能和简单阳离子形成配位化合物的物质称为配位剂。常见的配位剂分为无机配位剂和有机配位剂。

1. 无机配位剂

大多数无机配位剂和金属离子形成的配位化合物稳定性不强。而且存在分步配合，稳定常数相近不易区分的缺点。同时，由于滴定时溶液中没有金属离子浓度变化的突跃，无法确定终点。因而不符合配位滴定反应的条件。除少数几种配位剂如氰化物、硫氰化物和几种金属离子如 Ag^+、Mg^{2+}、Ni^{2+} 外，大部分无机配位剂都不能满足配位滴定的要求。

2. 有机配位剂

由于它们可以和金属离子形成很稳定的螯合物，配合反应能够满足上述条件，因而被广泛应用到配位滴定中。目前应用最普遍的有机配位剂是一类含有氨基二乙酸基团 $\left(-N\begin{matrix}CH_2COOH\\CH_2COOH\end{matrix}\right)$ 的氨羧配位剂。最常见的是乙二胺四乙酸（简称 EDTA），结构式为

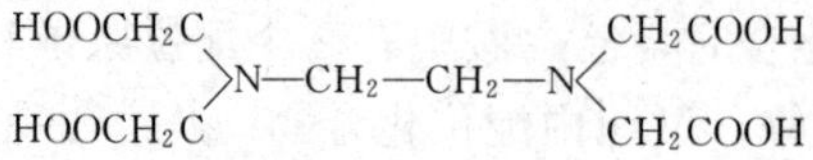

$$\begin{matrix}HOOCH_2C\\HOOCH_2C\end{matrix}N-CH_2-CH_2-N\begin{matrix}CH_2COOH\\CH_2COOH\end{matrix}$$

简写成 H_4Y，它为白色结晶粉末，无毒无臭，具有酸味。由于它在水中溶解度很小（室温约为 0.02g/100g 水），通常用它的二钠盐，即乙二胺四乙酸二钠盐，含 2 分子结晶水，在水中溶解度较大，室温下饱和水溶液的浓度约为 0.3mol/L，其结构式为

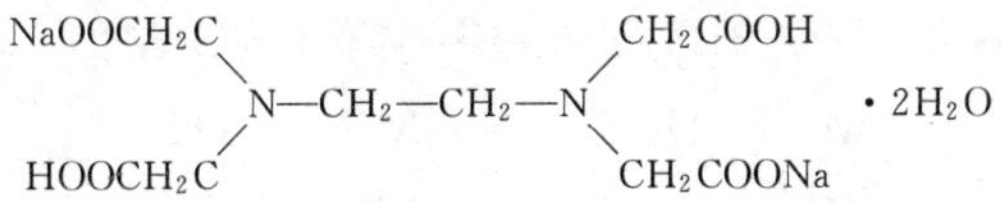

$NaOOCH_2C$ 　　　　　　CH_2COOH
　　$\diagdown$　　　　　　$\diagup$
　　$N-CH_2-CH_2-N$　　　　$\cdot 2H_2O$
　　$\diagup$　　　　　　$\diagdown$
$HOOCH_2C$ 　　　　　　CH_2COONa

简称为 EDTA，简写式为 $Na_2H_2Y \cdot 2H_2O$，相对分子质量为 372.24。

除此以外，还有其他氨羧配位剂，如乙二胺四丙酸（简称 EDTP），结构如为

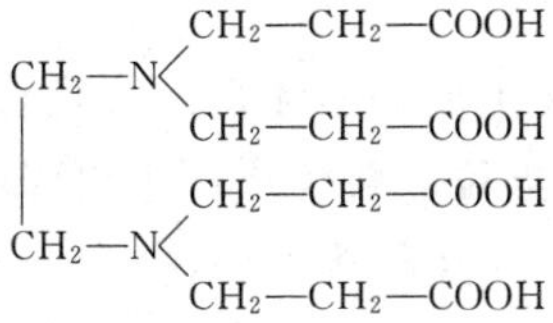

　　　　　CH_2-CH_2-COOH
$CH_2-N\langle$
　　　　　CH_2-CH_2-COOH
$|$
　　　　　CH_2-CH_2-COOH
$CH_2-N\langle$
　　　　　CH_2-CH_2-COOH

乙二醇二乙醚二胺四乙酸（简称 EGTA），`结构式为

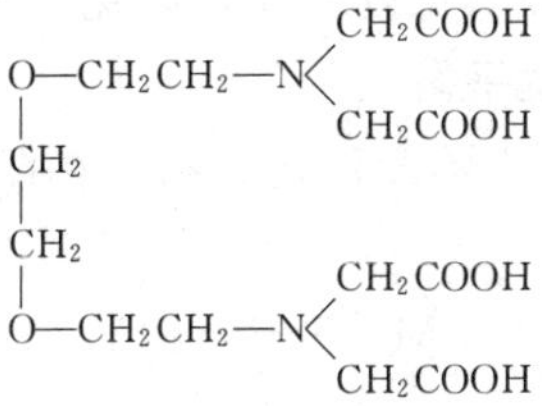

　　　　　　　　CH_2COOH
$O-CH_2CH_2-N\langle$
　　　　　　　　CH_2COOH
$|$
CH_2
$|$
CH_2
$|$
　　　　　　　　CH_2COOH
$O-CH_2CH_2-N\langle$
　　　　　　　　CH_2COOH

二乙基三胺五乙酸（DTPA）、三乙基四胺六乙酸（TTHA）等。不同的配位剂与金属离子形成的配位化合物，稳定性有时差别较大，故可以用来提高滴定某些金属离子的选择性。

第二节　EDTA 与金属离子的配位化合物

一、EDTA 与金属离子配合物的特点

1）稳定性强。EDTA 和金属离子所形成的配位化合物结构中有五个五员环，因此，配位化合物非常稳定，例如，Co^{2+} 和 EDTA 的配位化合物的结构示意图，如图 6-1 所示。

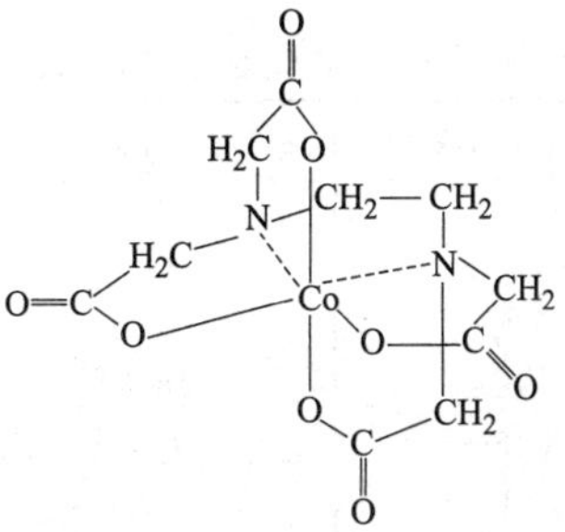

O
‖
C
H_2C　O
N　CH_2-CH_2
H_2C　　　N
O=C　　Co　　CH_2
O　　O　C
　　　　　O
O　　CH_2
C
‖
O

图 6-1　Co(Ⅲ)-EDTA 螯合物的立体结构

2）配位比简单。EDTA 分子中，具有六个可与金属离子形成配位键的原子（两个氨基氮 $-\ddot{N}\langle$ 和四个羧基氧 $-C\langle^{O}_{O^-}$ ），同时，还有四个可电离的 H^+，一般 1～4 价的金属离

子的配位数大多数为 4 或 6，当 EDTA 与金属离子配位时，一个 EDTA 分子就能满足一个金属离子的配位数和电荷的要求。所以，当 EDTA 与 1～4 价的金属离子配位化合时，其配位化合比均为 1∶1，生成的配位化合物可用下列反应表示：

$$M^{2+}+H_2Y^{2-} \rightleftharpoons MY^{2-}+2H^+$$

$$M^{3+}+H_2Y^{2-} \rightleftharpoons MY^{-}+2H^+$$

$$M^{4+}+H_2Y^{2-} \rightleftharpoons MY+2H^+$$

这样在计算中，EDTA 与 1～4 价的金属离子配合时均取其化学式作为基本单元，计算简便。

3）大多数金属离子与 EDTA 生成的是无色配位化合物，它有利于选择适当指示剂来确定终点。但有色离子与 EDTA 配位一般生成颜色更深的配位化合物，如

NiY^{2-}	CuY^{2-}	CoY^{2-}	MnY^{2+}	CrY^{-}	FeY^{-}
（蓝绿色）	（深蓝色）	（紫红色）	（紫红色）	（深紫色）	（黄色）

因此在滴定这些离子时，应尽量使其浓度低些，以免在确定终点时，影响观察。

二、金属离子与 EDTA 的配位平衡

EDTA 与金属离子所形成 1∶1 的配位化合物，在溶液中的离解平衡，可用下式表示（为讨论方便，略去式中的电荷）：

$$M+Y \rightleftharpoons MY \tag{6-1}$$

其稳定常数 $K_{稳}$ 为

$$K_{稳}=\frac{[MY]}{[M][Y]} \tag{6-2}$$

式中 [MY]——M-EDTA 配位化合物的浓度，mol/L；

[M]——未配位的金属离子的浓度，mol/L；

[Y]——未配位的 EDTA 阴离子的浓度，mol/L。

$K_{稳}$ 的数值一般较大，为了方便起见，采用 $\lg K_{稳}$ 值来表示，例

$$Ca+Y \rightleftharpoons CaY$$

反应平衡时，CaY 的稳定常数为 $K_{稳}=4.9\times10^{10}$，则其 $\lg K_{稳}=\lg4.9\times10^{10}=10.69$。常见金属离子和 EDTA 的配位化合物的稳定常数对数值见表 6-1 所示。

表 6-1 常见金属离子和 EDTA 所形成配位化合物的 $\lg K_{MY}$ 值（25℃，I=0.1KNO₃ 溶液）

金属离子	$\lg K_{MY}$	金属离子	$\lg K_{MY}$	金属离子	$\lg K_{MY}$
Ag^{+}	7.32	Co^{2+}	16.31	Mn^{2+}	13.87
Al^{3+}	16.30	Co^{3+}	36.0	Na^{+}	1.66①
Ba^{2+}	7.86①	Cr^{3+}	23.4	Pb^{2+}	18.04
Be^{2+}	9.30	Cu^{3+}	18.80	Pt^{3+}	16.4
Bi^{3+}	27.94	Fe^{2+}	14.32①	Sn^{2+}	22.11
Ca^{2+}	10.69	Fe^{3+}	25.10	Sn^{4+}	7.23
Cd^{2+}	16.46	Li^{+}	2.79①	Sr^{2+}	8.73①
Ce^{3+}	15.98	Mg^{2+}	8.7①	Zn^{2+}	16.50

① 在 0.1mol/L KCl 溶液中，其他条件相同。

配位化合物的稳定性，主要决定于金属离子和配位剂的性质。同一配位剂与不同离子形成的配位化合物，根据其稳定常数的大小，可以比较其稳定性。$K_{稳}$ 越大，配位化合物

越稳定，如 CaY^{2-} 的 $\lg K_{稳}=10.69$，而 MgY^{2-} 的 $\lg K_{稳}=8.69$，则 CaY^{2-} 较 MgY^{2-} 稳定。

两种同类型配位化合物，稳定性不同，决定了形成配位化合物时的先后次序。例如在 Fe^{3+} 和 Ca^{2+} 中滴加 EDTA 时，则因 $\lg K_{FeY}=25.1$，$\lg K_{CaY^{2-}}=10.69$ 加入的 EDTA 首先与 Fe^{3+} 配位化合，后才与 Ca^{2+} 配位化合。实际分析中，如有 Fe^{3+} 存在下，测定 Ca^{2+} 时，Fe^{3+} 将产生干扰。

当某一金属离子与两种不同的配位剂形成配位化合物时，稳定性强的配位剂可以将稳定性弱的配位化合物中的配位剂置换出来，以生成更为稳定的配位化合物。例如，用 EDTA 对 Zn^{2+} 的测定，在用铬黑 T 作指示剂时，需加入氨-氯化铵缓冲溶液，此时，有 $[Zn(NH_3)_4]^{2+}$（$\lg K_{稳}=8.7$）的配位化合物生成。当滴定时，由于 EDTA 对 Zn 的配位化合物更为稳定（$\lg K_{稳ZnY}=16.50$），故 EDTA 可以从 $[Zn(NH_3)_4]^{2+}$ 中把 NH_2 置换出来。

三、影响 EDTA 金属配位化合物稳定性的主要因素

1. EDTA 的离解平衡及条件稳定常数

EDTA 是一种四元酸，一般用 H_4Y 表示。在水溶液中，具有四级离解平衡关系：

$$H_4Y \underset{+H^+}{\overset{-H^+}{\rightleftharpoons}} H_3Y^- \underset{+H^+}{\overset{-H^+}{\rightleftharpoons}} H_2Y^{2-} \underset{+H^+}{\overset{-H^+}{\rightleftharpoons}} HY^{3-} \underset{+H^+}{\overset{-H^+}{\rightleftharpoons}} Y^{4-} \tag{6-3}$$

和其他多元酸相似，在水溶液中，共有五种存在形式，即 H_4Y、H_3Y^-、H_2Y^{2-}、HY^{3-}、Y^{4-}。在一定的酸度情况下，各种形式的浓度有一定比例，其分布与溶液 pH 值的关系如图 6-2 所示。

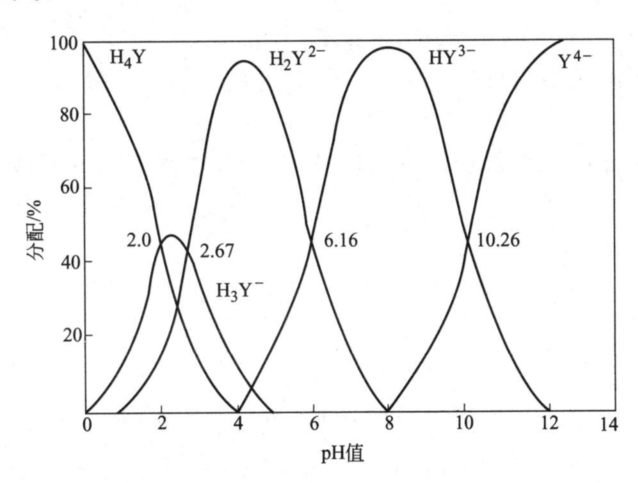

图 6-2　EDTA 在溶液中各种形式分配与溶液 pH 值的关系图

从图 6-2 可看出，当 pH>12 时，EDTA 几乎全部是以 Y^{4-} 形式存在，只有 Y^{4-} 才能与金属离子配位，因此，称 $[Y^{4-}]$ 为有效浓度，用 $[Y^{4-}]_{有}$ 表示，而 $[Y]_{总}$ 是表示 EDTA 溶液的总浓度，则

$$[Y]_{总}=[Y^{4-}]+[HY^{3-}]+[H_2Y^{2-}]+[H_3Y^-]+[H_4Y]$$

$[Y]_{总}$ 与 $[Y^{4-}]_{有}$ 浓度的比值称配位剂的酸效应系数，用 $\alpha_{Y(H)}$ 表示。

$$\frac{[Y]_{总}}{[Y^{4-}]_{有}}=\alpha_{Y(H)} \tag{6-4}$$

不同 pH 值时酸效应系数值列于表 6-2。

表 6-2 不同 pH 值时的 $\lg\alpha_{Y(H)}$

pH	$\lg\alpha_{Y(H)}$	pH	$\lg\alpha_{Y(H)}$	pH	$\lg\alpha_{Y(H)}$
0.0	21.18	3.4	9.71	6.8	3.55
0.4	19.59	3.8	8.86	7.0	3.32
0.8	18.01	4.0	8.44	7.5	2.78
1.0	17.20	4.4	7.64	8.0	2.26
1.4	15.68	4.8	6.84	8.5	1.77
1.8	14.21	5.0	6.45	9.0	1.29
2.0	13.51	5.4	5.69	9.5	0.83
2.4	12.24	5.8	4.98	10.0	0.45
2.8	11.13	6.0	4.65	11.0	0.07
3.0	10.63	6.4	4.06	12.0	0.00

从表中看出 $\alpha_{Y(H)}$ 值与溶液酸度有关，随着溶液 pH 值增大而减小，当 pH<12 时，$[Y]_{总}$ 与 $[Y^{4-}]_{有}$ 的关系为

$$[Y^{4-}]_{有}=\frac{[Y]_{总}}{\alpha_{Y(H)}} \tag{6-5}$$

当 pH>12 时，EDTA 的有效浓度 $[Y^{4-}]_{有}$ 几乎等于 EDTA 的总浓度 $[Y^{4-}]_{总}$。将式(6-5) 代入式(6-2) 得

$$K_{稳}=\frac{[MY]\alpha_{Y(H)}}{[M][Y]_{总}} \tag{6-6}$$

将上式取对数得

$$\lg K'_{稳}=\lg K_{稳}-\lg\alpha_{Y(H)}$$

$K'_{稳}$ 叫做表观稳定常数（即条件稳定常数）。它的大小说明在 pH 值不同时，配位化合物的实际稳定程度。

【例 6-1】 计算 pH=10 和 pH=6 时，Pb^{2+}、Mg^{2+} 和 EDTA 形成配位化合物的表观稳定常数。

解： 由表 6-1 得

$$\lg K_{稳(PbY)}=18.04 \quad \lg K_{稳(MgY)}=8.7$$

由表 6-2 得

$$pH=10 时，\lg\alpha_{Y(H)}=0.45$$
$$pH=6 时，\lg\alpha_{Y(H)}=4.65$$

当 pH=10 时

$$\lg K'_{稳(MgY)}=8.7-0.45=8.25$$
$$\lg K'_{稳(PbY)}=18.04-0.45=17.59$$

当 pH=6 时

$$\lg K'_{稳(MgY)}=8.7-4.65=4.05$$
$$\lg K'_{稳(PbY)}=18.04-4.65=13.39$$

由计算得 pH=10 时，MgY、PbY 都较稳定。而 pH=6 时，MgY 不稳定，PbY 仍较稳定。说明酸度增大，酸效应系数也增大，配位化合物的表观稳定常数下降。在较大的酸度条件下，$[Y]_{有}$ 降低，配位化合物的配合能力下降。即对任一配位化合物，酸度越

低，配合能力越强，反之则配合能力越弱。不同金属离子和 EDTA 的配位化合物的稳定性是不同的，配合能力强的可在较高的酸度下配合，配合能力弱的，只能在较低的酸度下配合。这样，可用表观稳定常数来表明 EDTA 在酸度影响下的实际配合能力，即在一定条件下的实际配合能力。

这里只讨论了酸度对 EDTA 与金属离子配合稳定性的影响，它是主要的一方面。此外，在滴定分析中，还有金属离子的水解、金属离子与 EDTA 形成的酸式或碱式的配位化合物以及其他配位化合物所引起的混合物的影响等。

2. 酸效应曲线和配位滴定中 pH 值的选择

表观稳定常数可以表明配位化合反应在具体条件下的完全程度。

如果被测离子的初浓度为 $[M_0]$，终点时未配合的金属离子浓度为 $[M]$，滴定的允许误差为 T（一般为 0.1%）。则在滴定终点时必须符合下列要求。

1）被测离子几乎全部被 EDTA 配合，即 $[MY]=M_0$；

2）被测离子剩余的浓度应小于或等于滴定的允许误差和起始浓度的乘积，即 $[M]\leqslant T[M_0]$；

3）过量 EDTA 的浓度也应小于或等于滴定允许误差和起始浓度的乘积，即 $[Y^{4-}]\leqslant T[M_0]$。

将这三个式子代入式（6-6），即得

$$K_{稳[MY]}\geqslant\frac{[MY]}{[M][Y]}=\frac{[M_0]}{[M_0]T\cdot[M_0]T}=\frac{1}{[M_0]T^2} \tag{6-7}$$

$$\lg K'_{稳MY}\geqslant-\lg[M_0]-2\lg T$$

$$\lg K'_{稳}\geqslant p[M_0]+2pT \tag{6-8}$$

设 $[M_0]=0.01\text{mol/L}$　$T=0.1\%$ 即 10^{-3} 时，并代入式(6-8) 得

$$\lg K'_{稳(MY)}\geqslant p10^{-2}+2p10^{-3}$$

$$\lg K'_{稳(MY)}\geqslant 8$$

在上述设定条件下，金属离子和 EDTA 所形成配位化合物的表观稳定常数，必须大于或等于 8 时，配位滴定才能进行。如果滴定条件不同，即 T、$[M_0]$ 变动，必须用式(6-8) 进行计算求得相应的 $\lg K'_{稳}$，才能判别配位滴定反应能否符合要求。由式(6-8) 得

$$\lg K'_{稳}=\lg K_{稳}-\lg\alpha_{Y(H)}\geqslant 8$$

$$\lg\alpha_{Y(H)}\leqslant\lg K_a-8 \tag{6-9}$$

利用式(6-9) 可以估算金属离子在上述条件下，用 EDTA 滴定所允许的最小 pH 值。

【例 6-2】 求用 EDTA 滴定 Fe^{3+} 和 Ca^{2+} 的允许最小 pH 值。

解： 由式(6-9)　$\lg\alpha_{Y(H)}=\lg K_a-8$

查表 6-1 得
$$\lg K_{稳FeY^-}=25.10$$
$$\lg K_{稳CaY^{2-}}=10.69$$

则
$$\lg\alpha_{Y(H)Fe^{3+}}=25.1-8=17.1$$
$$\lg\alpha_{Y(H)Ca^{2+}}=10.69-8=2.69$$

查表 6-2 得 Fe^{3+} 的允许最小 pH=1，Ca^{2+} 的允许最小 pH=7.6。

可将常见金属离子按上述方法计算，得出各种离子用 EDTA 滴定时的允许最小 pH 值，然后将 $\lg K_{稳MY}$ 值和相应的 $\lg\alpha_{Y(H)}$ 值对 pH 值作图，所得曲线叫做 EDTA 的酸效应

曲线，如图 6-3 所示。

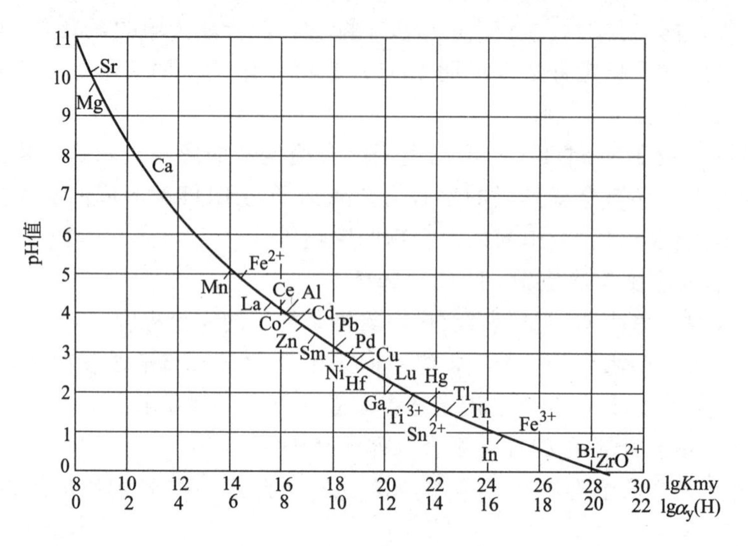

图 6-3 EDTA 的酸效应曲线

从图 6-3 可以直接查得常见金属离子单独被 EDTA 滴定时的允许最小 pH 值。当化合物的稳定常数（$\lg K_{稳}$）较大时，配位滴定允许的最低 pH 值较小，即可以在酸性溶液中滴定。反之则只能在弱酸性或碱性溶液中进行。如上例中，FeY^- 化合物 $\lg K_{稳}=25.1$，则 $pH_{最小}=1$，可在强酸性溶液中滴定；CaY^{2-} 化合物 $\lg K_{稳}=10.69$，则 $pH_{最小}=7.6$，可在中性或碱性溶液中滴定。

在确定反应溶液酸度时，pH 下限为允许的最小 pH 值，上限则根据金属水解效应和金属指示剂的变色反应等要求。例如在滴定 0.01mol/L 的 Fe^{3+} 时，最小 pH=1，而 Fe^{3+} 在pH=2.2 时就开始水解，所以在用 EDTA 滴定 Fe^{3+} 时，只能在 pH 为 1～2 之间进行。

有些两性或剧烈水解的金属离子，就是当 $\lg K'_{稳}\geqslant 8$ 时，也不能滴定。如 Zn^{2+}，一般在 pH>4 时即可滴定，但当 pH 大于 6.3 时，就会生成 $Zn(OH)_2$ 沉淀，若 pH>11 时，则由于形成更多的羟基配合物而溶解，因而不便于滴定。采用铬黑 T 作指示剂滴定 Zn^{2+} 时，需加入 NH_3-NH_4Cl 缓冲溶液，控制酸度在 pH=10。因 Zn^{2+} 和 NH_3 形成 $[Zn(NH_3)_4]^{2+}$ 配位离子，而防止 $Zn(OH)_2$ 沉淀的生成。这种除 EDTA 外的其他配合剂，称为辅助配合剂，这种辅助配合剂的存在会影响金属离子和 EDTA 配合物的稳定性。在一定条件下，是有必要加以校正的，可参阅相关资料。有时为了除去干扰离子的影响，也加入一些辅助配合剂，这种辅助配合剂与干扰离子所形成的化合物，比 EDTA 与干扰离子所形成的配合物更稳定，使干扰离子不被 EDTA 滴定（这种方法称为掩蔽，加入的辅助配合剂称为掩蔽剂）。

第三节 配位滴定曲线

在配位滴定过程中，随着配位滴定剂的加入，被测离子不断被配合，其浓度不断变小，当达到等量点时，溶液中金属离子浓度发生突跃，由滴定剂的加入量与 pM 值的变化所作曲线称为配位滴定曲线。

今以 pH=12 时，0.01000mol/L 的 EDTA 溶液滴定 20.00mL0.01000mol/L 的 Ca^{2+} 溶液为例进行讨论

$$Ca^{2+}+Y^{4-}=CaY^{2-}$$

当 pH=12 时，查表 7-2 得

$$\lg K'_{稳}=\lg K_{稳}-\lg\alpha_{Y(H)}=10.69-0=10.69$$

CaY^{2-} 足够稳定

1）滴定前 $[Ca^{2+}]=0.01000$（mol/L）。

$$pCa=\lg[Ca^{2+}]=\lg 0.01=2.0$$

2）滴定开始至等量点前滴入 EDTA 溶液 19.98mL，即滴定总量的 99.9%。

$$[Ca^{2+}]=0.01000\times\frac{0.02}{20.00+19.98}=5.0\times10^{-6}\ (mol/L)$$

$$pCa=5.3$$

3）等量点时，Ca^{2+} 和 Y^{4-} 几乎全部化合成 CaY^{2-} 配位离子。则

$$[CaY^{2-}]=0.01000\times\frac{20.00}{20.00+20.00}=5.0\times10^{-3}\ (mol/L)$$

当反应达到平衡时，$[Ca^{2+}]=[Y^{4-}]$，$K'_{稳}=10^{10.69}$。

代入式(6-6)　$$K_{稳}=\frac{[CaY^{2-}]}{[Ca^{2+}][Y^{4-}]}=\frac{5\times10^{-3}}{[Ca^{2+}]^2}=10^{10.69}$$

$$[Ca^{2+}]=3.2\times10^{-7}\ (mol/L)$$

$$pCa=6.6$$

4）等量点后，设滴入 20.02mLEDTA 溶液时，则 EDTA 溶液过量 0.02mL，所以

$$[Y]_{总}=\frac{0.01\times0.02}{20.00+20.02}=5\times10^{-6}\ (mol/L)$$

代入式(6-6)　$$\frac{5\times10^{-3}}{[Ca^{2+}]\times5\times10^{-6}}=10^{10.69}$$

$$[Ca^{2+}]=10^{-7.69}\ pCa=7.69$$

将计算数据列于表 6-3，以 pCa 对加入 EDTA 的量作图，得曲线如图 6-4 所示。

按同样的方法，可以计算出不同 pH 值的几组数据，并作出相应的滴定曲线，如图 6-5 所示。

表 6-3　pH=12 时，用 0.01000mol/L EDTA 滴定 20.00mL0.01000mol/L Ca^{2+} 溶液的 pCa 值

加入 EDTA 溶液		剩余 Ca^{2+} 溶液/mL	过量 EDTA 溶液/mL	pCa
mL	%			
0.00	0.0	20.00	—	2.0
18.00	90.0	2.00	—	3.3
19.80	99.0	0.20	—	4.3
19.98	99.9	0.02	—	5.3
20.00	100.0	0.00	0.00	6.5
20.02	100.1	—	0.02	7.69

在不同的 pH 值滴定时，其酸效应系数不同则 $K'_{稳}$ 不同，在计算等量点和过量 EDTA 溶液时应注意。

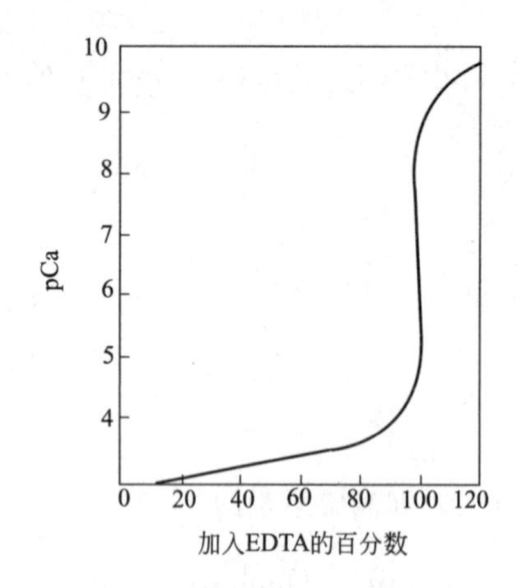

图 6-4 pH=12 时 0.01000mol/L EDTA 滴定 20.00mL0.01000mol/L Ca^{2+} 的滴定曲线

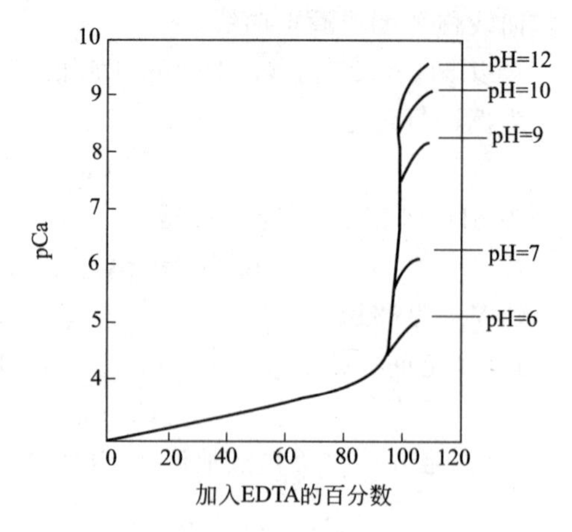

图 6-5 不同 pH 值下用 EDTA 滴定 Ca^{2+} 的滴定曲线

例如当 pH=9 时，$\lg\alpha_{Y(H)}=1.29$ 即 $\alpha_{Y(H)}=10^{1.29}$，所以

$$K'_{稳}=\frac{K_{稳}}{\alpha_{Y(H)}}=\frac{10^{10.69}}{10^{1.29}}=10^{9.4}$$

其余数据计算按照 pH=12 时的方法。

从图 6-4 的曲线看出，等量点前 Ca^{2+} 不与其他离子配合，不受水解影响。因此，等量点前的曲线位置仅随初浓度而改变，而不受溶液 pH 值改变的影响。在等量点前后有一个较长的 pCa 突跃，突跃部分的长短随溶液 pH 值大小不同而改变。这是由于配位化合物的条件稳定常数值随溶液 pH 值的改变而改变。pH 值越大，条件稳定常数越大，配位化合物越稳定，滴定曲线 pCa 突跃越长；pH 值越小，pCa 突跃越短。当 pH=7 时，$\lg K'_{稳}=7.3$，滴定曲线中看不出突跃。可见溶液 pH 值的选择在 EDTA 配位滴定中起着非常重要的作用。

对于一些易配合或易水解的离子，由于等量点前金属离子浓度受辅助配位剂或水解的影响而发生变化，故等量点前曲线的位置高低相应改变。

第四节 金属指示剂

一、金属指示剂的作用原理

金属指示剂是一种有机配位剂，它能与金属离子配合生成比较稳定的化合物，配位滴定中，利用金属指示剂在游离态和化合态的颜色不同来指示滴定等量点，用 In 表示金属指示剂（略去电荷）。

$$\underset{(游离态)}{M+In} \rightleftharpoons \underset{(化合态)}{MIn}$$

等量点前，由于指示剂的加入，溶液呈 MIn 颜色，达等量点时，EDTA 置换出指示剂而使其呈现游离态 In^- 颜色。因而发生了颜色的改变。例如，用铬黑 T 指示 EDTA 滴定 Mg^{2+} 过程，滴定时，铬黑 T 先与 Mg^{2+} 配合。当接近等量点时，由于 EDTA 与 Mg^{2+} 生成的配位化合物较铬黑 T 与 Mg^{2+} 形成的配位化合物更稳定，故 EDTA 能够从指示剂与金属离子配位化合物中夺取出金属离子，使指示剂游离出来，溶液呈铬黑 T 游离态色

（蓝色），即指示滴定到达终点。

滴定前 $Mg^{2+} + HIn^{2-}$（铬黑 T）$\rightleftharpoons MgIn^{-} + H^{+}$

（蓝色） （酒红色）

终点时 $H_2Y^{2-} + MgIn^{-} = MgY^{2-} + HIn^{2-} + H^{+}$

（酒红色） （蓝色）

能与金属离子生成有色化合物，并能通过颜色改变而指示溶液中金属离子浓度变化的有机配位剂称为金属指示剂。

作为配位滴定的金属指示剂必须具备下列条件。

1）在滴定条件下，游离态指示剂颜色和它与金属离子化合态的颜色应显著不同，使滴定终点变色明显。

2）指示剂与金属离子形成的配位化合物应有适当的稳定性。一方面金属离子和指示剂形成配位化合物的稳定性必须小于金属离子和 EDTA 所形成的配位化合物的稳定性，这样在等量点时，EDTA 才能置换出指示剂来，从而显示出颜色变化。另一方面金属离子和指示剂形成的配位化合物应足够稳定。否则，在滴定等量点前指示剂就开始游离出来而使溶液变色不敏锐，一般来说，要求 $\lg K'_{MIn} > 4$，$\lg K'_{MY} - \lg K_{MIn} \geqslant 2$。

3）指示剂和金属离子配合反应迅速，变色可逆性强，生成配合物易溶于水，稳定性好。

二、指示剂的封闭、僵化现象

指示剂和金属离子所形成的配位化合物稳定性比 EDTA 和金属离子所形成配位化合物更稳定，即 $\lg K'_{MIn} > \lg K'_{MY}$，以致到等量点时，EDTA 就不能将指示剂置换出来，即使加入过量的 EDTA 溶液，也不会有颜色改变，这种现象称为指示剂的封闭。如铬黑 T 能被 Fe^{3+}、Al^{3+}、Ni^{3+}、Cu^{2+}、Co^{2+} 等离子封闭，如溶液中有此种离子存在，就不能用铬黑 T 作指示剂。

为了消除封闭现象，必须除去对指示剂有封闭作用的离子或采用掩蔽的方法，加入配合能力比铬黑 T 更强的配位剂，将这些干扰离子掩蔽起来，才能进行滴定。

有些指示剂和金属离子所形成的配位化合物的稳定性与 EDTA 和金属离子所形成的配位化合物的稳定性相差不大，因而 EDTA 和 MIn 之间的置换反应缓慢，拖延终点的到达，或因 MIn 化合物溶解度很小，致使等量点时颜色变化不够明显，这种现象叫做指示剂的僵化。可以加热或加入适当的有机溶剂，以增大其溶解度和提高置换速度，使指示剂变色明显。例如用 PAN 指示剂时，温度较低易发生僵化。可加入酒精或加热，接近终点时，缓慢滴定并剧烈振摇，使置换反应加速，来消除僵化现象。

金属指示剂多数是具有若干双键的有色有机化合物，容易被日光、氧化剂、空气等分解，有些在水溶液中不稳定。因此，在使用时，可与中性盐（如 NaCl）配成固体指示剂使用，防止变质，最好是用时新配。

应该指出，金属指示剂本身还是一种多元弱酸或弱碱，随着溶液 pH 值不同，其存在形式有所不同，从而显出不同的颜色。

铬黑 T 是一个三元酸，在溶液中存在三级离解平衡。

$$H^2In^{-} \underset{+H^{+}}{\overset{-H^{+}}{\rightleftharpoons}} HIn^{2-} \underset{+H^{+}}{\overset{-H^{+}}{\rightleftharpoons}} In^{3-}$$

（红色） （蓝色） （橙色）

（pH<6） （pH8～11） （pH>12）

铬黑 T 与许多阳离子，如 Ca^{2+}、Mg^{2+}、Zn^{2+} 等形成红色配位化合物。可见只有 pH8～11 进行滴定，终点才由金属离子与铬黑 T 的红色配位化合物变成游离的指示剂的蓝色。否则，在 pH<6 或 pH>12 时，指示剂游离色为红色或橙色，等量点时，颜色变化不明显。因此，使用金属指示剂时，必须注意选用合适的 pH 值范围。

三、常用的金属指示剂

1. 铬黑 T

铬黑 T 是褐色粉末，带有金属光泽，溶于水，是一种偶氮染料，化学名称为 1-（1-羟基-2-萘偶氮基）-6-硝基-2-萘酚-4-磺酸钠，结构式为

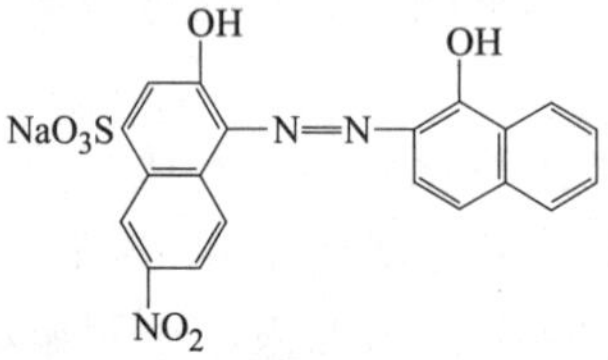

最适用于 pH9～10，一般在 pH＝10 的缓冲溶液中，用 EDTA 能直接滴定 Mg^{2+}、Zn^{2+}、Ca^{2+}、Pb^{2+} 和 Hg^{2+} 等离子。但对 Ca^{2+} 不灵敏，一般在有 Mg^{-}EDTA 时测 Ca^{2+} 终点才明显。测 Ca^{2+}、Mg^{2+} 总量时，采用铬黑 T 较好。Al^{3+}、Fe^{3+}、Co^{2+}、Ni^{2+}、Cu^{2+}、Ti^{4+} 对指示剂有封闭作用。铬黑 T 在水溶液中不稳定，很易聚合而变质，可加入三乙醇胺防止聚合。在空气中易被氧化，可加入少量盐酸羟胺防止氧化。为防止变质，有时也采用铬黑 T 与干燥的纯氯化钠混合，配成固体混合物使用（按 1＋100 混合）滴定时，将约 0.1g 指示剂直接加入溶液中。

2. 钙指示剂（NN）

钙指示剂为紫黑色粉末，化学名称为 2-羟基-1-(2-羟基-4-磺酸基-1-萘偶氮)-3-萘甲酸，其结构式为

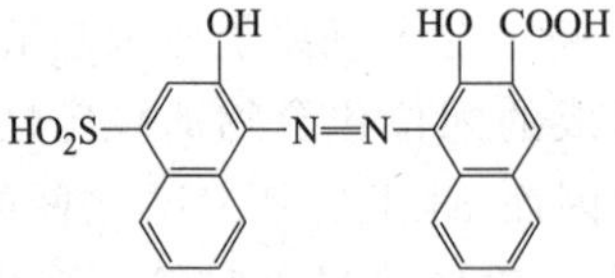

钙指示剂是二元弱酸，在不同 pH 值时，其颜色不同，在水中平衡如下。

$$H_2In^- \xrightleftharpoons{pK_1=7.4} HIn^{2-} \xrightleftharpoons{pK_2=13.5} In^{3-}$$

pH<7.3（酒红色）　　pH8～13（蓝色）　　pH>13.5（酒红色）

钙指示剂在 pH12～14 时，与 Ca^{2+} 作用呈红色化合物。可用于 Ca^{2+}、Mg^{2+} 共有时测定 Ca^{2+}（终点颜色是由红色变为蓝色）。先调 pH＝12 使 $Mg(OH)_2$ 沉淀后，再加入钙指示剂，这样可以减少沉淀对指示剂的吸附，在有少量 Mg^{2+} 时，终点颜色变化非常敏锐。

Fe^{3+}、Al^{3+}、Ti^{4+}、Cu^{2+}、Co^{2+}、Ni^{2+}、Mn^{2+} 等离子对钙指示剂有封闭作用。Ti^{4+}、Al^{3+} 和少量 Fe^{3+}，可用三乙醇胺掩蔽。Cu^{2+}、Ni^{2+}、Co^{2+} 等离子可用 KCN 掩蔽。

钙指示剂在水和酒精溶液中均不稳定，常用干燥的 NaCl、KNO_3 或 K_2SO_4，以（1＋100）或（1＋200）配成固体指示剂，但混合后的指示剂也会逐渐氧化，最好是在使用时新配。

3. 二甲酚橙（简称 XO）

二甲酚橙是紫色结晶，易溶于水，化学名称为3,3′-双［N,N'-(二羟甲基）氨甲基]-邻甲酚磺酞。其结构式为

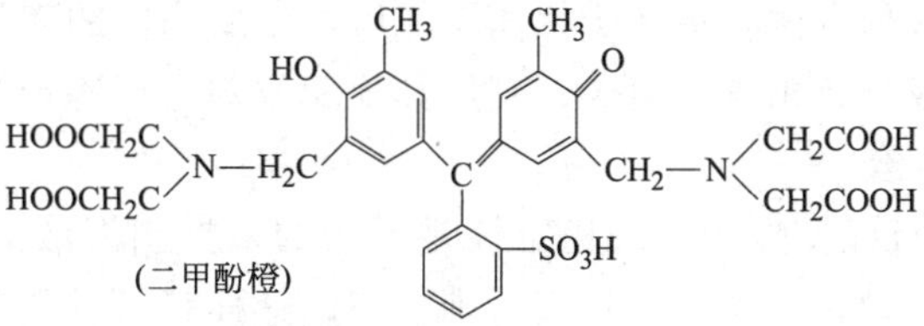

(二甲酚橙)

二甲酚橙在水溶液中，有如下平衡。

$$H_3In^{4-} \underset{}{\overset{pK=6.3}{\rightleftharpoons}} H_2In^{5-} + H^+$$

pH<6.3（黄色）　　pH>6.3（红色）

二甲酚橙和金属离子所形成的配合物都是红紫色，因此只能在pH<6.3的酸性溶液中使用，终点由红紫色变为亮黄色。

很多金属离子可用二甲酚橙作指示剂直接滴定，如Zr^{4+}（pH<1）、Bi^{3+}（pH1～2）、Th^{4+}（pH2.5～3.5）、Sc^{3+}（pH3～5）、Pb^{2+}、Zn^{2+}、Cd^{2+}、Hg^{2+}、Ti^{3+}等离子和稀土元素的离子（pH5～6）都可直接滴定。Fe^{3+}、Al^{3+}、Ni^{2+}和Cu^{2+}等离子也可以加入过量EDTA后，用Zn^{2+}溶液回滴。

Fe^{3+}、Al^{3+}、Ni^{2+}和Ti^{4+}等离子对二甲酚橙有封闭作用。Fe^{3+}和Ti^{4+}可用抗坏血酸还原，Al^{3+}可用氟化物掩蔽，Ni^{2+}可用邻菲啰啉掩蔽，乙酰丙酮可掩蔽Th^{4+}、Al^{3+}。

二甲酚橙一般配成0.5%水溶液，可保存2～3周。

4. PAN

PAN是橙红色针状结晶，难溶于水，溶于有机溶剂（如乙醇中），化学名称1-(2-吡啶偶氮-2-萘酚)。其结构式为

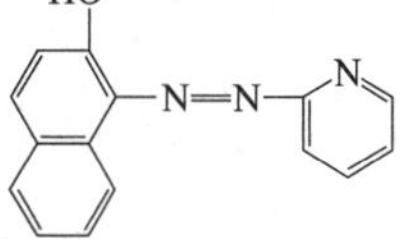

PAN在溶液中存在下述平衡

$$H_2In^+ \overset{pK=1.9}{\rightleftharpoons} HIn \overset{pK=12.2}{\rightleftharpoons} In^-$$

pH<1.9　　pH1.9～12.2　　pH>12.2

（黄绿色）　　（黄色）　　（红色）

PAN与金属离子Cu^{2+}、Bi^{3+}、Cd^{2+}、Hg^{2+}、Pb^{2+}、Zn^{2+}、Sn^{2+}、In^{3+}、Fe^{2+}、Mn^{2+}、Ni^{2+}、Re^{3+}、Th^{4+}等形成红色螯合物。PAN可以在pH1.9～12.2范围内使用，终点由红色变黄色。由于这些配合物溶解度很小，滴定时，易形成胶体溶液或沉淀致使终点变色缓慢，可采用加热或加入乙醇来加速变色。PAN常配成0.1%乙醇溶液使用。

第五节　提高配位滴定选择性的方法

由于EDTA能和许多金属离子形成配位化合物。而在被测溶液中，往往可能存在几种金属离子，这样在滴定时，就可能相互干扰。判断哪些离子有干扰，采取什么样的方法

消除干扰借以提高配位滴定的选择性，是配位滴定中的重要问题。主要途径是设法降低干扰离子的浓度或降低干扰离子与溶液的酸度，在干扰离子和 EDTA 不配位化合的酸度下滴定，利用掩蔽和解蔽的方法，掩蔽干扰离子或解蔽出要滴定的离子，进行个别滴定；沉淀分离去掉干扰离子或分离出被测离子；利用其他配位剂进行滴定等。

一、控制溶液的酸度

不同金属离子与 EDTA 配合物的稳定性是不同的，控制溶液的酸度，使某一种被测离子能形成稳定的配合物，而其他干扰离子则不能，这样就可以在避免干扰的情况下进行滴定。干扰离子对被测离子的干扰情况，如果不考虑水解混合配合效应时，与两者的条件稳定常数 $K'_{稳}$ 和初始浓度有关。设被测金属离子 M 浓度为 c_M，干扰离子 N 浓度为 c_N，测定要求误差不大于 0.1%时，要使 N 离子不干扰 M 离子的滴定，则要求

$$\frac{c_M K'_{MY}}{c_N K'_{NY}} \geqslant 10^5 \qquad (6\text{-}10)$$

或

$$\lg c_M K'_{MY} + \lg c_N K'_{NY} \geqslant 5 \qquad (6\text{-}11)$$

在混合离子溶液中，滴定 M 离子的同时，要求共存离子 N 不干扰，除了必须满足式(6-9) 外，若只考虑酸效应，还必须满足式(6-11) 的要求。

【例 6-3】 混合试样中，被测 Fe^{3+} 浓度为 0.01mol/L，若试样中有相同浓度的 Al^{3+} 时，试问 Al^{3+} 是否干扰 Fe^{3+} 的滴定？滴定 Fe^{3+} 的酸度范围是多少？

解： 由式(6-11) 得　$\lg c_M K'_{MY} - \lg c_N K'_{NY} \geqslant 5$

在没有水解、混合配合效应时，则

$$\frac{K'_{MY}}{K'_{NY}} = \frac{K_{MY}}{K_{NY}}$$

即条件稳定常数之比等于稳定常数之比。

$$\lg \frac{c_M \cdot K_{MY}}{c_N \cdot K_{NY}} \geqslant 5$$

将 $C_{Fe^{3+}}$、$C_{Al^{3+}}$ 代入式(6-12) 得

$$\lg 0.01 + 25.1 - \lg 0.01 + 16.3 = 8.8 > 5$$

故可以通过控制一定酸度滴定 Fe^{3+}，而 Al^{3+} 不干扰。

由图 6-3 EDTA 酸效应曲线查得，测 Fe^{3+} 时允许的最低 pH=1.0，这是测 Fe^{3+} 时的 pH 值下限。两种离子浓度相同时，满足 $\lg K_{MY} - \lg K_{NY} \geqslant 5$ 时，可以单独测定 M 离子。因此，将 $\lg K_{NY}+5$ 之值在酸度曲线上查得 pH 值，即为 N 离子开始干扰的最低 pH 值，即上例中查酸效应曲线 pH=2.2。在pH=2.2时，Al^{3+} 开始干扰，故在 Al^{3+} 同时存在下，测 Fe^{3+} 时的酸度范围应为 pH1.9～2.2。在此酸度范围能得到 FeY^- 稳定化合物，Fe^{3+} 不水解，同时，Al^{3+} 也不产生干扰。

二、掩蔽和解蔽的方法

1. 掩蔽的方法

为了提高配位滴定的选择性，或避免干扰离子对金属指示剂的封闭作用，可以在试样中预先加入掩蔽剂，来降低干扰离子的浓度，使其不与 EDTA 或指示剂配合，常用的掩蔽方法有配位掩蔽法、氧化还原掩蔽法和沉淀掩蔽法等。

(1) 配位掩蔽法

在试样中加入某种配合剂使其和干扰离子形成稳定的配合物，而不影响被测离子的滴

定，这种方法称配位掩蔽法，此法在分析化学中应用广泛。配位掩蔽法的要求如下。

1）干扰离子与掩蔽剂形成的配位化合物要比干扰离子与EDTA形成的配位化合物稳定，才能有效地消除干扰离子的影响。

2）干扰离子与掩蔽剂形成的配位化合物应是无色或浅色的，否则将会影响终点的观察。

3）掩蔽剂不与被测离子配合，即使配合其稳定性应大大地小于被测离子和EDTA形成的配位化合物的稳定性不影响EDTA与被测离子的配合。

4）掩蔽剂和干扰离子形成稳定配位化合物所要求的pH值范围，应该符合滴定测定所要求的pH值范围。例如，用EDTA滴定水中的Ca^{2+}、Mg^{2+}时，Fe^{3+}、Al^{3+}有干扰。若加入三乙醇胺，使它与Fe^{3+}、Al^{3+}生成稳定的配位化合物，则Fe^{3+}、Al^{3+}被三乙醇胺所掩蔽而不发生干扰。

（2）氧化还原掩蔽法

利用氧化还原反应改变干扰离子的价态，以消除其干扰的方法称为氧化还原掩蔽法。

例如，在滴定Bi^{3+}时，若溶液中有Fe^{3+}存在，由于FeY^-和BiY^-稳定常数相近（$\lg K_{稳FeY^-}=25.1$，$\lg K_{稳BiY^-}=29.94$），因此，滴定时Fe^{3+}有干扰。若加入抗坏血酸或盐酸羟胺，将Fe^{3+}还原成Fe^{2+}（$\lg K_{稳FeY^{2-}}=14.32$）时，FeY^{2-}和BiY^-稳定常数相差较大，因此在pH=1左右稳定，Fe^{2+}不发生干扰，从而除去Fe^{3+}的干扰。

有的氧化还原掩蔽剂，既有还原性又有配合性能。如$Na_2S_2O_3$既能将Cu^{2+}还原为Cu^+，同时又能与Cu^+配合，达到掩蔽Cu^{2+}的目的，其反应为

$$2Cu^{2+}+2S_2O_3^{2-} = 2Cu^+ + S_4O_6^{2-}$$

$$Cu^+ + 2S_2O_3^{2-} = Cu(S_2O_3)_2^{3-}$$

除此外，有时也可将低价金属离子氧化成高价，从而消除干扰。例如，将Cr^{3+}氧化为$Cr_2O_7^{2-}$，VO^{2+}氧化为VO_3^-来消除其干扰。

（3）沉淀掩蔽法

利用沉淀反应使干扰离子生成沉淀以消除干扰，而不用分离就可直接滴定被测离子，这种方法称为沉淀掩蔽法。例如在滴定Ca^{2+}时，如溶液中有Mg^{2+}，可采用pH=12时，由于生成$Mg(OH)_2$沉淀而除去干扰，此时氢氧化物是沉淀掩蔽剂。

沉淀掩蔽法的沉淀反应必须是所生成沉淀的溶解度小，才能有效地除去干扰离子而起到掩蔽作用；同时生成的沉淀应是无色或浅色致密的，最好是晶型沉淀，其吸附作用很小，否则将影响滴定终点观察和测定的准确性。由于这些原因，在实际应用上，沉淀掩蔽法受到很大的局限性。

利用解蔽剂将已被配合的金属离子释放出来的方法，称为解蔽。例如铜合金中Pb^{2+}、Zn^{2+}的测定。在氨性溶液中，用KCN掩蔽Cu^{2+}、Zn^{2+}生成$[Cu(CN)_2]^-$、$[Zn(CH)_4]^{2-}$，Pb^{2+}不被掩蔽，可在pH=10时，以铬黑T作指示剂，用EDTA滴定Pb^{2+}，然后加入甲醛或三氯乙醛作解蔽剂，以破坏配位离子$[Zn(CN)_4]^{2-}$，释放出的Zn^{2+}继续用EDTA滴定。

$$[Zn(CN)_4]^{2-}+4HCHO+4H_2O \rightleftharpoons Zn^{2+}+4H_2\underset{\substack{|\\ OH}}{C}-CN+4OH^-$$

（羟基乙腈）

$[Cu(CN)_2]^-$比较稳定，不易被甲醛解蔽。实际应用时，应注意控制甲醛的用量，分次逐渐加入。溶液温度不能过高，否则会使$[Cu(CN)_2]^-$部分被解蔽，使Zn^{2+}的测定结果偏高。

2．配位滴定中常用的掩蔽剂

在配位滴定中，常用的掩蔽剂有氰化物、氟化物、三乙醇氨等。其使用pH值范围和被掩蔽的离子，列于表6-4，表6-5。

表6-4 常用的掩蔽剂

名称	pH值范围	被掩蔽的离子	备注
KCN	pH>8	Co^{2+}、Ni^{2+}、Cu^{2+}、Zn^{2+}、Hg^{2+}、Cd^{2+}、Ag^{+}、Tl^{+}及铂族元素	
NH_4F	pH4～6	Al^{3+}、Ti^{IV}、Sn^{4+}、Zr^{4+}、W^{VI}等	用NH_4F比NaF好，优点是加入后溶液pH值变化不大
	pH=10	Al^{3+}、Mg^{2+}、Ca^{2+}、Sr^{2+}、Ba^{2+}及稀土元素	
三乙醇胺(TEA)	pH=10	Al^{3+}、Sn^{4+}、Ti^{IV}、Fe^{3+}	与KCN并用，可提高掩蔽效果
	pH11～12	Fe^{3+}、Al^{3+}及少量Mn^{2+}	
二巯基丙醇	pH=10	Hg^{2+}、Cd^{2+}、Zn^{2+}、Bi^{3+}、Pb^{2+}、Ag^{+}、As^{3+}、Sn^{4+}及少量Cu^{2+}、Co^{2+}、Ni^{2+}、Fe^{3+}	
铜试剂(DDTC)	pH=10	能与Cu^{2+}、Hg^{2+}、Pb^{2+}、Cd^{2+}、Bi^{3+}生成沉淀，其中Cu-DDTC为褐色，Bi-DDTC为黄色，故其存在量应分别小于2mg和10mg	
酒石酸	pH=1.2	Sb^{3+}、Sn^{4+}、Fe^{3+}及5mg以下的Cu^{2+}	在抗坏血酸存在下
	pH=2	Fe^{3+}、Sn^{4+}、Mn^{2+}	
	pH=5.5	Fe^{3+}、Al^{3+}、Sn^{4+}、Ca^{2+}	
	pH6～7.5	Mg^{2+}、Cu^{2+}、Fe^{3+}、Al^{3+}、Mo^{4+}、Sb^{3+}、W^{VI}	
	pH=10	Al^{3+}、Sn^{4+}	

表6-5 配位滴定中应用的沉淀掩蔽剂

名称	被掩蔽的离子	被测定的离子	pH值范围	指示剂
NH_4F	Ca^{2+}、Sr^{2+}、Ba^{2+}、Mg^{2+}、Ti^{4+}、稀土Al^{3+}	Zn^{2+}、Cd^{2+}、Mn^{2+}（有还原剂存在下）	10	铬黑T
NH_4F	同上	Cu^{2+}、Ni^{2+}、Co^{2+}	10	紫脲酸胺
K_2CrO_4	Ba^{2+}	Sr^{2+}	10	Mg-EDTA 铬黑T
Na_2S或铜试剂	微量重金属	Ca^{2+}、Mg^{2+}	10	铬黑T
H_2SO_4	Pb^{2+}	Bi^{3+}	1	二甲酚橙
$K_4[Fe(CN)_6]$	微量Zn^{2+}	Pb^{2+}	5～6	二甲酚橙

在使用掩蔽剂时，要注意掩蔽剂的性质。如KCN是剧毒物，只能在碱性溶液中使用，若加到酸性溶液中，会产生剧毒的HCN气体逸出，不但污染空气，对人体也有严重危害，滴定后的废液也应处理后才能弃去。另外，掩蔽剂的用量一般应稍过量，使干扰离子能被完全掩蔽。但不能过量太多，否则被测离子也可能部分被掩蔽而引起误差。

配位滴定中，如果利用酸效应分别滴定或掩蔽干扰离子都有困难时，就只能进行分离。例如，磷矿石一般含有 Fe^{3+}、Al^{3+}、Ca^{2+}、Mg^{2+}、PO_4^{3-} 及 F^- 等离子，其中 F^- 的干扰最严重。它能与 Al^{3+} 生成稳定的配位化合物，在酸度小时，又能与 Ca^{2+} 生成 CaF_2 沉淀，因此在滴定前必须首先酸化试样，加热使 F^- 成 HF 挥发而除去。滴定中有时也采用沉淀分离，但应注意在沉淀过程中待测离子的损失，不允许先沉淀分离大量的干扰离子后，再测定少量离子。

配位滴定中，除 EDTA 外，还可采用其他一些配位剂。如 EDTA 的 Ca^{2+}、Mg^{2+} 配合物稳定性相差不大；而 EGTA 与 Ca^{2+}、Mg^{2+} 的配合物稳定性相差较大，故 Ca^{2+}、Mg^{2+} 共有时，可用 EGTA 直接滴定 Ca^{2+}。

第六节　配位滴定中的标准溶液

一、0.1mol/L 锌标准滴定溶液的配制

采用基准金属锌、氧化锌和硫酸锌均可直接配制而得。

1. 金属锌

准确称取纯金属锌 6.5380g（精确至 0.0001g），置于 250mL 烧杯中，加 1+1HCl 溶液 10mL，必要时加热使金属锌完全溶解，转移至 1000mL 容量瓶中用水稀释至刻度，摇匀待用。

2. 氧化锌

准确称取基准氧化锌 8.1380g（精确至 0.0001g），溶于 250mL 水和 10mL 盐酸中，移入 1000mL 容量瓶中稀释至刻度，摇匀。

3. 硫酸锌

准确称取 2.8～2.9g 基准物质硫酸锌 $ZnSO_4 \cdot 7H_2O$（精确至 0.1mg），溶于水中，移入 100mL 容量瓶中，稀释至刻度，摇匀。计算锌标准滴定溶液的物质的量浓度，mol/L

$$c(\mathrm{ZnO})=\frac{m}{MV_{稀}}\times 1000$$

式中　m——称取基准物质的质量，g；

M——所用基准物的摩尔质量，g/mol；

$V_{稀}$——容量瓶的体积，mL。

二、EDTA 标准溶液的配制和标定

1. EDTA 标准溶液的配制

一般市售乙二胺四乙酸二钠盐含二个结晶水（$Na_2H_2Y \cdot 2H_2O$ 相对分子质量为 372.2），并含有 0.3%左右湿存水，因此配制后必须进行标定。

0.1mol/L EDTA 标准溶液的配制，称取 38g 乙二胺四乙酸二钠盐，溶于 1000mL 二次蒸馏水或去离子水中。

一般在配制 0.02mol/L 或更稀的标准溶液时，应于临用前将浓度较高的标准溶液稀释后即用或直接标定。

2. EDTA 溶液的标定

标定 EDTA 溶液的基准物可采用 Zn、ZnO、$ZnSO_4 \cdot 2H_2O$ 等，指示剂可选用铬黑

T、二甲酚橙等，反应为

$$Zn^{2+} + H_2Y^{2-} \longrightarrow ZnY^{2-} + 2H^+$$

3. 计算

计算 EDTA 标准滴定溶液的物质的量浓度

$$c(\text{EDTA}) = \frac{m \times 1000}{V \times M(\text{ZnO})}$$

式中　m——ZnO 的质量，g；

V——EDTA 溶液的用量，mL；

M（ZnO）——基准氧化锌的摩尔质量，81.38g/mol。

第七节　应用实例

一、水的硬度测定

水的硬度是指水中除碱金属外的全部金属离子浓度的总和（主要是指钙、镁离子），它们是以酸式碳酸盐、碳酸盐、硫酸盐、硝酸盐及氯化物等形式存在。工业上将含有以上可溶性盐类较多的水称为硬水，反之称为软水，其含量的多少用硬度表示。

水的硬度分为总硬、钙硬和镁硬。钙硬是指水中的钙盐含量，镁硬是指水中镁盐含量。总硬则是钙硬与镁硬之和，单位为 mg/L。

1. 总硬度的测定

(1) 测定原理

在 pH=10 条件下，以铬黑 T 为指示剂，水中 Mg^{2+}、Ca^{2+} 和指示剂形成酒红色配合物，用 EDTA 标准溶液直接滴定，终点时溶液呈现指示剂游离态的纯蓝色。

滴定前　$Mg^{2+} + HIn^{2-} \longrightarrow MgIn^- + H^+$

滴定反应　$Ca^{2+} + H_2Y^{2-} \longrightarrow CaY^{2-} + 2H^+$

$Mg^{2+} + H_2Y^{2-} \longrightarrow MgY^{2-} + 2H^+$

终点时　$\underset{\text{(酒红色)}}{MgIn^-} + H_2Y^{2-} \longrightarrow \underset{\text{(无色)}}{MgY^{2-}} + \underset{\text{(纯蓝色)}}{HIn^{2-}} + H^+$

由 EDTA 标准溶液的用量可计算总硬度。

(2) 计算

$$\text{总硬度} = \frac{(cV)(\text{EDTA}) \times M(\text{CaO})}{V_{\text{水样}}} \times 10^6 \text{ (mg/L)}$$

式中　$(cV)(\text{EDTA})$——EDTA 标准滴定溶液物质的量，mol；

$V_{\text{水样}}$——水样的体积，mL；

$M(\text{CaO})$——CaO 摩尔质量，g/mol（56.08）。

2. 钙硬的测定

(1) 测定原理

在 pH=12 时，使 Mg^{2+} 成为 Mg $(OH)_2$ 沉淀而掩蔽，在钙指示剂存在下，用 EDTA 标准溶液直接滴定水中 Ca^{2+}。

滴定前　$Ca^{2+} + H_2In^{2-} \longrightarrow \underset{\text{(红色)}}{CaIn^{2-}} + 2H^+$

滴定反应　$Ca^{2+} + H_2Y^{2-} \longrightarrow CaY^{2-} + 2H^+$

终点时　$\underset{(红色)}{CaIn^{2-}} + H_2Y^{2-} \longrightarrow CaY^{2-} + \underset{(蓝色)}{H_2In^{2-}}$

由 EDTA 标准溶液用量计算钙硬。

(2) 计算

$$钙硬 = \frac{(cV)(EDTA) \times M(Ca)}{V_{水样}} \times 10^6 \ (mg/L)$$

$$镁硬 = 总硬度 - 钙硬 \ (mg/L)$$

式中　$V_{水样}$——水样的体积，mL；

$(cV)(EDTA)$——EDTA 标准滴定溶液物质的量，mol；

$M(Ca)$——Ca 的摩尔质量，g/mol (40.08)。

二、铝盐中铝含量的测定

1. 测定原理

Al^{3+} 的测定采用置换滴定。在铝盐溶液中，当 pH3～4 时，加入过量的 EDTA 标准溶液，煮沸使之完全配合，剩余的 EDTA 用锌标准溶液滴定（不计体积），然后，加过量的 NH_4F，加热煮沸，使 AlY^- 与 F^- 反应，置换出和 Al^{3+} 等量的 EDTA，用二甲酚橙为指示剂，再用锌标准溶液滴定至溶液由黄色转变为紫红色即为终点，反应为

$$Al^{3+} + H_2Y^{2-} \longrightarrow AlY^- + 2H^+$$

$$AlY^- + 6F^- + 2H^+ \longrightarrow AlF_6^{3-} + H_2Y^{2-}$$

$$H_2Y^{2-} + Zn^{2+} \longrightarrow ZnY^{2-} + 2H^+$$

由锌标准滴定溶液的体积可计算铝的含量。

2. 计算

$$w(Al) = \frac{c(Zn) \times V \times \frac{M(Al)}{1000}}{m_{样}} \times 100\%$$

式中　$c(Zn)$——锌盐标准滴定溶液的物质的量浓度，mol/L；

V——锌盐标准滴定溶液的体积，mL；

$m_{样}$——样品质量，g；

$M(Al)$——铝的摩尔质量，g/mol。

复　习　题

1. 金属离子和 EDTA 的配位化合物在结构上有什么特点？为何 EDTA 标准滴定溶液的浓度通常用物质的量浓度来表示？

2. 配位化合物的稳定性有多种表示形式，如 $K_{稳}$、$K'_{稳}$、$\lg K_{稳}$、$\lg K'_{稳}$ 等，为什么计算中用条件稳定常数较好？

3. 配位滴定过程中，影响滴定曲线突跃范围大小的主要因素是什么？

4. 如何提高配位滴定的选择性，举例说明。

5. 金属指示剂必须符合哪些条件？试举例说明指示剂的“封闭”、“僵化”现象以及产生原因和避免的方法。

6. 掩蔽的方法有哪些？配合掩蔽剂和沉淀掩蔽剂各应具备什么条件？为防止干扰，是否在任何情况下都应用掩蔽方法？

7. 在 pH＝5 时，能否用 EDTA 滴定 Mg^{2+}？在 pH＝10 时是否可以？

练　习　题

1. 称取纯 $CaCO_3$ 0.5405g，用 HCl 溶解后，在容量瓶中配成 250mL，吸取此溶液 25.00mL，用紫脲酸铵作指示剂，用去 20.50mL EDTA，计算 EDTA 物质的量浓度。

2. $\lg K_{Y^{2-}}=18.5$，$\lg K_{AgY^{3-}}=7.2$，有一溶液中含有若干钯和银，可否用 EDTA 滴定钯？滴定的允许最高浓度是多少？滴定钯后，可否继续用 EDTA 在氨缓冲溶液中滴定银？

3. 吸取水样 100mL，用 0.0100mol/L EDTA 溶液测硬度，用去 24.1mL，计算水的硬度。

4. 称取含磷样品 0.1002g，配制成溶液，并把磷沉淀为 $MgNH_4PO_4$，将沉淀过滤洗涤后再溶解，然后用 0.01000mol/L EDTA 标准滴定溶液滴定，共消耗 20.00mL，问该样品中 P_2O_5 的质量分数是多少？

5. 在 50mL 钙盐溶液中，加入标准镁盐溶液 5.00mL，其浓度为 0.0100mol/L，在滴定时消耗 0.0100mol/L EDTA 溶液 25.00mL，求 1L 钙盐溶液中有多少克氧化钙？

6. 配位滴定法测定氯化锌（$ZnCl_2$）的含量，称取 0.2500g 试样，溶于水后，在 pH＝5～6 时，用 0.02500mol/L EDTA 标准滴定溶液滴定用去 17.61mL，计算试样中，$ZnCl_2$ 的质量分数。

7. 称取 0.5000g 煤试样，灼烧使其中硫完全氧化成为 SO_4^{2-}。处理成溶液，除去重金属离子后，加入 0.05000mol/L $BaCl_2$ 溶液 20.00mL，使之生成 $BaSO_4$ 沉淀。过量的 Ba^{2+}，用 0.02500mol/L EDTA 标准滴定溶液滴定用去 20.00mL，计算煤中硫的质量分数。

第七章　沉淀滴定法

以沉淀反应为基础的滴定分析方法称为沉淀滴定法。符合下列条件的沉淀反应才能用于沉淀滴定分析。

1）沉淀反应必须按一定反应式定量进行。

2）生成的沉淀必须纯净。这就要求沉淀的溶解度小，副反应少，共沉淀少。

3）反应速率快。

4）能够选择适当的指示剂或其他方法来指示等量点。

能形成沉淀的反应很多，但符合上述条件的却不多。目前应用较广的是生成难溶银盐的反应

$$Ag^+ + Cl^- = AgCl\downarrow$$

$$Ag^+ + CNS^- = AgCNS\downarrow$$

分析化学中，将生成难溶银盐为基础的一类滴定分析方法，称为“银盐法”。用银盐法可以测定 Cl^-、Br^-、I^-、CNS^-、CN^-、Ag^+ 及含卤素的有机化合物（666、滴滴涕）。其次，还有利用形成难溶汞盐（如生成 $HgCl_2$、Hg_2I_2、HgI_2 等）的汞量法，形成难溶亚铁氰化物，如 $K_2Zn_3[Fe(CN)_6]_2$ 的黄血盐法，形成难溶硫酸盐，如 $BaSO_4$ 的硫酸盐法和钡盐法等。

本章着重讨论银量法，按其滴定方式不同可分为直接法和间接法。按其确定终点方法的不同，可分为莫尔法、佛尔哈德法及法扬司法。

第一节　沉淀滴定的原理

一、溶度积原理

在一定温度下，难溶化合物在其饱和溶液中，各离子的物质的量浓度的乘积是一个常数值，称为溶度积常数，简称溶度积。用 K_{sp} 表示，K_{sp} 数值的大小与物质的溶解度和温度有关，它反映了难溶化合物的溶解能力。沉淀滴定中，常用难溶化合物的溶度积见表 7-1 所示。

表 7-1　几种常用难溶化合物的溶度积（18～25℃）

难溶化合物	K_{sp}	难溶化合物	K_{sp}
AgI	9.3×10^{-17}	AgCN	1.2×10^{-16}
AgBr	5.0×10^{-13}	AgOH	2.0×10^{-8}
AgCl	1.8×10^{-10}	AgCNS	1.0×10^{-12}
Ag_2CrO_4	2.0×10^{-12}		

二、溶度积的应用

1. 利用溶度积求难溶物质的溶解度

【例 7-1】 已知 25℃时，AgCl 的 $K_{sp}=1.8\times10^{-10}$，求 AgCl 的溶解度。

解： 由离解平衡得 $K_{sp(AgCl)}=[Ag^+][Cl^-]$，在纯 AgCl 饱和溶液中，$[Ag^+]=[Cl^-]$，则

$$[Ag^+]=\sqrt{K_{sp(AgCl)}}=\sqrt{1.8\times10^{-10}}=1.34\times10^{-5}\ (mol/L)$$

由物质的量浓度换算成质量浓度。

$$1.34\times10^{-5}\times143.3=1.9\times10^{-3}\ (g/L)$$

【例 7-2】 铬酸银（Ag_2CrO_4）在 25℃时溶解度为 8.0×10^{-5}mol/L，试计算它的溶度积 $K_{sp(Ag_2CrO_4)}$。

解： $Ag_2CrO_4 \rightleftharpoons 2Ag^+ + CrO_4^{2-}$

从离解式得 $[Ag^+]=2[CrO_4^{2-}]=2\times8.0\times10^{-5}\ (mol/L)$

$[CrO_4^{3}]=8.0\times10^{-5}\ (mol/L)$

$$K_{sp}=[Ag^+]^2[CrO_4^{2-}]=(2\times8.0\times10^{-5})^2\times(8.0\times10^{-5})=2.0\times10^{-12}$$

2. 利用溶度积判断沉淀的生成和溶解

任一难溶化合物在水溶液中有如下的离解过程。

$$A_mB_n \rightleftharpoons mA^{n+} + nB^{m-}$$

在一定温度下，当溶液中各离子物质的量浓度的积等于该温度下的溶度积时，即

$$[A^{n+}]^m\cdot[B^{m-}]^n=K_{sp(A_mB_n)} \quad (7\text{-}1)$$

此溶液为饱和溶液，溶解和沉淀的速度相等。

当溶液中各离子物质的量浓度之积大于该温度下的溶度积时，即

$$[A^{n+}]^m\cdot[B^{m-}]^n>K_{sp(A_mB_n)} \quad (7\text{-}2)$$

此溶液为过饱和溶液，将有沉淀生成，溶液中离子浓度相应下降，直到离子物质的量浓度之积等于溶度积为止。

当溶液中各离子物质的量浓度之积小于该温度下的溶度积时，即

$$[A^{n+}]^m\cdot[B^{m-}]^n<K_{sp(A_mB_n)} \quad (7\text{-}3)$$

此溶液为未饱和溶液，若有固体存在（或加入固体），将进行溶解过程。溶液中离子浓度增加，直到达到离子物质的量浓度之积等于溶度积为止。

可根据式(7-1)、式(7-2)、式(7-3) 计算难溶化合物在溶液中的溶解度和离子物质的量浓度，可以判断沉淀的生成和溶解。

【例 7-3】 试计算 0.05mol/L $Pb(NO_2)_2$ 溶液与 0.5mol/L H_2SO_4 溶液等体积混合后，是否有沉淀生成？

解： $Pb(NO_2)_2+H_2SO_4 = PbSO_4\downarrow+2HNO_3$

0.05mol/L　0.5mol/L

查表知　$K_{sp(PbSO_4)}=1.6\times10^{-8}$

当两溶液等体积混合时，浓度发生变化。

$$[Pb^{2+}]=\frac{0.05}{2}=0.025\ (mol/L)$$

$$[SO_4^{2-}]=\frac{0.5}{2}=0.25\ (mol/L)$$

$$[Pb^{2+}][SO_4^{2-}]=0.025\times0.25=6.3\times10^{-3}$$

离子物质的量浓度之积大于溶度积，有 $PbSO_4$ 沉淀生成。

【例 7-4】 在 0.10mol/L 的 Cl^- 溶液中加入 Ag^+，求开始沉淀时 Ag^+ 的物质的量浓度。

解： 已知 $K_{sp(AgCl)}=1.8\times10^{-10}$

则 $$[Ag^+]=\frac{K_{sp(AgCl)}}{[Cl^-]}=\frac{1.8\times10^{-10}}{0.1}=1.8\times10^{-9}\ (mol/L)$$

3. 判别沉淀分步进行的次序

在溶液中同时存在几种离子时，若加入一种沉淀剂，哪种离子先沉淀呢？显然，离子物质的量浓度之积首先达到溶度积的先沉淀。这种先后沉淀现象称为分级沉淀，例如在 Cl^- 和 CrO_4^{2-} 溶液中两种离子物质的量浓度均为 0.10mol/L，若加入 $AgNO_3$ 溶液，哪种离子先沉淀呢？$AgNO_3$ 和 Cl^-、CrO_4^{2-} 可能发生如下沉淀反应，沉淀的溶度积分别为

$$Ag^+ + Cl^- \rightleftharpoons AgCl\downarrow \qquad K_{sp(AgCl)}=1.8\times10^{-10}$$

$$2Ag^+ + CrO_4^{2-} \rightleftharpoons Ag_2CrO_4\downarrow \qquad K_{sp(Ag_2CrO_4)}=2.0\times10^{-12}$$

当加入 Ag^+ 达到溶度积时，沉淀开始生成，此时的 $[Ag^+]$ 分别为

$$[Ag^+]=\frac{K_{sp(AgCl)}}{[Cl^-]}=\frac{1.8\times10^{-10}}{0.1}=1.8\times10^{-9}\ (mol/L)$$

$$[Ag^+]=\sqrt{\frac{K_{sp(Ag_2CrO_4)}}{[CrO_4^{2-}]}}=\sqrt{\frac{2.0\times10^{-12}}{0.1}}=4.5\times10^{-4}\ (mol/L)$$

可以看出，AgCl 开始沉淀比 $AgCrO_4$ 开始沉淀时所需的 $[Ag^+]$ 小得多，即 AgCl 先达到溶度积，首先沉淀。

继续加入 $AgNO_3$ 溶液，当 $[Ag^+]$ 浓度达到 4.5×10^{-6} mol/L 时，CrO_4^{2-} 开始沉淀。此时 AgCl 和 Ag_2CrO_4 同时沉淀，溶液中 Cl^- 浓度则为

$$[Cl^-]=\frac{K_{sp(AgCl)}}{[Ag^+]}=\frac{1.8\times10^{-10}}{4.5\times10^{-4}}=4\times10^{-5}\ (mol/L)$$

即当 $AgCrO_4$ 开始沉淀时，Cl^- 已几乎沉淀完全了。分析化学中，一般在离子浓度低于 $10^{-4}\sim10^{-5}$ mol/L 时，可认为沉淀已经完全。

4. 判别沉淀的转化

一种难溶化合物在沉淀剂的作用下，转变成另一种更难溶的化合物的现象，称为沉淀的转化。

例如，在含有 AgCl 沉淀的溶液中，加入 NH_4CNS，AgCl 沉淀将转变成更难溶的 AgCNS 沉淀。这是因为 AgCl 饱和溶液中，Ag^+ 浓度为

$$[Ag^+]=\sqrt{K_{sp(AgCl)}}=1.3\times10^{-5}\ (mol/L)$$

而 AgCNS 的溶度积为 $K_{sp(AgCNS)}=1.0\times10^{-12}$，则开始沉淀时，$CNS^-$ 浓度为

$$[CNS^-]=\frac{K_{sp}}{[Ag^+]}=\frac{1.0\times10^{-12}}{1.3\times10^{-5}}=7.7\times10^{-8}\ (mol/L)$$

即当溶液中 $[CNS^-]$ 达到 7.7×10^{-4} mol/L 将有 AgCNS 沉淀析出，使溶液中 Ag^+

浓度降低，至 $[Ag^+]<1.3\times10^{-5}$mol/L。此时，AgCl 是未饱和的，因而 AgCl 沉淀溶解，而$[Ag^+]$ 增加。AgCNS 沉淀将不断地析出，其反应如下：

$$
\begin{array}{l}
AgCl\downarrow \rightleftharpoons Ag^+ + Cl^- \\
\qquad\qquad\qquad\quad + \\
NH_4CNS \longrightarrow CNS^- + NH_4^+ \\
\qquad\qquad\qquad\quad \Downarrow \\
\qquad\qquad\qquad\quad AgCNS\downarrow
\end{array}
$$

这样，由于 NH_4CNS 的加入，则使 AgCl 沉淀逐步转化成 AgCNS 沉淀。

第二节　沉淀滴定曲线

沉淀滴定中，被测离子浓度随沉淀滴定剂的加入而变化的曲线叫做沉淀滴定曲线。滴定曲线可根据溶度积原理计算而得。

现以 0.1000mol/L $AgNO_3$ 滴定 20.00mL 0.1000mol/L 的 NaCl 溶液为例。

（1）滴定前

$$[Cl^-]=0.1000\ (mol/L)$$

$$pCl=-\lg[Cl^-]=1$$

（2）滴定开始至等量点前

当加入 19.98mL $AgNO_3$ 溶液时

$$[Cl^-]=\frac{0.02\times0.1000}{20.00+19.98}=5.0\times10^{-5}\ (mol/L)$$

$$pCl=-\lg5.0\times10^{-5}=4.3$$

（3）等量点时

溶液中两种离子浓度应相等，离子物质的量浓度积应等于溶度积。

$$[Ag^+][Cl^-]=K_{sp(AgCl)}$$

$$[Cl^-]=\sqrt{1.8\times10^{-10}}=1.34\times10^{-5}\ (mol/L)$$

$$pCl=-\lg1.34\times10^{-5}=4.9$$

（4）等量点后

当加入 20.02mL 硝酸银时，由于 Ag^+ 过量，使溶液过饱和，则仍有 AgCl 沉淀析出，直到达到新的平衡。由 $[Ag^+]$ 可求出 $[Cl^-]$。

$$[Ag^+]=\frac{0.02\times0.1000}{20.00+20.02}=5.0\times10^{-5}\ (mol/L)$$

$$[Cl^-]=\frac{K_{sp(AgCl)}}{[Ag^+]}=\frac{1.8\times10^{-10}}{5.0\times10^{-5}}=3.6\times10^{-6}\ (mol/L)$$

$$pCl=-\lg3.6\times10^{-6}=5.4$$

将滴定数据列于表 7-2，并作滴定曲线，如图 7-1 所示。

从滴定曲线可得，0.1000mol/L $AgNO_3$ 溶液滴定0.1000mol/L NaCl溶液时，在等量点附近 pCl 值有一个突跃范围，其值为 4.3～5.4。

滴定突跃范围的大小与溶液浓度有关，也与反应生成的难溶化合物的溶解度有关，用 0.1000mol/L $AgNO_3$ 溶液滴定 0.1000mol/L NaCl 或 0.1000mol/L NaI 溶液，AgCl 的溶

表 7-2　0.1000mol/L $AgNO_3$ 溶液滴定 20.00mL 0.1000mol/L NaCl 时的 pCl

加入 $AgNO_3$ 溶液/mL	$[Cl^-]$	pCl
0	0.1000	1.0
18.00	5.0×10^{-3}	2.3
19.80	5.0×10^{-4}	3.3
19.98	5.0×10^{-5}	4.3 ⎫
20.20	1.34×10^{-5}	4.9 ⎬ 突跃范围
20.02	3.6×10^{-6}	5.4 ⎭
20.00	3.6×10^{-7}	6.4
40.00	5.4×10^{-9}	8.3

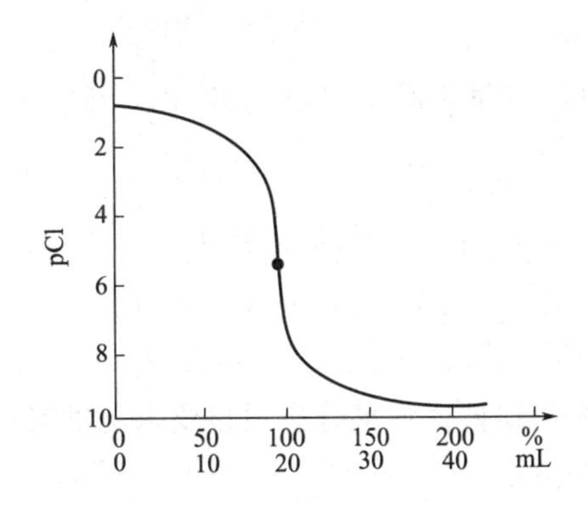

图 7-1　0.1000mol/L $AgNO_3$ 溶液滴定 20.00mL 0.1000mol/L NaCl 溶液的滴定曲线

解度为 1.34×10^{-5} mol/L，AgI 的溶解度为 9.6×10^{-9} mol/L，滴定突跃范围 pCl 值为 4.3～5.4，pI 值则为 4.3～11.7。上例说明，滴定反应生成难溶化合物的溶解度越小，滴定突跃范围越大，溶解度越大，滴定突跃范围越小。

第三节　银　量　法

一、莫尔法

1. 莫尔法的原理

用铬酸钾作指示剂的银量法称莫尔法。

用 $AgNO_3$ 标准滴定溶液直接滴定溶液中的 Cl^- 时，当 Cl^- 和 CrO_4^{2-} 同时存在时，AgCl 的溶解度比 Ag_2CrO_4 的小。在测定过程中，AgCl 首先沉淀，当滴定到等量点附近时，稍过量的 $AgNO_3$ 溶液便与 CrO_4^{2-} 生成砖红色的铬酸银沉淀，指示终点到达，其反应如下：

滴定反应　$Ag^+ + Cl^- \rightleftharpoons AgCl\downarrow$（白色）

终点指示反应　$2Ag^+ + CrO_4^{2-} \rightleftharpoons AgCrO_4\downarrow$（砖红色）

莫尔法可以直接滴定 Cl^-、Br^-、I^- 等卤化物。

2. 莫尔法的滴定条件

莫尔法在操作时，主要应控制指示剂用量和溶液的酸度。

(1) 指示剂用量

滴定反应达等量点时，溶液恰好为难溶化合物的饱和溶液，此时，$[Ag^+]$ 应为

$$[Ag^+]=\sqrt{K_{sp(AgCl)}}=\sqrt{1.8\times10^{-10}}=1.34\times10^{-5}\ (mol/L)$$

若此时刚好生成 Ag_2CrO_4 砖红色沉淀指示终点到达。则 $[CrO_4^{2-}]$ 应为

$$[Ag^+]^2[CrO_4^{2-}]>K_{sp(Ag_2CrO_4)}$$

$$[CrO_4^{2-}]>\frac{K_{sp(Ag_2CrO_4)}}{[Ag^+]^2}=\frac{2.0\times10^{-12}}{1.8\times10^{-10}}=0.01\ (mol/L)$$

由于 K_2CrO_4 溶液为黄色，浓度高了会影响终点的观察，一般实际用量为 5%的 K_2CrO_4 溶液 1mL，若终点时溶液总体积为 50mL，K_2CrO_4 的浓度为

$$c\left(\frac{1}{6}K_2CrO_4\right)=\frac{1\times\frac{1}{100}}{50\times194}\times1000=0.005\ (mol/L)\ =5\times10^{-3}\ (mol/L)$$

若滴定到终点时 $AgNO_3$ 过量 1 滴，约为 0.02mL，这时溶液中过量 Ag^+ 浓度为

$$[Ag^+]=\frac{0.02}{50.02}\times0.1000=4.0\times10^{-5}\ (mol/L)$$

此时溶液中 Ag_2CrO_4 的离子物质的量浓度积为

$$[Ag^+]^2[CrO_4^{2-}]=5.0\times10^{-3}\times(4.0\times10^{-5})^2=8.0\times10^{-12}$$

离子积大于溶度积 $[K_{sp(AgCrO_4)}=2.0\times10^{-12}]$，有 Ag_2CrO_4 沉淀生成，能够准确指示等量点，并不致引起很大的误差。如果分析项目要求更准确或滴定溶液浓度更低时，可采用作空白实验进行校正的方法。

(2) 溶液的酸度

铬酸是二元酸，其 $K_{a_2}=3.2\times10^{-7}$，酸性较弱，在酸性溶液中，CrO_4^{2-} 易与 H^+ 结合，形成难电离的 $HCrO_4^-$，因此 Ag_2CrO_4 易溶于酸中。

$$Ag_2CrO_4+H^+\rightleftharpoons 2Ag^++HCrO_4^-$$

如果在酸性溶液中滴定到等量点时，由于不生成砖红色的 Ag_2CrO_4 沉淀，使指示剂失去指示作用，将不能判断终点。莫尔法滴定不能在强碱性溶液中进行。因为在强碱性溶液中，Ag^+ 水解，并随即转变成灰黑色的 Ag_2O 沉淀析出，反应为

$$2Ag^++2OH^-=\!=\!=2AgOH\downarrow$$
$$\downarrow$$
$$Ag_2O\downarrow+H_2O$$

因此，莫尔法只能在中性或弱碱性溶液中进行，pH 为6.5～10.5，如果试样本身酸性太强，可用较弱的碱中和，若碱性太强，可用稀硫酸中和。当试液中有铵盐时，应控制在中性中进行，pH 为 6.5～7.2 较好。否则在 pH值较高时，会有游离氨生成。

$$NH_4^++OH^-\longrightarrow NH_3+H_2O$$

NH_3 与 Ag^+ 形成 $Ag(NH_3)^+$ 及 $Ag(NH_3)_2^+$，影响滴定的准确性。

3. 莫尔法应注意的问题

(1) 莫尔法的应用范围

莫尔法主要适用于测定氯化物或溴化物，由于 AgI、AgCNS 沉淀会强烈地吸附 I^-、CNS^-，严重影响测定的准确性。因而不适于测定碘化物和硫氰酸盐。

此法不能用直接滴定法测 Ag^+，即不能用 NaCl 标准溶液滴定 Ag^+，否则将首先生成砖红色的 Ag_2CrO_4，滴定终点时，Ag_2CrO_4 转化成 AgCl 的速度很慢，致使 Cl^- 过量太多而不准确。可用间接法测定 Ag^+，先在试液中加入过量的 NaCl 标准溶液，生成 AgCl

沉淀后，剩余的 Cl^- 用 K_2CrO_4 作指示剂，再用 $AgNO_3$ 标准溶液滴定。

（2）干扰离子

能和 Ag^+ 生成微溶化合物和配合物的阴离子。例如 PO_4^{3-}、AsO_4^{3-}、SO_3^{2-}、S^{2-}、CO_3^{2-}、$C_2O_4^{2-}$、NH_3 等；能和 CrO_4^{2-} 形成难溶化合物的阳离子如 Ba^{2+}、Pb^{2+}，在弱酸性溶液中发生水解的离子如 Al^{3+}、Fe^{3+}、Bi^{3+}、Sn^{4+} 等都会干扰测定。大量有色离子如 Cu^{2+}、Ni^{2+}、Co^{2+} 等会妨碍终点观察，而影响测定的准确性。

对于以上干扰离子，必须除去或改变价态使之除去干扰才能进行滴定分析。

（3）莫尔法滴定速度

莫尔法测定过程中，逐渐形成 AgCl 白色沉淀，由于沉淀的吸附作用，使 Cl^- 被沉淀吸附。因此，滴定速度不能太快，以防形成局部过量而造成 Ag_2CrO_4 砖红色提前出现，滴定时要充分摇动，使 Cl^- 解吸出来参加反应，以减少误差。

二、佛尔哈德法

1. 佛尔哈德法的原理

以铁铵矾 $[NH_4Fe(SO_4)_2]\cdot 6H_2O$ 作指示剂的银量法称为佛尔哈德法。

此法是采用 NH_4CNS 作标准滴定溶液，滴定 Ag^+，析出 AgCNS 的白色沉淀，在有 Fe^{3+} 存在时，等量点后，稍过量（一般 0.02mL 以内）的 NH_4CNS 就和 Fe^{3+} 形成配位化合物而确定终点。

测定反应　$Ag^+ + CNS^- = AgCNS\downarrow$（白色）

终点指示反应　$Fe^{3+} + CNS^-$（过量）$= [Fe(CNS)]^{2+}$（红色）

佛尔哈德法可以直接测定银，也可以采用间接法测定卤化物。

2. 测定条件的选择

（1）溶液的酸度

在滴定中保持一定的酸度，否则指示剂 Fe^{3+} 在碱性溶液中水解，生成 $Fe(OH)_2$ 沉淀。

$$Fe^{3+} + 3H_2O \rightleftharpoons Fe(OH)_3\downarrow + 3H^+$$

在中性和弱碱性溶液中，形成颜色较深的棕色 $[Fe\cdot(H_2O)_5OH]^{2+}$ 或者 $[Fe(OH)_2(H_2O)_4]^+$ 等配合离子，影响终点的观察。因而，反应只能在稀酸溶液中进行，其酸度一般在 0.1～1.0mol/L。

（2）指示剂的用量

铁铵矾的用量和过量的 CNS^- 浓度有关，在实际操作中，采用 40%的铁铵矾指示剂 1mL，设溶液总体积为 75mL，则溶液中的指示剂浓度约为

$$\frac{1\times 40\%}{75\times 392.13}\times 1000 = 0.013\ (\text{mol/L})$$

一般浓度在 6.0×10^{-3} mol/L 就可以观察到明显的红色，终点时指示剂浓度超过 6.0×10^{-3} mol/L，因此更可以清晰地看到终点的红颜色，因而不影响分析结果的准确度。

3. 测定时应注意的问题

（1）测定方法

佛尔哈德法可以直接滴定银，也可以用返滴定法测定 Cl^-、Br^-、I^- 和 CNS^- 等离子。

返滴定方法是在Cl^-的硝酸溶液中，加一定过量的$AgNO_3$标准溶液，再以铁铵矾为指示剂，用NH_4CNS标准溶液滴定过量的Ag^+，等量点以后，稍过量的NH_4CNS溶液与Fe^{3+}形成红色的$[FeCNS]^{2+}$配位化合物，终点到达，反应如下。

滴定前反应　Ag^+(过量)$+Cl^- \rightleftharpoons AgCl\downarrow$(白色)

滴定反应　Ag^+(余量)$+CNS^- \rightleftharpoons AgCNS\downarrow$(白色)

等量点　　$Fe^{3+}+CNS^-$(过量)$\rightleftharpoons [FeCNS]^{2+}$(红色)

用间接佛尔哈德法，滴定溶液中AgCl沉淀和AgCNS沉淀同时存在。溶液中的Ag^+和CNS^-反应到达等量点时，为避免沉淀的转化，需采取一定的措施，即在加入硝酸银标准溶液后，加入1～2mL硝基苯，避免沉淀与外部溶液接触阻止AgCl转化为AgCNS。

(2) 关于滴定的操作要求

在滴定开始，由于AgCNS沉淀对Ag^+有较强的吸附作用，要充分摇动。但接近终点时，摇动不能太剧烈，以避免发生沉淀的转化。

(3) 干扰离子

强氧化剂，氮的低价氧化物，铜盐、汞盐等都能与CNS^-作用而干扰测定。大量有色离子（Cu^{2+}、Mn^{2+}、Co^{2+}等）的存在也会影响终点的观察。

佛尔哈德法的优点是在酸性溶液中进行滴定，和莫尔法比较，许多弱酸离子如PO_4^{3-}、AsO_4^{2-}、CrO_4^{2-}都不和Ag^+反应生成沉淀，不发生干扰，故方法的选择性较高。

三、法扬司法

1. 法扬司法的测定原理

用吸附指示剂确定滴定终点的银量法，称为“法扬司法”。

沉淀滴定中生成的胶状微粒，具有强烈的吸附作用，这种微粒的吸附作用是具有选择性的，它首先吸附的是沉淀的构晶离子，例如AgCl沉淀在溶液中首先吸附的是Cl^-或Ag^+，然后由于静电引力，又将吸附相反电荷离子，组成一个胶团。

吸附指示剂是一种有机染料，如荧光黄是一种有机弱酸，有HIn表示，它在水中离解为

$$HIn \rightleftharpoons H^+ + In^-$$

当In^-被胶粒吸附时，可能由于形成某种化合物而导致指示剂分子结构的变化，因而引起颜色变化，在沉淀滴定中，可以利用吸附指示剂的这种性质来指示终点。

现以$AgNO_3$溶液滴定氯化钾溶液为例，说明滴定过程和等量点指示原理。

滴定开始时，溶液中Cl^-和Ag^+生成AgCl沉淀，此时溶液中的Cl^-过剩，因而AgCl沉淀吸附Cl^-而形成带负电荷的胶粒，不能吸附指示剂。在等量点附近，由于Cl^-浓度很小，吸附作用减小，因而沉淀凝结较快。等量点过后，溶液中有多余的Ag^+，AgCl沉淀吸附Ag^+而带正电荷，此时带正电荷的胶粒强烈地吸附指示剂阴离子使其结构发生变化，从而改变溶液颜色，同时指示终点到达。

其变化情况可表示为

等量点前（Cl^-过量）

$$AgCl\downarrow \xrightarrow{\text{吸附 }Cl^-} (AgCl\downarrow)Cl^- | K^+ + \underset{\text{(黄绿色)}}{In^-}$$

等量点后（Ag^+过量）

$$AgCl\downarrow \xrightarrow{\text{吸附 }Ag^+} (AgCl\downarrow)Ag^+|In^- + K^+$$
（淡红色）

胶团如图 7-2 所示。

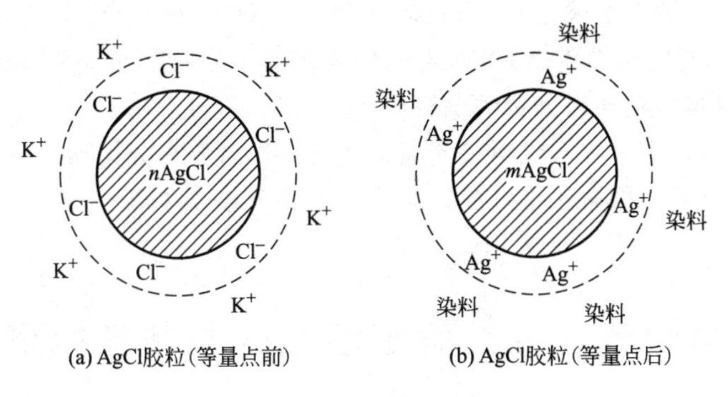

图 7-2　氯化银胶粒示意图

常用的吸附指示剂列于表 7-3。

表 7-3　几种吸附指示剂

指示剂	结　构　式	被滴离子	pH 值范围	终点变化	配制方法
荧光黄	HO, O, O, COOH	Cl^-、Br^-、I^-	7～10（一般 7～8）	黄绿→玫瑰粉红	0.2%的 70%乙醇溶液或 0.2% 钠盐水溶液
二氯荧化黄	HO, O, O, Cl, COONa, Cl	Cl^-、Br^-、CNS^-、I^-	4～10（一般 5～8）	黄绿→橙红	0.2%的 70%乙醇溶液
曙红（四溴荧光黄）	Br, HO, Br, O, O, Br, COONa	Br^-、I^-、CNS^-	2～100（一般 3～8）	橙→深红	0.2%的 70%乙醇溶液 20%钠盐水溶液
罗丹明 6G	H_5C_2NH, O, $NHCl_2H_5 \cdot Cl^-$, $COOC_2H_5$	Br^-、Cl^-	酸性溶液	红紫→橙	0.1%水溶液

2. 测定条件的选择

对卤化物的测定，溶液的酸度随所选择的吸附指示剂而定。例如，选择荧光黄指示剂测 Cl^- 时，其酸度只能在 pH7～10 之间进行。因为荧光黄为一弱酸，若在 pH<7 时滴定，由于指示剂未电离，呈分子形式存在而不被带正电荷的胶粒吸附，则不能改变颜色，

无法指示终点。因此，选择适合于指示剂变色的酸度，才能准确地指示终点。

3. 测定时应注意的问题

1）要形成稳定的胶体溶液，必须在适当浓度的溶液中进行滴定。例如，用荧光黄作指示剂测定 Cl^- 时，浓度要求在 0.005mol/L 以上；测定 Br^-、I^-、CNS^- 时，浓度要在 0.001mol/L以上，有时为避免 AgCl 沉淀的凝聚，加入淀粉作胶体保护剂。电解质可使胶体凝聚，因此，尽量避免加入大量的电解质。

2）滴定过程中，因沉淀会吸附被测离子，故操作时要充分摇动，以减少误差。

3）避免阳光直射，因卤化银沉淀在阳光照射下转变成灰黑色 Ag_2O 沉淀，影响终点观察。

第四节　标准滴定溶液的配制与标定

一、0.1mol/L $AgNO_3$ 标准溶液

1. $AgNO_3$ 溶液的配制

(1) 直接配制

如配制浓度为 0.1000mol/L 时，则称取 16.9873g 基准 $AgNO_3$ 于 1000mL 容量瓶中，稀释至刻度摇匀即可。

(2) 间接法配制

因为市售的 $AgNO_3$ 常含有杂质，采用先配制成溶液后，再用基准物进行标定的方法制备。称取 17.5g 硝酸银，溶于 1000mL 水中，摇匀保存于棕色瓶中。

2. $AgNO_3$ 溶液的标定

标定 $AgNO_3$ 溶液的基准物质采用基准 NaCl，指示剂用荧光黄，其反应为

$$Cl^- + Ag^+ \longrightarrow AgCl\downarrow$$

3. 计算

$AgNO_3$ 标准滴定溶液的物质的量浓度可按下式计算。

$$c(AgNO_3)=\frac{m\times 1000}{V\times 58.44}$$

式中　m——基准 NaCl 的质量，g；

V——$AgNO_3$ 溶液的用量，mL；

58.44——基准 NaCl 的摩尔质量 [M(NaCl)]，g/mol。

一般情况下，还可用 0.1mol/L NaCNS 标准溶液进行比较标定方法，来标定 $AgNO_3$ 标准滴定溶液。

二、硫氰酸钠标准滴定溶液[1]

1. 配制

NaCNS 相对分子质量为 81.07，市售硫氰酸钠中含有硫酸盐、氰化物等杂质，应采用间接法配制。称取分析纯 NaCNS 8.2g，溶于 1000mL 水中，摇匀。

2. 标定

[1] 在一些滴定中采用硫氰酸铵或硫氰酸钾，配制和标定的方法与 NaCNS 相同。

（1）标定方法

称取0.5g于硫酸干燥器中干燥至恒重的基准硝酸银（精确至0.0001g），溶于100mL水中，加2mL硫酸铁指示剂（80g/L）及10mL硝酸（25%）。在摇动下用配好的硫氰酸钠溶液滴定。终点前，摇动溶液至完全清亮后，继续滴定至溶液呈浅棕红色，保持30s。

（2）比较法

准确量取0.1mol/L的$AgNO_3$标准溶液30.00～35.00mL，加入新近煮沸并冷却的70mL水和10mLHNO_3（25%），铁铵矾指示剂（80g/L）1mL，以NH_4CNS溶液滴定至溶液完全清亮的呈浅棕红色保持30s为止。

3. 计算

硫氰酸钠标准滴定溶液的物质的量浓度可按下式计算：

标定法　$c(\mathrm{NaCNS})=\dfrac{m\times 1000}{V\times 169.9}$

式中　m——硝酸银的质量，g；

V——硫氰酸钠溶液的体积，mL；

169.9——基准硝酸银的摩尔质量［$M(AgNO_3)$］，g/mol。

比较法　$c(\mathrm{NaCNS})=\dfrac{V_1\cdot c_1}{V}$

式中　c_1——硝酸银标准滴定溶液的物质的量浓度，mol/L；

V_1——硝酸银标准滴定溶液的体积，mL；

V——硫氰酸钠溶液的体积，mL。

第五节　应用实例

一、水样中氯离子含量的测定

几乎所有的天然水中都含有Cl^-，其主要是以NaCl、$CaCl_2$和$MgCl_2$等化合物形式存在，含量为2～100mg/L。如果受到氯化物污染的水并且其中氯化物含量达到500～1000mg/L，人们就能尝出咸味。水中存在$CaCl_2$及$MgCl_2$时易形成水垢，浪费燃料，用漂白粉消毒也会增加水中氯含量。

1. 测定原理（莫尔法）

用硝酸银标准滴定溶液滴定，以K_2CrO_4为指示剂，等量点时有砖红色的Ag_2CrO_4沉淀生成。反应为

$$Cl^- + Ag^+ \longequal AgCl\downarrow$$

$$2Ag^+ + CrO_4^{2-} \longequal Ag_2CrO_4\downarrow$$

2. 计算

水中氯含量　$\rho(\mathrm{Cl})=\dfrac{c(AgNO_3)V_1\times\dfrac{M}{1000}}{V}\times 1000\times 1000$（mg/L）

式中　$c(AgNO_3)$——硝酸银标准溶液的物质的量浓度，mol/L；

V_1——硝酸银标准溶液的体积，mL；

M——氯的摩尔质量，g/mol；

V——水样的体积，mL。

3. 注意事项

1）水中含有亚硫酸盐、硫化物、磷酸盐会与 K_2CrO_4 反应，影响指示终点。

2）酸性水样中，不能析出 Ag_2CrO_4 沉淀，因此，宜采用佛尔哈德法。

3）水样颜色过深时，影响滴定终点的观察，可采用活性炭或明矾吸附脱色。

二、烧碱中氯化钠的测定

1. 测定原理（佛尔哈德法）

工业固体烧碱中氯化钠含量为 0.10%～3.3%（参照GB 209—63），在酸性溶液中，加入过量的 $AgNO_3$ 标准溶液，与 Cl^- 作用，生成 AgCl 沉淀，余量的 $AgNO_3$ 标准溶液，以 Fe^{3+} 作指示剂，用硫氰酸铵标准溶液返滴至溶液呈现淡红色为终点。

$$Ag^+(\text{过量}) + Cl^- \longrightarrow AgCl\downarrow$$

$$Ag^+(\text{余量}) + CNS^- \longrightarrow AgCNS\downarrow$$

$$Fe^{3+} + CNS^- \longrightarrow [Fe(CNS)]^{2+}(\text{红色})$$

2. 计算

氯化物的含量为

液体样品

$$\rho(NaCl) = \frac{[(cV)(AgNO_3) - (cV)(NH_4CNS)] \times \frac{M}{1000}}{25 \times \frac{25}{100}} \times 1000 \ (g/L)$$

固体样品

$$w(NaCl) = \frac{[(cV)(AgNO_3) - (cV)(NH_4CNS)] \times \frac{M}{1000}}{m_{\text{样}} \times \frac{25}{250}} \times 100$$

式中 $(cV)(AgNO_3)$——$AgNO_3$ 标准滴定溶液的物质的量，mol；

$(cV)(NH_4CNS)$——NH_4CNS 标准滴定溶液的物质的量，mol；

M——NaCl 的摩尔质量，g/mol。

复 习 题

1. 什么是沉淀滴定法？沉淀滴定法对沉淀反应有何要求？
2. 什么是溶度积？如何用溶度积来判断沉淀的生成和溶解？
3. 写出下列各难溶化合物的溶度积表达式。

(1) Ag_2S　(2) $Fe(OH)_3$　(3) CaC_2O_4

(4) $Fe_3(PO_4)_2$　(5) $MgCO_3$　(6) $MgNH_4PO_4$

4. 什么叫分级沉淀？试用分级沉淀的现象说明莫尔法的原理。
5. 什么叫沉淀的转化？转化的条件是什么？
6. 佛尔哈德法测定氯化物时，为什么 NH_4CNS 溶液易过量？怎样减少这方面的误差？
7. 吸附指示剂的作用原理是什么？

练 习 题

1. 判断下列情况下有无沉淀生成

（1）0.01mol/L $MgCl_2$ 溶液与 0.1mol/L NH_3-1mol/L NH_4Cl 溶液等体积混合？

（2）0.01mol/L $MgCl_2$ 溶液与 0.1mol/L NH_2-1mol/L NH_4Cl 溶液等体积混合？

（3）0.05mol/L $Pb(NO_3)_2$ 溶液与 0.5mol/L H_2SO_4 溶液等体积混合？

2. 在含 Cl^- 和 I^- 溶液中加入 $AgNO_3$ 溶液如果阴离子浓度都是0.01mol/L，是 AgCl 先沉淀还是 AgI 先沉淀？二者同时沉淀的浓度比是多少？当第二种离子开始沉淀时，第一种离子的浓度是多少？是否已沉淀完全？$K_{sp(AgCl)}=1.8\times10^{-10}$，$K_{sp(AgI)}=9.3\times10^{-17}$

3. 用 Na_2CO_3 溶液处理 PbS 沉淀，使之转化为 $PbCO_3$，转化作用进行的条件是什么？试推断转化作用是否能够进行？$K_{sp(PbS)}=1\times10^{-10}$，$K_{sp(PbCO_3)}=7.4\times10^{-14}$

4. 用 $AgNO_3$ 溶液滴定 KI 和 NH_4CNS 的混合溶液，当开始产生 AgCNS 沉淀时，溶液中 CNS^- 浓度是 I^- 浓度的多少倍？

5. 下列各种情况，分析结果是准确的，还是偏低或偏高？为什么？

（1）pH=4 时，莫尔法滴定 Cl^-；

（2）莫尔法滴定 Br^-，用 NaCl 标定 $AgNO_3$ 时，未校正指示剂空白；

（3）法扬司法测定 Cl^- 时，用曙红作指示剂；

（4）佛尔哈德法测定 Cl^- 时，溶液中未加硝基苯。

6. 称取 0.2266g 氯化物样品，溶于水后加入 0.1121mol/L $AgNO_3$ 溶液 30.00mL，过量 $AgNO_3$ 以 0.1155mol/L NH_4CNS 溶液滴定，用去 6.50mL，计算样品中氯的质量分数。

7. 称取 1.000g 试样，将其中银沉淀为 Ag_2CrO_4 经洗涤后将沉淀溶于酸，加入过量 KI，则 I^- 被氧化成 I_2，以 0.0048mol/L $Na_2S_2O_2$ 溶液滴定 I_2，用去 31.35mL，计算试样中银的质量分数。

8. 有 0.500g 的纯的 KIO，将它还原为 I^- 后，用 0.1000mol/L $AgNO_3$ 溶液滴定，用去 23.36mL。求该化合物的化学式。

9. 含银 90% 的样品 0.05g，溶解后，用 NH_4CNS 溶液滴定，要求消耗标准溶液的体积不超过 50mL，此标准滴定溶液的最低浓度是多少？

第八章　称量分析法

第一节　概　　述

以测定质量来确定被测组分含量的分析方法，称为称量分析法。一般是将被测组分从试样中分离出来称量或者转化为另一种形式，经处理（分离、灼烧等）变为一种固定组成的形式（即称量式）进行称量，然后，以称量式质量来计算被测组分含量。

一、称量分析的分类

按处理方法的不同，称量分析法一般分为沉淀法、气化法、电解法和萃取法。

1．沉淀法

沉淀法就是在被测试液中，加入沉淀剂使被测组分生成难溶化合物沉淀下来，经分离、烘干或灼烧至恒重后称量，由称得质量可求得其被测组分含量。例如，测定试样中 SO_4^{2-} 的含量时，先将试样制备成一定浓度的溶液。再加入过量的 $BaCl_2$ 溶液，使其生成 $BaSO_4$ 沉淀。经过滤、洗涤、灼烧、恒重后，称量 $BaSO_4$ 沉淀的质量，就可以求出试样中 SO_4^{2-} 的含量，操作步骤一般可简化为

$$\text{试样}\xrightarrow{\text{溶解}}\text{试液}\xrightarrow{\text{加沉淀剂}}\text{沉淀}\xrightarrow{\text{过滤、洗涤、烘干、灼烧}}\text{称量}$$

2．气化法

气化法就是将一定量的试样经加热或其他方法处理，使其中被测组分挥发逸出或分解为气体逸出，逸出前后试样质量之差，即为逸出组分质量；或者逸出组分被一吸收剂吸收，吸收前后吸收剂的质量差即逸出组分的质量，根据逸出组分之质量和样品质量即可求得该组分含量。例如测定煤中水分含量时，将煤样在烘箱中恒温烘干至恒重、样品质量和烘后质量的差、即为水分质量。(水分质量/样品质量）×100%，可得煤中水分的质量分数。此法在水分测定和含二氧化碳等成分的物质分析方面应用较多。

3．电解法

利用电解原理，在电解池中使被测组分在电极上析出，根据电极质量的增加来求得试样中相应组分含量的方法称电解法。本方法一般在仪器分析法中讨论。

4．萃取法

萃取法是用选择性溶解的有机溶剂，将被测组分从样品中萃取出来。然后将萃取剂和被测组分分离，根据萃取物的质量，可以计算出组分的含量。

称量分析是化学分析法中的经典方法。分析过程中，用直接称量的方法来确定样品中组分的含量，而不需与其他基准物或标准样品相比较，因而分析结果较为准确。在实际工

作中，准确度要求较高的分析，一般采用称量法。但是，质量分析法操作比较烦琐，分析周期长，对要求及时的控制分析和快速分析则不适用，也不适用于低含量组分的测定。

二、称量分析对沉淀物的要求

当组分和沉淀剂作用后，生成一定形式的沉淀物，此沉淀物的组成形式称为沉淀式。沉淀物经过滤、洗涤、干燥或灼烧以后，成为称重的组成形式，称为称量式。沉淀式和称量式可能相同，也可能不相同。例如用 $BaCl_2$ 沉淀 SO_4^{2-} 时，沉淀式和称量式都是 $BaSO_4$。而用草酸沉淀钙时，沉淀式为 $CaC_2O_4 \cdot H_2O$，称量式则为 CaO。同一物质可以有多种称量式。为了获得准确的分析结果，对沉淀式和称量式均有较高的要求。

1. 称量分析对沉淀式的要求

1）沉淀的溶解度极小，保证被测组分沉淀完全。

2）沉淀组成固定，易于过滤和洗涤。

3）沉淀易于转化为称量式。

2. 称量分析对称量式的要求

1）称量式必须具有一定的化学组成，其组成必须与其化学式相符合。

2）称量式在空气中必须十分稳定，不与 CO_2、O_2 作用，否则将影响分析结果的准确性。

3）称量式的相对分子质量要大，这样被测组分在称量式中所占比例小，测定同样量的未知物则称量式的总质量较大，称量误差小。例如，测定 Al^{3+} 时，可用氨水将其沉淀为 $Al(OH)_3$，灼烧后得称量式为 Al_2O_3，也可用 8-羟基喹啉沉淀为 8-羟基喹啉铝，0.1000gAl可得0.1889gAl_2O_3或1.7040g$Al(C_9H_6NO)_3$称量误差若为±0.2mg，二者相对误差为

$$\frac{\pm 0.0002}{0.1889}\times 100\% \approx \pm 0.1\%$$

$$\frac{\pm 0.0002}{1.7040}\times 100\% \approx \pm 0.01\%$$

由于 8-羟基喹啉铝相对分子质量大，所得称量式的式量大，称量准确度较氨水法高。

第二节　沉淀的形成及影响因素

一、沉淀的形成

沉淀滴定中已经讨论了溶液中形成沉淀的必要条件，即在一定温度下难溶化合物离子的物质的量浓度积必须大于该物质的溶度积。如

$$Ag^+ + Cl^- \rightleftharpoons AgCl$$

只有当 $[Ag^+][Cl^-] > K_{sp(AgCl)}$ 时，溶液才有 AgCl 沉淀生成。

按沉淀结构不同，可分为晶形沉淀和非晶形沉淀。颗粒直径小于 0.02μm（1μm＝10^{-6}m）为非晶形沉淀。

沉淀类型
- 晶形沉淀
  - 粗晶形，如 $MgNH_4PO_4$
  - 细晶形，如 $BaSO_4$
- 非晶型沉淀
  - 凝乳状沉淀，如 AgCl
  - 胶状沉淀，如 $Fe(OH)_3$

晶形沉淀由于结晶颗粒较大，内部排列较规则，结构紧密，因而极易沉降于容器底部；非晶形沉淀由于颗粒小，并包含有大量数目不定的水分子，因而内部排列杂乱，结构疏松，通常是体积庞大的絮状沉淀，较晶形沉淀更难沉降到容器底部。不过一旦沉降就十分紧密，并难于过滤和洗涤，因此一般称量分析中采用的沉淀式最好为晶形沉淀。如果采用非晶形沉淀式，则一定要注意沉淀条件的选择使其生成较大颗粒、体积较小的沉淀。

二、影响沉淀完全和纯净的因素

1. 影响沉淀完全的因素

为了满足分析化学的要求，沉淀式一定要将被测组分几乎完全沉淀下来。一般选择沉淀的溶度积值在 10^{-8} 以下，才可能使难溶化合物溶解度或被测离子浓度在 $10^{-4} \sim 10^{-5}$ mol/L以下，这样才可以认为沉淀已经完全。

影响沉淀完全的因素很多，主要有同离子效应、盐效应、配合效应。另外，温度、介质、沉淀结构及颗粒大小等都可影响沉淀的溶解度。

(1) 同离子效应

在难溶化合物的饱和溶液中，加入含有和沉淀相同离子的强电解质时，由于溶液中离子浓度积大于溶度积，将会有沉淀产生，致使难溶化合物的溶解度降低，这种现象称为同离子效应。

【例 8-1】 计算 $BaSO_4$ 在水中以及在 0.01mol/L $BaCl_2$ 溶液中的 SO_4^{2-} 浓度，若液体总体积为 500mL，求其溶解损失量。

解： 在 $BaSO_4$ 饱和溶液中，存在如下平衡

$$BaSO_4 \rightleftharpoons Ba^{2+} + SO_4^{2-}$$

并且 $$[Ba^{2+}][SO_4^{2-}] = K_{sp(BaSO_4)}$$

因 $$[Ba^{2+}] = [SO_4^{2-}]$$

则 $$[SO_4^{2-}]^2 = K_{sp(BaSO_4)} = 1.1 \times 10^{-10} \text{mol/L}$$

$$[SO_4^{2-}] = 1.05 \times 10^{-5} \text{mol/L}$$

设 $BaSO_4$ 在 0.01mol/L $BaCl_2$ 溶液中

$$[SO_4^{2-}] = x \text{mol/L}$$

$$[Ba^{2+}] = [0.01 + x] \text{mol/L}$$

由溶度积得 $$x[0.01 + x] = K_{sp(BaSO_4)}$$

因 x 和 0.01mol/L 相比较是很小的数值，则

$$0.01 + x \approx 0.01 \text{mol/L}$$

上式近似为 $$0.01x = K_{sp} = 1.1 \times 10^{-10}$$

$$x = 1.1 \times 10^{-8} \text{mol/L}$$

在 0.01mol/L $BaCl_2$ 溶液中，溶解损失为

$$1.1 \times 10^{-8} \times 233.4 \times 500 = 0.0013 \ (\text{mg})$$

在水中溶解损失为

$$1.05 \times 10^{-5} \times 233.4 \times 500 = 1.2 (\text{mg})$$

$BaSO_4$ 在 0.01mol/L $BaCl_2$ 溶液中的溶解度与在水中溶解度之比为

$$\frac{1.1 \times 10^{-8}}{1.05 \times 10^{-5}} = \frac{1}{950}$$

以上计算说明，由于同离子效应的作用，使其饱和溶液中另一种离子的浓度将大大下降。一般在分析化学中采用加入过量的沉淀剂使其被测离子浓度下降，在称量分析中溶解损失量大大减小，即可达到沉淀完全的目的。

（2）盐效应

实验证明，在难溶化合物的饱和溶液中，加入非共同离子的强电解质时，此电解质不与沉淀作用，但它能使难溶化合物的溶解度增大，这种现象称为盐效应。这种现象可能因为带电质点，如 Cl^-、K^+ 周围电场的影响，阻碍了沉淀离子如 Ba^{2+}、SO_4^{2-} 的运动，减少相互碰撞的次数而造成的。如表 8-1 及图 8-1 中所示，KNO_3 对 $BaSO_4$ 和 AgCl 溶解度的影响。

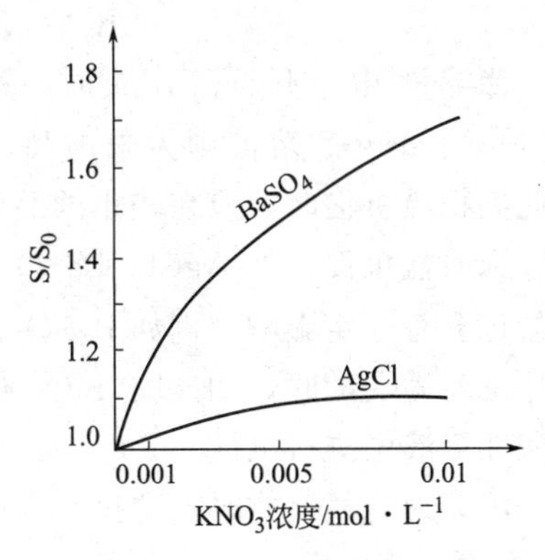

图 8-1　KNO_3 对 $BaSO_4$ 和 AgCl 溶解度的影响

表 8-1　$BaSO_4$ 和 AgCl 在 KNO_3 溶液中的溶解度（25℃）

KNO_3/(mol/L)	$BaSO_4$ 溶解度 $S/10^{-5}$	$S/S_0$①	AgCl 溶解度 $S/10^{-5}$	S/S_0
0.00	0.96(S_0)	1.00	1.278(S_0)	1.00
0.001	1.16	1.21	1.325	1.04
0.005	1.42	1.48	1.385	1.08
0.01	1.63	1.70	1.427	1.12
0.036	2.35	2.45	—	—

① S_0 为纯水中的溶解度，S 为在 KNO_3 溶液中的溶解度。

从图 8-1 可以看出，KNO_3 浓度相同时，盐效应对 $BaSO_4$ 溶解度的影响较对 AgCl 溶解度的影响大。

盐效应在沉淀称量分析中，是造成沉淀损失的主要因素之一，因而在沉淀过程中，应尽量少引进电解质。应当指出，采用同离子效应降低沉淀的溶解度时，所加入过量的沉淀剂一般都是强电解质，在沉淀剂过量不多时，同离子效应起主要作用，如果沉淀剂过量太多，则由于盐效应超过同离子效应而使沉淀溶解度反而增大，例如用 Na_2SO_4 沉淀 Pb^{2+} 时，不同浓度的 Na_2SO_4 溶液中，$PbSO_4$ 溶解度不同，见表 8-2。

表 8-2　在不同浓度的 Na_2SO_4 溶液中 $PbSO_4$ 的溶解度

Na_2SO_4 浓度/(mol/L)	0	0.001	0.01	0.02	0.04	0.10	0.20	0.50
$PbSO_4$ 溶解度/(mol/L)	0.15	0.024	0.016	0.014	0.013	0.016	0.023	0.023

从表 8-2 可以看出，当 Na_2SO_4 的浓度在 0.04mol/L 以下时，以同离子效应为主；在 0.04mol/L 以上时，是以盐效应为主，导致 $PbSO_4$ 溶解度增大。

（3）酸效应

溶液酸度的变化对沉淀溶解度的影响称为酸效应。由弱酸形成的盐如 CaC_2O_4 沉淀在水溶液中存在平衡。

$$CaC_2O_4 \rightleftharpoons Ca^{2+} + C_2O_4^{2-}$$

$$C_2O_4^{2-} + H^+ \underset{}{\overset{K_2}{\rightleftharpoons}} HC_2O_4^- \underset{K_1}{\overset{+H^+}{\rightleftharpoons}} H_2C_2O_4$$

$$K_1=5.9\times10^{-2}\quad K_2=6.4\times10^{-5}$$

当溶液中 [H^+] 增加时，平衡向着生成 $H_2C_2O_4$ 方向进行。因此，溶液中 [$C_2O_4^{2-}$] 减小，溶液则为未饱和，沉淀将会溶解，以至增大 CaC_2O_4 的溶解度。因此，在此类物质沉淀时，应在较小的酸度下进行沉淀。

强酸盐沉淀，如 AgCl、$BaSO_4$ 溶液的酸度对其溶解度影响不大。若酸度过大，对硫酸盐也会有一定影响，例如 $BaSO_4$，由于 HSO_4^- 的生成而增大其溶解度。

沉淀为弱酸时，如硅胶($SiO_2\cdot nH_2O$)、钨酸($WO_3\cdot nH_2O$)等，易溶于碱，则应在强酸性溶液中进行沉淀。

沉淀为氢氧化物时，则按其金属离子的性质（两性、水解等）和溶度积大小来选择适当 pH 值。

(4) 配位效应

在溶液中存在能与组成沉淀离子形成配位化合物的配合剂时，由于配位化合物的生成，消耗了难溶物质的构成离子，因而增加了沉淀的溶解度，这种现象称为配位效应。例如在 AgCl 沉淀的溶液中加入氨水，由于银氨配位离子的生成，使 AgCl 溶解度增加。有如下平衡

$$AgCl(\text{固体})\rightleftharpoons Ag^++Cl^-$$

$$Ag^++2NH_2\rightleftharpoons[Ag(NH_3)_2]^+$$

配位效应的影响，主要决定于难溶化合物的溶度积、配位剂的浓度和生成配位化合物的稳定程度。一般 $K_{稳}$ 越小，影响也小，$K_{稳}$ 越大，影响越大；配位剂浓度越大，影响也越大。

此外，在沉淀反应中，有时沉淀剂本身又是配位剂，例如 AgCl 沉淀时，溶液中如有大量 Cl^- 时，会因 $AgCl_2^-$ 配位离子的生成而增大 AgCl 溶解度，这种情况，沉淀剂用量必须适量。

(5) 影响沉淀完全的其他因素

1) 温度的影响，沉淀的溶解过程多为吸热过程，一般温度增高，则溶解度增大。因此，沉淀的过滤和洗涤必须在室温下进行。但对一些溶解度很小的胶状沉淀，如 $Fe(OH)_3$、$Al(OH)_3$ 等,冷时很难过滤和洗涤，只有在加热破坏胶体之后趁热过滤，并用热的洗涤液洗涤。

2) 沉淀结构及颗粒大小的影响，对于晶形沉淀，晶体的颗粒大时，表面积小，溶解度小。颗粒小时，表面积大，溶解度较大。因此，在沉淀反应后常用陈化使颗粒增大。

对非晶形沉淀，沉淀颗粒小，有时可能产生胶体溶液，这种胶粒很小，易透过滤纸，引起误差。一般反应后采用加热和加入大量电解质以破坏胶体溶液，促进胶凝作用。

3) 溶剂的影响，无机难溶化合物大都是离子型结构，在有机溶剂中的溶解度比在水溶液中溶解度小。因此，为了减小沉淀的溶解度，可在进行沉淀时加入有机溶剂。

2. 影响沉淀纯净的因素

沉淀称量分析中，被测组分是以某种沉淀的形成与试液中其他组分分离的，因此，析出沉淀时不但要求沉淀完全，而且要求沉淀纯净。但是在实际中，从混合试液中析出沉淀的同时，会夹杂着其他的离子和分子而析出，这将影响分析的准确度，这种现象产生的原因主要是由于有共沉淀现象和后沉淀现象的发生。

(1) 共沉淀现象

当沉淀从溶液中析出时，溶液中其他可溶组分被沉淀夹杂带出而混入沉淀之中的现象称为共沉淀现象。例如用 $BaCl_2$ 沉淀 SO_4^{2-} 时，溶液中有少量 $FeCl_3$ 时，在生成 $BaSO_4$ 沉淀的同时，也有 $Fe_2(SO_4)_3$ 沉淀。当沉淀灼烧后，呈棕黄色，即有 Fe_2O_3 存在。共沉淀现象主要有三种情况。

1) 表面吸附现象　沉淀的表面吸附是因为沉淀表面分子和内部分子的电荷状态不同而引起，以 $BaSO_4$ 沉淀为例，如图 8-2 所示。

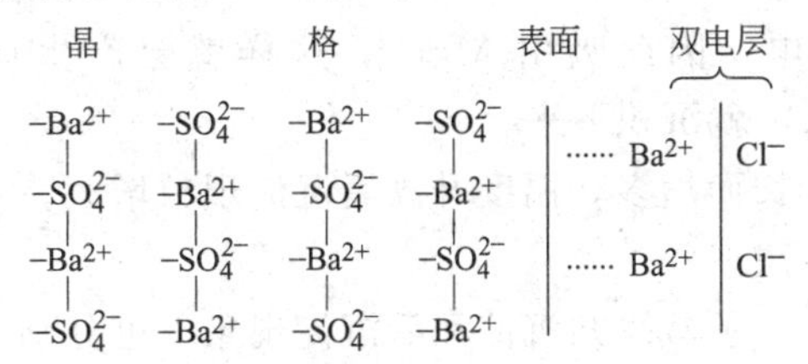

图 8-2　$BaSO_4$ 晶格表面吸附示意图

由图 8-2 可得，内部分子中的 SO_4^{2-} 和 Ba^{2+} 与相邻（六面）的离子相连接，彼此之间作用力平衡。处在表面的离子则没有平衡，由于静电引力的作用，会吸引溶液中相反电荷的离子，而使沉淀微粒带电，带电微粒又会吸引溶液中相反电荷的离子，因此，沉淀表面上吸附着一层杂质分子。

沉淀的吸附是有一定选择性的，一般规律为首先吸附溶液中与沉淀构晶相同的离子；与构晶离子生成的化合物溶解度或离解度越小的离子，越易被吸附。离子的价数越高，静电引力越强，越易被吸附。如上例中，$BaSO_4$ 沉淀溶液中，如沉淀剂 H_2SO_4 为过量时，沉淀微粒则首先吸引 SO_4^{2-}，而使微粒带负电荷 $(BaSO_4)\cdot SO_4^{2-}$，这种带负电荷的沉淀微粒又吸引溶液中和被吸附离子相反电荷的离子。如溶液中有 $Fe(NO_3)_3$ 杂质时，由于 Fe^{3+} 电荷数较高，所以形成胶团 $(BaSO_4)\cdot(SO_2^{2-})_3-(Fe^{3+})_2$，这样沉淀表面就形成一层杂质分子，在沉淀析出时，$Fe_2(SO_4)_3$ 将和 $BaSO_4$，一起沉淀下来，形成沉淀的杂质。

表面吸附杂质的量和溶液中杂质浓度有关，浓度越大，吸附量就越多；另外也和沉淀的表面积有关，相同质量的沉淀，颗粒越大，表面积越小，与溶液接触面也小，吸附杂质量少，大颗粒晶形沉淀，吸附杂质少；反之颗粒越小，表面积越大，吸附杂质越多。一般非晶形沉淀吸附杂质量多。由于吸附作用是一个放热过程，温度增高时，吸附杂质的量就减少。

2) 生成混晶现象　晶体晶格中的阴、阳离子被具有相同电荷或相近体积的其他阴、阳离子所取代而形成的结晶称为混晶。例如沉淀 $BaSO_4$ 时，若有 Pb^{2+} 和 MnO_4^- 存在，其中 Ba^{2+} 与 Pb^{2+} 电荷数相同，离子半径相近。因此，Pb^{2+} 将与 $BaSO_4$ 形成混晶而被共沉淀下来，MnO_4^- 和 SO_4^{2-} 半径相近，MnO_4^- 会嵌入 $BaSO_4$ 沉淀中。这种混晶杂质，用洗涤方法是不易除去的。

3) 吸留　（或包藏）在沉淀析出过程中，特别是当沉淀剂加入较快时，由于在沉淀表面吸附着杂质，新生成的沉淀的构晶离子迅速沉积，使杂质分子来不及离开而被覆盖，这种杂质被包在沉淀内部的现象称为吸留（或包藏）。这种杂质与沉淀本身的晶体结构不同时，如果溶液和沉淀一起放置一段时间，由小结晶溶解变为大晶粒时，杂质将释放出来。

(2) 后沉淀现象

沉淀析出以后，由于表面吸附作用，使另一种本来难以析出的物质也在沉淀表面析出的现象称为后沉淀现象。一般后沉淀的物质也是一种较难溶的化合物，和沉淀具有相同构晶的离子。例如在用 $C_2O_4^{2-}$ 作沉淀剂沉淀 Ca^{2+} 时，如果溶液中有少量的 Mg^{2+}，由于 $K_{sp(CaC_2O_4)}=2.0\times10^{-9}$ $K_{sp(MgC_2O_4)}=8.57\times10^{-5}$，$Mg^{2+}$ 浓度又小，CaC_2O_4 先析出，MgC_2O_4 不能析出。但是当 CaC_2O_4 沉淀析出后，由于沉淀微粒表面吸附 $C_2O_4^{2-}$，使沉淀附近浓度增大，并带负电，因此吸引 Mg^{2+}，这样就会产生局部 $[Mg^{2+}][C_2O_4^{2-}]>K_{sp(MgC_2O_4)}$，于是 MgC_2O_4 就沉积下来。

后沉淀随陈化时间增长而增多，温度升高后沉淀现象增大。

(3) 使沉淀纯净的方法

要获得纯净的沉淀，必须减少共沉淀和后沉淀现象，可分别采取下列措施。

1) 选择适当的分析程序　对共存含量相差大的两种离子，若需测定样品中少量组分含量时，不能先沉淀含量大的组分，否则在大量沉淀析出时，由于共沉淀，会带去部分少量组分，引起较大的测定误差。例如分析菱铁矿（含 MgO90%以上，CaO1%左右）中 CaO 时，应先沉淀 Ca^{2+}，并进行分离。

2) 改变杂质的存在形式　在有 Fe^{3+} 存在时，用 H_2SO_4 沉淀 $BaCl_2$ 中 Ba^{2+} 时，可将 Fe^{3+} 还原为电荷数少的 Fe^{2+}，或者加入配合剂，将 Fe^{3+} 变为稳定配合物，则共沉淀现象会大为减少。

3) 创造适当的沉淀条件　在适当的沉淀条件下所得沉淀能减少共沉淀和后沉淀现象。

4) 洗涤沉淀　选择适当的洗涤液洗涤沉淀，洗涤液中离子可取代被沉淀吸附的杂质离子，在沉淀灼烧时，洗涤液及有些吸附杂质可以分解而除去。

5) 再沉淀　将沉淀过滤后再溶解，进行第二次沉淀，在第二次沉淀的溶液中，杂质浓度大大下降，因而共沉淀现象就很小，一般在混晶现象严重的沉淀反应中，一定要再沉淀，来提高沉淀的纯净度。

6) 选用适当的沉淀剂　选用一些无机或有机沉淀剂，其选择性高，晶形结构好，可得纯度较高的沉淀。

第三节　沉淀的条件和沉淀剂的选择

由于分析准确度的要求，重量分析中的沉淀反应必须使被测离子沉淀完全、所得沉淀纯净、易于过滤和洗涤。沉淀的类型与性质不同，因而要选择适当的沉淀剂和相适应的沉淀条件。

一、沉淀的条件

1. 晶形沉淀的沉淀条件

为了得到较大晶粒的沉淀，必须选择过饱和度小的沉淀条件，具体措施如下。

(1) 沉淀应在适当稀的溶液中进行

沉淀剂要在不断搅拌试液的状态下慢慢地滴加。由于开始生成的沉淀量少，有利于形成较大颗粒的晶体。搅拌均匀，以防止溶液中局部相对过饱和度高。在稀溶液中进行沉淀，杂质浓度相对较低，共沉淀量小。对于溶解度较大的沉淀，溶液太稀将增大它在母液中的溶解损失，从而引起误差，因此沉淀溶液的浓度必须选择适当。

(2) 沉淀时温度应稍高

在热溶液中进行沉淀，一般可提高沉淀的溶解度。这是因为相对过饱和度减小，分散度较小；更重要是，由于晶体的成长速度随温度的提高而增大；同时，在热溶液中增加了离子的运动，沉淀吸附作用小，可以减小共沉淀量。因此，在热溶液中慢慢加入稀的沉淀剂溶液，可得较大颗粒的纯净的晶形沉淀。若在热溶液中沉淀溶解度增加较大时，必须冷却到室温后再进行过滤。否则，会因母液中溶解损失增大而引起较大误差。

(3) 沉淀过程应保持较低的过饱和度

适当增大沉淀的溶解度而降低过饱和度，可加入适当的试剂于溶液中。如在 $BaSO_4$ 沉淀溶液中，加入适量 HCl 溶液，使其生成 HSO_4^- 而可稍提高 $BaSO_4$ 溶解度。

(4) 沉淀完全后应进行陈化

当沉淀完毕后，初生的沉淀同母液一起放置一段时间，这个过程称为“陈化”。在陈化过程中，小晶粒逐渐溶解，大晶粒进一步长大，这是由于小颗粒溶解度比大颗粒溶解度大。在溶液中大小晶粒同时存在时，溶液对小颗粒是未饱和的，它则溶解，溶解到一定程度后，溶液对小晶粒达到饱和时，对大颗粒则是过饱和，溶液中的构晶离子就要在大晶粒上沉积。因而大晶粒就继续长大，沉淀的析出会使溶液中浓度下降，当达到溶液对大晶粒为饱和溶液时，对小晶粒又为未饱和，因而小晶粒又继续溶解。小晶粒的溶解，大晶粒的继续长大，如此反复进行，最后得到较大颗粒的沉淀，称为陈化再结晶过程。如图 8-3 所示。

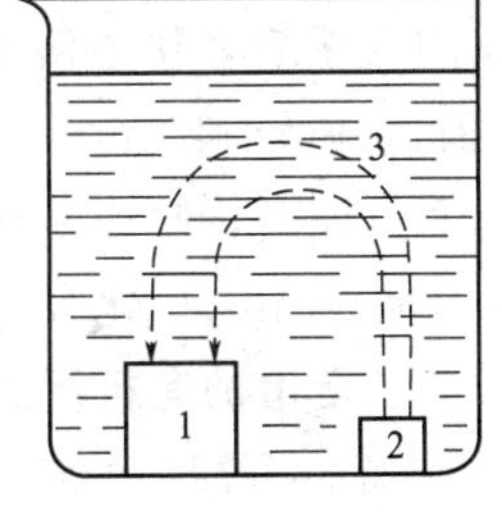

图 8-3　陈化过程

1—大结晶；2—小结晶；3—溶液

在陈化过程中，由于小晶粒的溶解，使原来被吸附、包藏的杂质都转入溶液中，由于生成较大颗粒的结晶比表面积小，杂质吸附量少，沉淀较为纯净，而且易过滤和洗涤。但陈化时间不宜过长，否则会产生后沉淀现象和形成混晶。

一般在室温下陈化，需静置几小时到十几小时，若在加热搅拌下进行，可以缩短为 1～2h。

2. 非晶形沉淀的沉淀条件

形成非晶形沉淀的物质，溶解度一般都很小，在沉淀过程中采用控制相对过饱和度的方法已不能达到分析要求。非晶形沉淀还易形成胶体状态，因而主要是控制胶状的生成，加速沉淀微粒凝聚，获得紧密沉淀，减少杂质吸附等。

(1) 沉淀应在较浓的热溶液中进行

沉淀剂在搅拌下快速加入，可得到结构紧密的沉淀，减少含水程度，破坏胶体，使沉淀容易聚集和沉降，使生成的沉淀体积较小，吸附杂质量少，并便于过滤和洗涤。

(2) 沉淀时应加入适量的电解质（和挥发性铵盐）

电解质的加入可防止呈胶体溶失，促使沉淀凝聚。

(3) 沉淀后加入热水稀释

沉淀完全后，趁热立即进行过滤、洗涤、降低溶质中杂质含量，减小吸附量。避免陈放时间过长，使沉淀黏结后，包藏杂质不易洗出。

(4) 不必陈化

对于非晶形沉淀，往往不能满足分析对沉淀的要求，晶形沉淀也必须严格控制沉淀条件，才能得到比较完全和纯净的沉淀。但是也难免在滴入沉淀剂时发生溶液中局部过浓现象，影响分析结果。因此，目前从两个方向进行改进，即在沉淀方法上采用均相沉淀法，在沉淀剂选择上选用有机沉淀剂，效果较显著。

3. 均相沉淀法

在晶形沉淀操作中，虽然是在搅拌下缓慢加沉淀剂于被测离子溶液中，但在加入沉淀剂瞬间，仍有局部过浓现象存在。为了避免这一现象，可采用均相沉淀法。其原理是在均匀的溶液中，借助一定的化学反应产生沉淀剂，边产生边和被测离子沉淀，使溶液中的沉淀均匀而缓慢地形成，这样易获得颗粒较大、结构较紧密、纯净并且易过滤、洗涤的沉淀。

例如在沉淀 CaC_2O_4 时，先在酸性溶液中加入草酸，由于酸度大，生成 $HC_2O_4^-$ 和 $H_2C_2O_4$，没有 CaC_2O_4 生成，然后加入尿素混合均匀后，加热煮沸，尿素水解产生氨，通过控制尿素水解速度，从而控制溶液的 pH 值。

$$CO(NH_2)_2 + H_2O \xrightleftharpoons{\triangle} 2NH_3 + CO_2$$

生成的氨逐渐中和了溶液中 H^+，使 $[C_2O_4^{2-}]$ 逐渐增加，则 CaC_2O_4 缓慢地析出，当 pH 值达到 4～4.5 时，CaC_2O_4 即可沉淀完全。用均相沉淀法获得的 CaC_2O_4 沉淀颗粒大，而且纯净，此法是利用中和反应而得以进行的。

还可采用有机化合物水解、配合物分解、氧化还原等反应来进行均相沉淀。

二、常用的有机沉淀剂

1. 有机沉淀剂的特点

有机沉淀剂是在称量分析中作为沉淀剂使用的有机化合物，与无机沉淀剂比较，有如下优点。

(1) 沉淀选择性高

可在多种离子存在下，沉淀个别或几个离子。如在掩蔽剂存在时，在弱酸性及氨性溶液中，丁二酮肟可在 Fe^{3+}、Cr^{3+} 和 Co^{2+} 等离子存在下，选择性地沉淀 Ni^{2+}。

(2) 形成良好的晶形沉淀

比表面积小，沉淀不带电荷或所带电荷量小，因而吸附无机杂质量少，易于过滤、洗涤。

(3) 沉淀的溶解度很小

有利于被测物质沉淀完全。

(4) 沉淀称量式相对分子质量大

有利于提高分析结果的准确度。Al^{3+} 用氨水和 8-羟基喹啉沉淀相比较，有机沉淀剂，称量式相对分子质量大，称量误差小。

(5) 沉淀组成稳定

可在低温下烘干后再称量，不用灼烧，从而简化操作手续，缩短分析周期。

2. 几种常用的有机沉淀剂

(1) 邻氨基苯甲酸

白色晶体、熔点145℃。易溶于水、乙醇和丙酮，常用1%的水溶液。结构式为（邻氨基苯甲酸：苯环上连 NH_2 与 COOH）

一些金属离子氨基苯甲酸盐的沉淀条件和称量式如表8-3所示。

表8-3　一些金属离子氨基苯甲酸盐的沉淀条件和称量式

被测离子	起始沉淀pH值	沉淀完全pH值	干燥温度/℃	称　量　式
Cd^{2+}	4.25	5.23	105～110	$Cd(C_7H_6O_2N)_2$
Co^{2+}	3.36	4.41	105～110	$Co(C_7H_6O_2N)_2$
Cu^{2+}	1.40	2.79	105～110	$Cu(C_7H_6O_2N)_2$
Mn^{2+}	4.10	5.15	105～110	$Mn(C_7H_6O_2N)_2$
Ni^{2+}	3.64	4.51	105	$Ni(C_7H_6O_2N)_2$
Zn^{2+}	3.76	4.72	105～110	$Zn(C_7H_6O_2N)_2$

反应条件是在弱酸性或中性溶液中进行，产物组成恒定，可直接干燥后称量。但具有弱酸性质，在强酸性溶液中难电离，不能生成沉淀。碱性过强时，则因金属离子水解，将有氢氧化物沉淀产生。

（2）丁二酮肟

白色粉末结晶，微溶于水，通常使用它的乙醇溶液或氢氧化钠溶液。结构式为

$$
\begin{array}{c}
CH_3-C-C-CH_3 \\
\quad\ \ \| \quad\ \| \\
HO-N \quad N-OH
\end{array}
$$

丁二酮肟主要用来测定镍和钯，在弱酸性及氨性溶液中，它与 Ni^{2+} 生成组成恒定的鲜红色沉淀 $Ni(C_4H_7N_2O_2)_2$，可在110～120℃烘干后，直接进行称量。此法具有较高的选择性。

（3）四苯硼酸钠

白色粉末状结晶，易溶于水。该试剂最大特点是可和 K^+ 反应生成四苯硼酸钾沉淀。

$$K^+ + B(C_6H_5)_4^- = KB(C_6H_5)_4 \downarrow$$

沉淀溶解度小，组成稳定，适用于称量法测定钾，沉淀可在110～120℃烘干称量。Al^{3+}、Ca^{2+}、Co^2、Cr^{3+}、Cu^{2+}、Fe^{2+}、Fe^{3+}、Mg^{2+}、Mn^{2+}、Ni^{2+} 不干扰钾的测定。结构式为

$$[B(C_6H_5)_4] \cdot K$$

（4）8-羟基喹啉

白色针状结晶，微溶于水，溶于醇类及丙酮中，常用试剂溶液为3%的乙醇或丙酮溶液。结构式为

（8-羟基喹啉结构式：喹啉环，N，OH）

在弱酸性或碱性溶液中（pH3～9），8-羟基喹啉能与许多金属离子生成组成恒定的沉淀，可直接烘干称量，也可灼烧成相应的氧化物后称量。主要缺点是选择性差，但可用掩

蔽剂配合使用提高选择性。应用8-羟基喹啉为沉淀剂测定某些金属离子的特征条件，见表8-4。

表8-4 某些8-羟基喹啉盐的沉淀条件和称量形式

被测离子	沉淀完全pH值	干燥温度/℃	称量形式
Al^{3+}	4.2～9.8	140	$Al(C_9H_6NO)_3$
Cd^{2+}	5.4以上	130	$Cd(C_9H_6NO)_2$
Cu^{2+}	2.7以上	105～110	$Cu(C_9H_6NO)_2$
Mg^{2+}	8.2以上	160	$Mg(C_9H_6NO)_2$
Tb^{2+}	4.4～8.8	150～160	$Tb(C_9H_6NO)_2$
Ti^{4+}	4.8～8.6	110	$TiO(C_9H_6NO)_2$
W^{6+}	4.95～5.65	120	$WO_2(C_9H_6NO)_2$
Zn^{2+}	4.4以上	160	$Zn(C_9H_6NO)_2$

第四节 称量分析的基本操作

称量分析中的主要操作程序为：称取一定质量的试样，将其溶解，然后进行沉淀、过滤、洗涤，经干燥或灼烧后称量，根据其质量来计算被测组分的含量。如何正确掌握各步操作，是获得精密准确结果的重要因素。

一、试样的称取及溶解

现场取样后将样品均匀混合。按要求不同，结果分为“干燥基”和“湿基”两种。若用“干燥基”计算，则先将水分烘干至恒重，再取样分析；若用“湿基”计算，则要取湿样先测水分，另取样进行分析。

$$\frac{\text{湿基含量}}{100-\text{水分}}\times100\%=\text{干基含量}\%$$

取样量要适宜，过多会产生大量沉淀，使操作困难；过少则称量误差大。所以一般沉淀称量式的适宜质量晶形沉淀为0.1～0.5g、体积庞大的非晶形沉淀为0.08～0.1g。

试样取好后，采用适当的溶剂如水、酸、碱或氧化还原剂等进行溶解。

二、沉淀

沉淀是将被测离子完全转变为沉淀的形式。因而沉淀制备是否完全和纯净是称量法的关键。

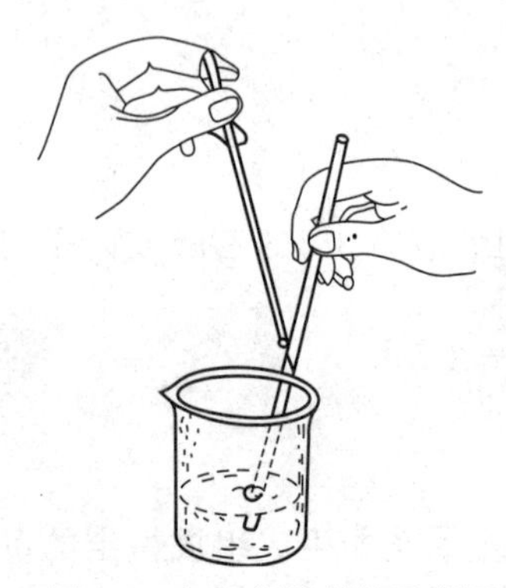

图8-4 加入沉淀剂的示意图

按照称量分析的原理和要求，根据不同的被测物质选取最佳沉淀条件（温度、浓度、酸度、沉淀剂的加入方法等）。可参照国家颁布的标准方法进行。称量分析中的沉淀一般采用晶形沉淀，因而沉淀剂要在搅拌的情况下，逐渐加入，方法如图8-4所示。左手拿滴管，右手拿玻璃棒，当沉淀剂顺玻璃棒往下流的同时，右手不断搅拌。

沉淀后，在上层清液中，再加入几滴沉淀剂，观察是否有混浊产生。无混浊产生，可认为沉淀已经完全，然后静置陈化。

三、沉淀的过滤和洗涤

称量分析中常用的过滤仪器有漏斗，滤纸或玻璃砂心漏斗（或坩埚）。

1. 滤纸和漏斗

分析化学中的滤纸有定性滤纸和定量滤纸两种。在称量分析中应用的滤纸，要和沉淀一起灼烧称量，因而采用特殊滤纸，这种滤纸是将纸浆经过稀盐酸和氢氟酸处理后制成。每张滤纸燃烧后余下的灰分质量通常为0.03～0.07mg。在一般分析中可忽略不计，因此称这种滤纸为无灰滤纸或定量滤纸。

定量滤纸一般做成圆形，按直径分为11cm、9cm、7cm三种。按滤纸孔隙大小，可分为快速（孔隙大）、中速和慢速三种，并用蓝、白、红色标签分别不同等级，如表8-5所示。

表8-5 滤纸规格和用途

滤纸类型	标签色别	孔径/μm	纤维紧密程度	用途
快速	蓝	3.5～10	疏松	无定形沉淀如 $Fe(OH)_3$ 等
中速	白	3	中等	粗晶形沉淀如 $MgNH_4PO_4$
慢速	红	1～2.5	紧密	微细形沉淀如 $BaSO_4$、CaC_2O_4 等

滤纸的使用；按沉淀的量来选取滤纸的大小，一般使沉淀为滤纸锥形高度的一半，过滤一般用三角漏斗，如图8-5所示。

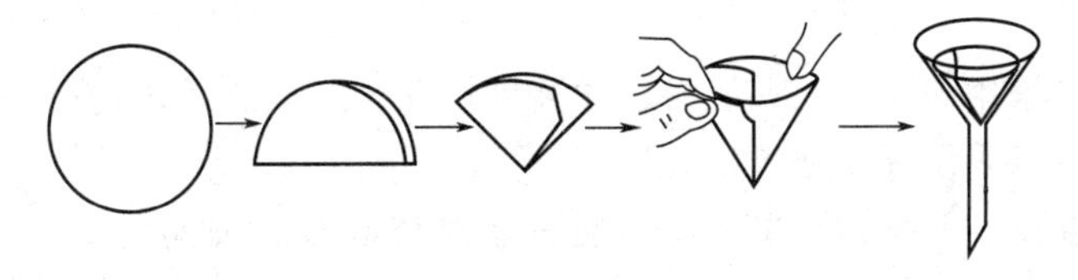

图8-5 滤纸的折叠与装入漏斗

将滤纸沿直径对半折起来，再将其对半折成90°。将折好的滤纸张开放入漏斗中，恰与漏斗贴合（滤纸边低于漏斗边5～15mm）。如漏斗不标准时，必须改变第二次折叠角度，使之贴合，并将滤纸的外层折角撕下一小角存于干净处，以备以后擦玻璃棒和烧杯用。用蒸馏水湿润使滤纸紧贴于漏斗上（注意滤纸和漏斗之间不能有气泡）。并用蒸馏水洗涤1～2次，如过滤是热溶液时，也应用热蒸馏水洗涤可以预热漏斗。

2. 沉淀的过滤

沉淀过滤时，操作应如图8-6所示，漏斗安放在漏斗架上，承接滤液的烧杯壁紧贴漏斗颈末端处，过滤过程中，不要和液面接触。

采用倾泻法过滤，为了不使滤纸开始就被沉淀堵塞，先将沉淀上层清液小心倾入漏斗。在加溶液时，玻璃棒垂直于三层滤纸处，要逐渐提高，不要触及液面，液面约在滤纸边缘下5mm处为宜。如果液面过高，由于毛细管作用，沉淀会越过滤纸而造成沉淀损失。清液完全倾出后，开始洗涤沉淀。

过滤后，只需烘干即可称量的沉淀，如丁二酮肟镍、氯化银等。用玻璃砂心坩埚过滤。玻璃砂心坩埚按孔隙大小不同，一般分为六种，列于表8-6。

表 8-6 玻璃砂心坩埚漏斗规格

代 号	孔度(直径)/μm	适 用 范 围
G_1	20～30	大沉淀物
G_2	10～15	大颗粒沉淀及气体洗涤用
G_3	4.9～9	沉淀物和水银过滤用,非晶形沉淀
G_4	3～4.5	细的,极细的沉淀物,粗晶形沉淀
G_5	1.5～2.5	大肠杆菌及酵母菌,细晶形沉淀
G_6	1.5 以下	1.4～0.6μm 病菌用

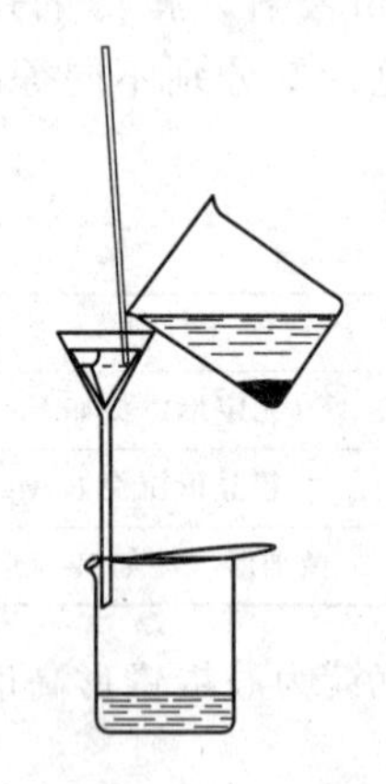
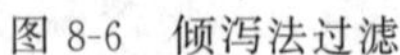

图 8-6 倾泻法过滤

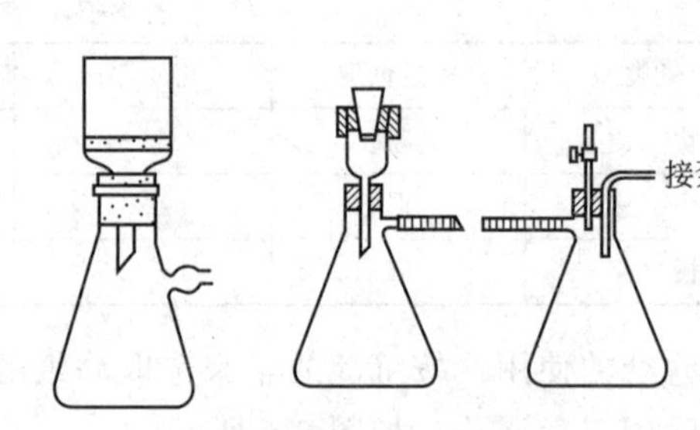

图 8-7 过滤装置

使用时，还可采用如图 8-7 所示的过滤装置，即装成抽滤系统进行减压过滤，以加快过滤速度。过滤时仍采用倾泻法。

使用时烘干温度不能超过 200℃，不能过滤对玻璃有腐蚀的物质，如氢氟酸、浓酸、浓碱等。

3. 沉淀的洗涤

主要是洗涤沉淀表面吸附的杂质和混杂在沉淀中的母液。

(1) 洗涤液的要求

1) 易溶解杂质，但对沉淀则不容易溶解，而且并无胶溶和水解作用。

2) 最好是在烘干或灼烧时易挥发或分解除掉的洗涤液。

3) 在进行试样全分析时，对滤液的继续测定不受影响，一般晶形沉淀的洗涤，由于溶解度较大，采用和沉淀同离子的并且有挥发性的物质作洗涤剂，可减少溶解损失。非晶形沉淀溶解度小易形成胶液，则采用少量电解质的热溶液进行洗涤，电解质一般采用易挥发或加热分解能除去的物质，如铵盐之类。

对易于水解的沉淀，可采用适当有机溶剂的溶液进行洗涤。例如氟硅酸钾 K_2SiF_6 沉淀易于水解，但在醇溶液中能降低溶解度，选用含 5% 氯化钾乙醇溶液进行洗涤，可以防止水解，减少溶解损失。

(2) 洗涤方法

沉淀经倾泻法将母液全部倾完后，烧杯沉淀中加少量洗涤液，一般将沉淀浸没。用玻璃棒搅动，静置，待沉淀沉降后，再将上层清液倾泻过滤。一般晶形沉淀颗粒较大、较纯净，洗 2～3 次即可；非晶形沉淀则需要洗5～6 次。每次洗涤时，尽可能倾尽。最后一次洗涤后，将沉淀和溶液搅拌混合，同时倾泻转移到漏斗中，并冲洗，如图 8-8 所示。待溶液滤完后，加洗涤液使沉淀浸没两次，如图 8-9 所示。用撕下的滤纸将玻璃棒及烧杯内壁擦净，放入沉淀中。

图 8-8　最后少量沉淀的冲洗

图 8-9　洗涤沉淀

判断沉淀洗涤是否干净，一般采用检查洗涤滤液中是否存在母液中某种离子的方法，一般选用不挥发不分解的离子，例如测定 $BaCl_2$ 中 Ba^{2+} 时，采用检查滤液中不含 Cl^- 为准，Cl^- 用稀 $AgNO_3$ 进行定性检测。洗涤液一般采用“少量、多次”的原则。

只需在 200℃以下烘干称量的沉淀，或者不能和滤纸一起燃烧的沉淀，如 AgCl 可采用玻璃砂心漏斗过滤，操作简单，速度较快。

四、沉淀的烘干和灼烧

沉淀经过滤、洗涤后，若只需除去其中水分和挥发性物质时，则经烘干处理即可，一般操作温度在 250℃以下，采用砂心漏斗进行过滤，在烘箱中干燥至恒重即可。如丁二酮肟镍、丁二酮肟钯、四苯硼酸钾等物质，在 110～120℃烘干即可，冷却后称量。若需高温条件下才能转变成称量式的沉淀，则要经 250℃以上烘干和灼烧后才能称量，采用一般漏斗过滤，将滤纸按图 8-10 进行卷包，置于已灼烧至恒重的瓷或铂坩埚中，先在低温下使滤纸炭化，如图 8-11 所示。

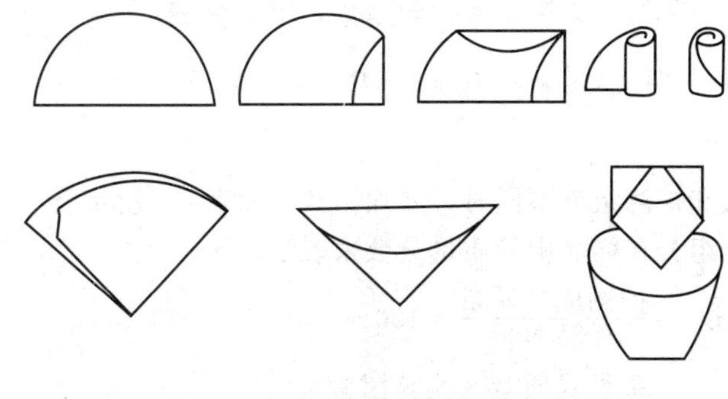

图 8-10　折卷滤纸方法

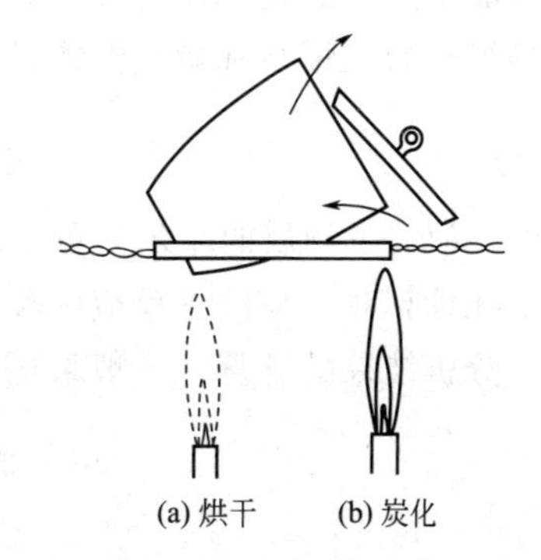

图 8-11　烘干和炭化

将坩埚斜放在泥三角上，搁上坩埚盖，把火焰先置好，如图 8-11(a) 所示位置，用小火加热，利用热空气对流，使滤纸和沉淀烘干，待滤纸和沉淀干燥后，把火焰移至坩埚底部，如图 8-11(b) 所示的位置。继续用小火加热，使滤纸慢慢炭化，待坩埚壁和沉淀上的炭完全灰化后，放入高温炉中灼烧沉淀，一般在 950℃以下，灼烧以后，取出坩埚于空气中冷却 1～2min 后，移入干燥器中冷却后称量。在烘干、炭化过程中，加热要缓慢，否则由于水分蒸发过猛而将沉淀带出，或炭化温度过高，使滤纸着火，火焰带去沉淀微粒。若滤纸着火，应移去加热灯，并将坩埚盖盖严，火焰将自行熄灭，以后仍可继续炭化。

上述操作，待两次灼烧称量相差小于 0.2mg 时，认为已经灼烧至恒定质量。

第五节　称量分析的计算

一、称样量的计算

称样量的多少决定称量时的相对误差，因此一般要求足够的试样质量。但是，沉淀操作中沉淀量太多时，沉淀不易过滤和洗涤，因此取样量必须适当。一般称量式的适宜质量为晶形沉淀 0.5g 左右，非晶形沉淀 0.1g 左右。由称量式质量可以返算取样量。

【例 8-2】 测定工业氯化钡（$BaCl_2 \cdot 2H_2O$）的含量时，计算时一般采用样品中含量为 95%以上，称量式为 $BaSO_4$，求取样量为多少？

解： $BaSO_4$ 沉淀一般为晶形，称量式质量为 0.5g 左右。

$$BaCl_2 \cdot 2H_2O + H_2SO_4 \longrightarrow BaSO_4 + 2H_2O + 2HCl$$

$$\begin{matrix} 244.3 & & 233.4 \\ x & & 0.5 \end{matrix}$$

$$x = \frac{244.3 \times 0.5}{233.4} = 0.52(\text{g})$$

称样量为 $m_{样} = \frac{x}{95\%} = \frac{0.52}{0.95} = 0.55(\text{g})$

样品质量在 0.55g 左右。

二、分析结果的计算

分析结果可按称量式质量和样品质量直接计算。沉淀称量分析过程中，沉淀式和称量式可能不同，经过转化过程，分子比有所不同，采用换算因数计算比较简便。换算因数是被测组分的式量与称量式的式量之比，称为换算因素或化学因数，用 F 来表示

$$F = \frac{M_{被测}}{M_{称量式}} \quad 即 \quad M_{被测} = M_{称量式} \cdot F$$

式中　M——物质的摩尔质量，g/mol。

在计算时，应注意反应中称量式和被测组分不同时，要加系数，如表 8-7 所示。

分析结果的计算，一般采用被测组分在样品中的质量分数来表示，即

$$w(被测组分) = \frac{被测成分质量}{样品质量} \times 100\%$$

$$= \frac{称量式质量 \times 换算因素}{样品质量} \times 100\%$$

【例 8-3】 分析铁矿石时，样品质量 0.5000g，称量式 Fs_2O_3 质量 0.4125g，试计算铁矿石中 Fe 及 Fe_3O_4 的质量分数。

表 8-7　换算因数实例

被测组分	沉淀式	称量式	换算因数
Fe	$Fe_2O_3 \cdot nH_2O$	Fe_2O_3	$\frac{2M(Fe)}{M(Fe_2O_3)}$
Fe_3O_4	$Fe_2O_3 \cdot nH_2O$	Fe_2O_3	$\frac{2M(Fe_3O_4)}{3M(Fe_2O_3)}$
MgO	$MgNH_4PO_4 \cdot 6H_2O$	$Mg_2P_2O_7$	$\frac{2M(MgO)}{M(Mg_2P_2O_7)}$
P_2O_5	$MgNH_4PO_4$	$Mg_2P_2O_7$	$\frac{M(P_2O_5)}{M(Mg_2P_2O_7)}$

解：$w(\text{被测组分})=\frac{\text{称量式质量}\times\text{换算因数}}{\text{样品质量}}\times100\%$

Fe 和 Fe_2O_3 的换算因数。

$$F_1=\frac{2M(Fe)}{M(Fe_2O_3)}=\frac{2\times55.85}{159.69}=0.6995$$

Fe_3O_4 和 Fe_2O_3 的换算因数

$$F_2=\frac{2M(Fe_2O_4)}{3M(Fe_2O_3)}=\frac{2\times231.54}{3\times159.69}=0.9666$$

$$w(Fe)=\frac{0.4125\times0.6995}{0.5000}\times100\%=57.71\%$$

$$w(Fe_3O_4)=\frac{0.4125\times0.9666}{0.5000}\times100\%=79.74\%$$

对固定反应，被测成分的化学式量和称量式的化学式量之比为一常数，与取样量多少无关，即换算因数为一常数。

第六节　应用实例

一、氯化钡（$BaCl_2 \cdot 2H_2O$）中结晶水的测定

按存在形式不同，固体试样中的水分有湿存水和组成水两种。湿存水是物质在生产过程中带入或从空气中吸收的水分，其含量与生产过程和环境温度、空气湿度有关，不能用化学式来表示，一般在105℃烘干即可除去。组成水是化合物中所含的结晶水或化合物中所含氢和氢氧根离子高温分解时形成的水分。如 $Ca(OH)_2 \longrightarrow CaO+H_2O$，即氢氧化物的高温脱水，此类水分均有一定的数量关系。$BaCl_2 \cdot 2H_2O$ 在120℃以上，可以完全失去结晶水。

$$BaCl_2 \cdot 2H_2O \xrightarrow{\triangle} BaCl_2+2H_2O$$

由于氯化钡结晶表面的吸湿水分较少，因此，将氯化钡样品于120～123℃干燥至恒重时，减少的质量就是氯化钡样品中结晶水的含量。

氯化钡干燥后减少质量$=m_1-m_2$

$$w(\text{氯化钡的结晶水})=\frac{\text{干燥后减少质量}}{\text{样品质量}}\times100\%=\frac{m_1-m_2}{m_{\text{样}}}\times100\%$$

式中　m_1——干燥前样品质量，g；

m_2——干燥后样品质量，g；

$m_{样}$——样品质量，g。

二、氯化钡含量的测定

氯化钡为无色或白色结晶，化学式 $BaCl_2 \cdot 2H_2O$ 相对分子质量为 244.27，易溶于水成为 Ba^{2+} 和 Cl^-，含有少量杂质，如 SO_4^{2-}、ClO_3^-、NO_3^-、Ca^{2-}、Fe^{2+} 等。

1. 测定原理

Ba^{2+} 和 SO_4^{2-} 作用生成的 $BaSO_4$ 沉淀溶度积很小（$K_{sp}=1.1\times10^{-10}$），化学组成稳定，符合沉淀称量分析的要求，反应为

$$Ba^{2+}+SO_4^{2-} \longrightarrow BaSO_4\downarrow \text{（白色）}$$

沉淀经陈化、过滤、洗涤、灼烧至恒重，称量 $BaSO_4$ 沉淀质量来计算样品中 $BaCl_2 \cdot 2H_2O$ 的含量。

2. 计算

$$w(BaCl_2 \cdot 2H_2O)=\frac{称量式质量\times\dfrac{M(BaCl_2 \cdot 2H_2O)}{M(BaSO_4)}}{m_{样}}\times100\%$$

$$w(Ba)=\frac{称量式质量\times\dfrac{M(Ba)}{M(BaSO_4)}}{m_{样}}\times100\%$$

式中 $m_{样}$——样品质量，g；

$M(BaCl_2 \cdot 2H_2O)$——氯化钡的摩尔质量，g/mol；

$M(Ba)$——钡的摩尔质量，g/mol。

3. 讨论

1）用 $1\%NH_4NO_3$ 溶液洗涤是为了除去滤纸和沉淀上附着的 SO_4^{2-}，同时在灰化时，也促进滤纸燃烧。

2）沉淀灼烧温度若高于1000℃，$BaCO_4$ 会发生分解。

$$BaSO_4 \xrightarrow{1000℃以上} BaO+SO_3$$

沉淀冷却后，加几滴浓硫酸，可使 BaO 转化为 $BaSO_4$。

$$BaO+H_2SO_4 = BaSO_4+H_2O$$

3）灼烧时，若空气不足，$BaSO_4$ 可能产生被炭化部分还原为 BaS 的情况，而呈绿色。

$$BaSO_4+4C = BaS+4CO$$

继续灼烧，BaS 氧化为 $BaSO_4$，绿色褪去。若绿色不褪时，可待坩埚冷却后，加几滴浓硫酸，小心蒸发至 SO_3 烟冒尽再继续灼烧。

$$BaS+H_2SO_4 = BaSO_4+H_2S$$

复 习 题

1. 称量分析有几种方法？试举例说明。
2. 什么叫沉淀式？什么叫称量式？各有什么要求？
3. 什么是同离子效应、盐效应和配位效应？举例说明它们对难溶化合物溶解度的影响。
4. 影响沉淀纯净的因素主要有哪些？

5. 什么叫陈化？$BaSO_4$ 沉淀和 $Fe_2O_3 \cdot nH_2O$ 沉淀都需要陈化吗？为什么？

6. 倾泻法过滤和洗涤沉淀如何操作？有什么优点？

7. 什么是烘干或灼烧至恒定质量？

8. 硫酸钡法测定 Ba^{2+} 的方法原理是什么？

练　习　题

1. 沉淀 0.5g98%的 Na_2SO_4 样品，沉淀式为 $BaSO_4$。理论上需要0.2mol/L $BaCl_2$ 溶液多少？

2. 求下列物质中的金属元素或其氧化物的质量分数。

(1) $FeSO_4 \cdot 7H_2O$　(2) $K_2SO_4 \cdot Al_2(SO_4)_3 \cdot 24H_2O$

(3) $CaCO_3 \cdot MgCO_3$　(4) $K_2O \cdot Al_2O_3 \cdot 6SiO_2$

3. 2.7425g$BaSO_4$ 换算成 S、SO_3、SO_4^{2-} 质量各是多少？

4. 计算下列各被测组分的换算因数

称量式	被测组分
$BaSO_4$	Na_2SO_4
$Mg_2P_2O_7$	Mg
Fe_2O_3	FeO
$(NH_4)_3PO_4 \cdot 12MoO_3$	P_2O_5
$(NH_4)_3PO_4 \cdot 12MoO_3$	$Ca_3(PO_4)_2$
$ZnHg(CNS)_4$	Zn
$PbCrO_4$	Cr_2O_3
$BaSO_4$	$BaCl_2 \cdot 2H_2O$

5. 称量式 $Mg_2P_2O_7$ 为 0.2172g，问其中含 P 或 P_2O_5 各为多少？

6. 把密度为 1.035g/mL，含量为 5.23%的硫酸溶液 12.0mL 中 SO_4^{2-} 全部沉淀，需要 0.25mol/L$BaCl_2$ 溶液的体积为多少？

7. 分析一铁矿石 0.5725g，得 Fe_2O_3 质量为 0.5471g，计算铁矿石中 Fe 及 Fe_3O_4 的质量分数。

8. 将 1.0045g 纯的碳酸钙和碳酸镁混合物灼烧后，得 CaO+MgO 质量 0.1584g，计算样品中 Ca 和 Mg 的质量分数。

9. 合金钢中镍含量为 12%，以丁二酮肟法测定镍时，希望所得沉淀中含镍为 30～40mg，求样品称量范围是多少？

10. AgCl 和 AgBr 的混合物为 0.8312g，加热通入氯气使 AgBr 转化为 AgCl 后，混合物质量为 0.6682g，计算原试样中氯的质量分数。

第九章　物质化学分析的一般步骤

一般物质的化学分析过程，通常包括采样、溶（熔）样、分析方法的选择、干扰杂质的分离和分析测定数据处理及结果的报出等。

第一节　试样的采取和制备

分析化验的物质是样品，样品则是从大批物料中抽选出来，作为代表其平均组成的少量物质。因此样品必须具有代表性，否则不但大量分析工作是毫无意义的，而且在有些情况下，由于使用了没有代表性的样品的分析结果，给生产和实验带来错误的判断，造成严重的事故。所以，正确地采取平均试样是分析工作中的首要环节。

分析的物料是多种多样的，对分析的要求（如准确度、分析项目、分析结果的时间性等）也各有不同，因此采样的方法也不同。一般按物料在常温下状态不同，可分固体试样的采取、液体试样的采取、气体试样的采取等。

在工业生产中，为保证试样具有代表性，国家及各部门规定了标准采样方法。在分析工作中，应严格按照标准方法采样。

一、试样的采取方法

1. 取样个数的确定

根据物料包装状况的不同，取样情况也不同。

（1）包装前的取样

生产单位根据原料、工艺、设备及操作等条件，确定产品的批次，按下述规定取样。

1）液体产品　在每批产品中，从每个容器内取一个样，其中最少有一个做全面检验，其余做重点检验。

2）固体产品　在每批产品中，从每班产品中至少取一个样，其中最少有一个做全面检验，其余做重点检验。

（2）成品取样

包装后的成品，按表 9-1 所列取样个数进行取样。

表 9-1　包装成品的取样个数

每批的包装单位数	每批的取样个数	
	液体产品	固体产品
100 以下	2	2
101～500	2	3
500 以上	3	4

2. 取样量的确定

(1) 组成分布比较均匀的试样的采取

组成分布比较均匀的试样，例如水样、稀溶液、纯金属试样等，一般任意采取一部分即具有代表性。但是，取样时应注意对于组成分布均匀的物料，其表面成分和内部组成可能有所不同，如金属表面有时可能有氧化作用；液体物料也因和空气接触而变质，因此一般要取内部试样才具有较大的代表性，例如在池、江、河、槽罐中取样，必须将取样瓶沉到离水面0.5m以下位置，拉开瓶塞，让水装满后取出即可；固体样品如煤样，则应在表面 0.5m 以下取样。

(2) 组成分布不均匀的试样的采取

分布不均匀、颗粒大小不均匀、主要成分不均匀等，例如一般工业品化工原料，矿石、煤炭、较浓的液体物料等都是不均匀分布的物料。选取具有代表性的试样，应选取各种部位为取样点，采取一定数量的样品混合得平均试样。

固体物料每一个平均试样的量，人们总结了一个经验公式：

$$Q=Kd^n \tag{9-1}$$

式中　Q——试样的最小质量，kg；

K——缩分常数，K 值为经验数据，常在 0.05～1 之间；

d——试样的最大粒度（直径 mm）。

例如，采取赤铁矿的平均试样时，$K=0.06$，此矿石最大颗粒的直径为 20mm，则试样最小质量为

$$Q=0.06\times20^2=24\ (\text{kg})。$$

若此矿石最大颗粒的直径为 2mm，则采样最小质量为

$$Q=0.06\times2^2=0.24\ (\text{kg})$$

但是，在取样时不能将所有物料都全部粉碎后再取样，而是采用缩分的方法，即在大量物料中，选取较多的样品，如上例先选出 24kg 粗矿石而后将 24kg 样品粉碎，使其粒度为 2mm，再进行缩分。缩分的方法一般采用四分法，即将粉碎后样品堆成圆锥形，再分为四等份，弃去任意对角的两份，如此几次弃去两份之一后，直到所余量为 0.24kg 为止，如图 9-1。

一般从原始物料中取样，如上例中的 24kg 样称为原始平均样，经过缩分后，所得具有代表性的但量较少的样品，称为分析平均试样，简称试样。从原始平均试样制作成试样的操作称为缩分，一般试样量为 100～500g。据试样的溶样难易，决定制作最后粒度不同，较难溶解的样品，将其研磨较细便于溶解，有时甚至将其全部通过 100 目或 200 目的细筛。

缩分的次数不是随意的，应保留最小样量和粒度（直径），要符合公式(9-1)，才具有足够的代表性。

【例 9-1】 有试样 24kg，最大颗粒直径 $d=20$mm，$K=0.06$，经一次缩分时，需破碎至最大颗粒 d 为多少？若需全部过 10 目筛时，再应连续缩分几次？

解： 若经一次缩分，质量为 $24\times\frac{1}{2}=12$kg，$K=0.06$，由式(9-1) 得

$$d=\sqrt{\frac{Q}{K}}=\sqrt{\frac{12}{0.06}}=14\ (\text{mm})$$

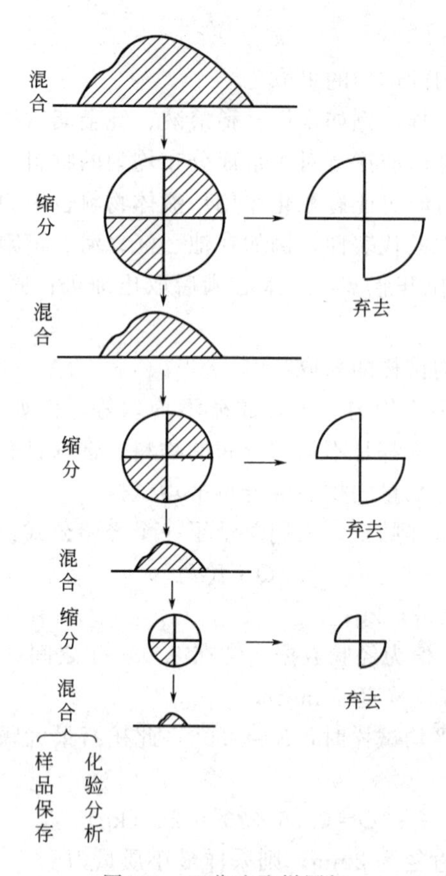

图 9-1 四分法取样图解

若过 10 目筛，筛孔直径 $d=2.00\text{mm}$。

由式(9-1) 得

$$Q=0.06\times 2.00^2=0.24\ (\text{kg})$$

设 $n=5$（次）

$Q_1=12\times\left(\frac{1}{2}\right)^5=12\times 0.0312=0.37$（kg），大于 0.24kg。

设 $n=6$（次）

$Q_2=12\times\left(\frac{1}{2}\right)^6=0.19$（kg），小于 0.24kg。所以取 $n=5$（次）。

由上例计算可知，第一次缩分时，最大颗粒直径必须小于 14mm，若要过 10 目筛时，试样连续缩分 5 次。

3. 采样点的确定

在大量物料中取样，求出原始平均样最小的样量后，对于不均匀的物料，采样点进行均匀排布。

在堆放、运输工具（汽车、火车、槽罐）、传动工具（吊斗、皮带等）中取样，应考虑到不同部位，不同组成结构。

二、试样的分解

滴定分析中，固体试样必须进行溶解或分解，变成溶液状态，才能进行滴定操作，分解试样常用方法有溶解法、熔融法和烧结法。

1. 溶解法

溶解法是将试样直接溶解在一定的溶剂中，一般的溶剂有水或酸碱水溶液。

(1) 水

水是最常用的溶剂，凡能溶于水的物质，一般都用直接分解法。如绝大多数的碱金属化合物，大多数氯化物（除 $AgCl$、Hg_2Cl_2、$PbCl_2$ 外），几乎所有的硝酸盐都可用水溶解。

(2) 盐酸

盐酸是一种具有还原性的强酸，它能溶解在电位序中氢以前的金属或其合金。生成相应的氯化物，同时放出氢气。（如铁、钴、镍、铝、锌、铬、锡、铍、镁、锗、镉、锰等）。盐酸还能溶解碳酸盐和某些氧化物，如铁、锰、钙、锌等的氧化物。

由于 Cl^- 具有还原作用并能与金属离子形成配位化合物，在溶解时可以加快溶解速度，如生成 $HgCl_4^{2-}$、$PbCl_6^{2-}$、$FeCl^{2+}$ 等较稳定的配位化合物，因此盐酸是软锰矿（MnO_2）、赤铁矿（Fe_2O_3）、辉锑矿（Sb_2S_3）等的较好溶剂。

(3) 硝酸

硝酸是具有强氧化性的强酸，浓硝酸能溶解除铂、金和某些稀有金属外的所有金属。但在溶解中，铝、铬、铁等金属在和硝酸作用时，由于生成表面氧化膜而阻碍其继续溶解，这种现象称表面“钝化现象”。锡、锑、钨与硝酸作用会生成微溶性的酸（H_2SnO_4、$HSbO_3$）。对于硫化物试样的分解，若单用 HNO_3 分解会析出单质硫。

$$3CuS + 8HNO_3 = 3Cu(NO_3)_2 + 3S\downarrow + 2NO\uparrow + 4H_2O$$

对这类样品可以先加入 HCl 与硫化物作用，生成 H_2S，加热使其挥发逸出后，再加 HNO_3 分解试样，还可以用 HNO_3-$KClO_3$，HNO_3-Br_2 等强氧化性的混合溶剂，将 S^{2-} 氧化成 SO_4^{2-} 而溶解。

对一些难溶的化合物，还可采用王水进行分解，王水为硝酸和盐酸体积比为 1∶3 的混合液体。浓硝酸可破坏试样中有机物。

(4) 硫酸

热的浓硫酸是一种强氧化性的强酸，可溶解铁、钴、镍、锌等金属及其合金。锑、铝、铍、锰、钍、铀等矿石。

硫酸的沸点高（338℃），可在较高温度下分解矿石，如独居石（Ce、La、Th）PO_4、萤石（CaF_2）等。同时，可加热除去试样中挥发性物质（盐酸、硝酸、氢氟酸及水等）；还可破坏试样中的有机物，但不能加热太久，否则可能由于难溶焦硫酸盐的生成而沉淀，影响分析测定。稀硫酸没有氧化性。

(5) 氢氟酸

氢氟酸能溶解硅酸盐和能与 F^- 形成配合物的金属（如钨、钛、铌、钽等）试样。

由于 HF 溶解硅酸盐，因而在分解样品时，不能使用玻璃仪器，只能在铂坩埚或聚四氟乙烯器皿（250℃以下）中，在通风柜中进行。HF 对人体有害，腐蚀性较强，造成的灼伤、溃烂不易愈合，应避免其液体或蒸气与皮肤接触。

(6) 高氯酸

热浓的高氯酸是一种很强的氧化剂。常用来分解钨矿、铬铁矿、氟矿石、不锈钢、铁合金等。热的浓高氯酸，在遇有机物时会发生爆炸。试样中若存在有机物，必须先加 HNO_3 破坏后，然后再加 $HClO_4$ 分解。

（7）氢氧化钠

常用 20%～30%NaOH 溶液作溶剂，溶解金属铝及其合金等。

$$2Al+2NaOH+2H_2O = 2NaAlO_2+3H_2\uparrow$$

因 NaOH 对硅酸盐有腐蚀作用，因此反应需在银、铂或聚四氟乙烯容器中进行。

2. 熔融法

熔融法是将固体试样和固体熔剂混合，在高温下进行复分解反应，使欲测组分转变为可溶于水或酸的化合物的方法。熔融法操作麻烦，同时，由于熔剂的加入而可能带进杂质，因此一般用于不能用溶解法分解的试样。有些较难分解的样品，还可采用混合熔剂即两种以上的熔剂和样品同时熔融，增强分解作用。常用的熔剂如表 9-2 所示。

表 9-2　熔融法常用熔剂

熔　　剂	用量(与被熔物质量相比)	通用坩埚	熔剂性质	用　　途
无水碳酸钠	6.8 倍	铁、铂镍	碱性熔剂	用于分解黏土、耐火材料、酸性矿渣、不溶于酸的残渣、难溶的硫酸盐、硅酸盐等
碳酸氢钠	12～14 倍	铁、铂、镍	碱性熔剂	用于分解黏土、耐火材料、酸性矿渣、不溶于酸的残渣、难溶的硫酸盐、硅酸盐等
1 份无水碳酸钠和 1 份无水碳酸钾	6～8 倍	铁、铂、镍	碱性熔剂	用于分解黏土、耐火材料、酸性矿渣、不溶于酸的残渣、难溶的硫酸盐、硅酸盐等
6 份无水碳酸钠和 0.5 份硝酸钾	8～10 倍	铁、铂、镍	碱性氧化熔剂	用于测定矿石中的砷、铬、钒和全硫及分离钒和铬等物中的钛
3 份无水碳酸钠和 2 份硼酸钠(熔融后形成细粉)	10～12 倍	铂	碱性氧化熔剂	用于分解铬铁矿、钛铁矿等
2 份无水碳酸钠和 1 份氧化镁	10～14 倍	铂、镁、镍、瓷、石英	碱性氧化熔剂	用于分解铬铁矿、铁合金等
2 份无水碳酸钠和 2 份氧化镁	4～10 倍	铁、镍、瓷、石英	碱性氧化熔剂	用于测定煤中的硫
2 份无水碳酸钠和 1 份氧化锌	8～10 倍	瓷、石英	碱性氧化熔剂	用于测定矿石中的硫(主要是硫化物中的硫)
4 份碳酸钾钠和 1 份酒石酸钾	8～10 倍	铂、瓷	碱性还原熔剂	用于分离 Cr^{3+} 和 V^{5+}
过氧化钠(或 1 份无水碳酸钠和 2 份或 5 份过氧化钠)	6～8 倍	铁、镍、银	碱性氧化溶剂	用于测定矿石和铁合金中硫、铬、钒、锰、磷、硅等元素以及辉钼矿中的钼
氢氧化钠(或氢氧化钾)	8～10 倍	铁、镍、银	碱性熔剂	用于分解锡石、钼矿、耐火材料等
6 份氢氧化钠(或氢氧化钾)和 0.5 份硝酸钠(或硝酸钾)	4～6 倍	铁、镍、银	碱性氧化熔剂	与过氧化钠的用途相同
1～1.5 份无水碳酸钠和 1 份结晶硫黄(研细)	8～12 倍	铁、镍、银	碱性硫化熔剂	用于分解含钾、锑和锡的矿石(转变成相应的可溶性硫代硫酸盐)
焦硫酸钾(或硫酸氢钾)	8～12 倍 (12～14)倍	铂、瓷、石英	酸性氧化熔剂	用于分解三氧化二铬、三氧化二铝、四氧化三铁、氧化锆、红石、铬矿、钛铁矿、中性和碱性耐火材料等
1 份氟氢化钾和 10 份焦硫酸钾	8～10 倍	铂	酸性氧化熔剂	用于分解铁矿石
氧化硼(熔融后研细)	5～8 倍	铂	酸性熔剂	用于分解硅酸盐(测定其中的碱金属)
硫代硫酸钠(在 212℃烘干)	8～10 倍	瓷、石英	碱性硫化熔剂	用于分解含砷、锑和锡的矿石(转变成相应的可溶性硫代硫酸盐)

3. 烧结法

烧结法是试样在熔剂和试剂的作用下，在低于熔点的温度下，试剂和试样发生反应，得到易溶于水或无机酸的疏松烧结块的方法。和熔融法比较，烧结法加热温度较低，可在一般坩埚中进行。常用的方法有 Na_2CO_3-ZnO 烧结法测全硫量，$CaCO_3$-NH_4Cl 烧结法测定长石中的钾等。

烧结分解法受到烧结条件、试样的性质及被测组分的性质的限制，因此在应用上也有一定的局限性。

第二节　分析方法的选择及应用实例

一、分析方法的选择

对某试样进行分析时，应依据分析要求和被测物含量及杂质的成分等因素来制定最佳分析方案。所谓最佳方案，即在特定情况下，既能满足分析要求，又简便可行的办法。分析要求主要包括准确度的高低、分析时间快慢、单项分析或全分析等；样品组成主要是被测组分含量为常量、半微量和微量；杂质成分主要是对反应有干扰的离子种类和含量等。

1. 准确度要求

一些产品分析、仲裁分析等要求准确度较高，因而选择较准确的方法。对生产中的控制分析时间要短，其准确度可适当降低，因此采用一些快速分析法即可。若分析项目是单项测定，可采用除干扰的方法进行个别分析。要求全分析时，则采用系统的分析方法，先分离，后个别测定的方法较好。

2. 被测组分的性质

化学分析法的基本原理，是建立在被测组分的化学反应的基础上的。例如，被测组分若具酸碱性，可选用酸碱滴定。若为一般金属离子，可用配位滴定。碱金属如 K^+，配合物不稳定，又不具有酸碱和氧化还原性，但能与四苯硼酸钠生成沉淀，因此可采用称量分析法来测定。

3. 被测组分的含量

样品中被测组分含量为常量时，可采用滴定法或称量法进行测定。微量组分测定时，一般采用灵敏度较高的比色法或其他仪器分析法。

4. 杂质成分干扰

工业物料中，大都存在一定量的杂质，在测定被测组分的同时，其他杂质可能干扰反应的进行，因此在选择方法时，考虑对主反应有利，而对干扰反应不利的方法进行测定。例如，在测铁矿石中铁时，由于样品分解使用大量 HCl，溶液中存在有 Cl^-，若用 $KMnO_4$ 滴定时，Cl^- 干扰，而采用 $K_2Cr_2O_7$ 法时，Cl^- 就不干扰。

5. 实验的条件

随着科学技术的不断发展，分析技术和设备的不断提高和更新，在选择分析方法时，应尽可能使用新技术和新方法。按照准确度要求选择一定精度的仪器来进行测量。如对金属元素的测定，选用原子吸收分光光度法最为简便、快速。如果实验室没有原子吸收分光光度计，则选择适当的化学分析法进行分析。

以上几个原则是相互联系的，必须根据实际情况，考虑主要矛盾。在工业生产中，对一些定型产品的检验方法，国家有关部门根据国内实际情况制定了一系列标准方法。对于中间控制分析，一般由企业技术部门，考虑具体情况，制定出分析操作规程来进行厂内质量控制。因此应按标准分析方法进行测定。

二、应用示例

在化工生产过程中，产品的质量检验是实现企业全面质量管理的重要环节，只有通过产品的化验、分析才能确定其是否合格，以及所达到的产品等级。分析结果的准确与否直接影响到企业的产品合格率及经济效益。

对产品的分析工作，要执行国家、行业、部委或企业制定的法定标准。分析工作者必须严格执行标准的操作方法，并对影响分析结果准确度的因素采取必要的校正措施。例如仪器标准、空白实验、温度校正等方法，尽量减小误差，提高分析结果的准确度。

现以 0.1mol/L NaOH 标准溶液的标定为例，进行各种校正的操作和计算。

按照有关规定，在进行标准溶液的标定时，必须要在一个人标定之后，另一个人在相同条件下复核才能取得最后标定结果。

采用邻苯二甲酸氢钾标定氢氧化钠标准溶液时，同时要做空白试验，记下溶液温度、滴定管号和滴定用体积，如表 9-3 所示。

以 1 号样为例进行计算，根据溶液温度在标准溶液温度补正值表 9-4 中查找 22℃时，温度补正值为－0.4mL/L 计算 28.62mL0.1mol/L，溶液的补正值为

$$\frac{-0.4}{1000}\times 28.62=0.011\ (\text{mL})$$

根据滴定管号，在滴定管校正曲线如图 9-2 中查出相应的体积校正值记录于表中。上例中，28.26mL 相应的体积补正值为＋0.02mL。

表 9-3 标准溶液配制、标定（复标）原始记录

No

基准物		邻苯二甲酸氢钾		生产厂	北京××试剂厂		批号	2008	溶液温度	22℃
编号	(基准物＋称量瓶)/g	称量瓶/g	净重/g	标准溶液						平均
				空白/mL	滴定用量/mL	体积校正/mL	温度校正/mL	净耗量/mL	c(NaOH)/(mol·L^{-1})	c(NaOH)/(mol·L^{-1})
1	5.0243	4.4247	0.5996	0.00	28.62	＋0.02	－0.01	28.63	0.1026	标定(一)：0.1024
2	5.0252	4.4247	0.6005	0.00	28.72	＋0.02	－0.01	28.73	0.1024	
3	5.0239	4.4247	0.5992	0.00	28.64	＋0.02	－0.01	28.65	0.1024	
4	5.0254	4.4247	0.6007	0.00	28.75	＋0.02	－0.01	28.76	0.1023	
5	5.0225	4.4250	0.5975	0.00	28.60	＋0.02	－0.01	28.61	0.1023	标定(二)：0.1024
6	5.0240	4.4247	0.5993	0.00	28.64	＋0.02	－0.01	28.65	0.1024	
7	5.0247	4.4248	0.5999	0.00	28.65	＋0.02	－0.01	28.66	0.1025	
8	5.0277	4.4248	0.6029	0.00	28.80	＋0.02	－0.01	28.81	0.1025	
										结果：0.1024
天平编号		6号					滴定管编号：	01		
配制人				标定人				复核人		

2008 年 5 月 24 日配制　　2008 年 5 月 28 日标定

表 9-4　不同标准溶液浓度的温度补正值/（$mL \cdot L^{-1}$）

温　度/℃	标准溶液					
	水和 0.05mol·L^{-1}以下的各种水溶液	0.1mol·L^{-1}和0.2mol·L^{-1}各种水溶液	盐酸溶液 c（HCl）= 0.5mol·L^{-1}	盐酸溶液 c（HCl）= 1mol·L^{-1}	硫酸溶液 $c\left(\frac{1}{2}H_2SO_4\right)=$ 0.5mol·L^{-1} 氢氧化钠溶液 c（NaOH）= 0.5mol·L^{-1}	硫酸溶液 $c\left(\frac{1}{2}H_2SO_4\right)=$ 1mol·L^{-1} 氢氧化钠溶液 c（NaOH）= 1mol·L^{-1}
5	+1.38	+1.7	+1.9	+2.3	+2.4	+3.6
6	+1.38	+1.7	+1.9	+2.2	+2.3	+3.4
7	+1.36	+1.6	+1.8	+2.2	+2.2	+3.2
8	+1.33	+1.6	+1.8	+2.1	+2.2	+3.0
9	+1.29	+1.5	+1.7	+2.0	+2.1	+2.7
10	+1.23	+1.5	+1.6	+1.9	+2.0	+2.5
11	+1.17	+1.4	+1.5	+1.8	+1.8	+2.3
12	+1.10	+1.3	+1.4	+1.6	+1.7	+2.0
13	+0.99	+1.1	+1.2	+1.4	+1.5	+1.8
14	+0.88	+1.0	+1.1	+1.2	+1.3	+1.6
15	+0.77	+0.9	+0.9	+1.0	+1.1	+1.3
16	+0.64	+0.7	+0.8	+0.8	+0.9	+1.1
17	+0.50	+0.6	+0.6	+0.6	+0.7	+0.8
18	+0.34	+0.4	+0.4	+0.4	+0.5	+0.6
19	+0.18	+0.2	+0.2	+0.2	+0.2	+0.3
20	0.00	0.00	0.00	0.0	0.00	0.00
21	−0.18	−0.2	−0.2	−0.2	−0.2	−0.3
22	−0.38	−0.4	−0.4	−0.5	−0.5	−0.6
23	−0.58	−0.6	−0.7	−0.7	−0.8	−0.9
24	−0.80	−0.9	−0.9	−1.0	−1.0	−1.2
25	−1.03	−1.1	−1.1	−1.2	−1.3	−1.5
26	−1.26	−1.4	−1.4	−1.4	−1.5	−1.8
27	−1.51	−1.7	−1.7	−1.7	−1.8	−2.1
28	−1.76	−2.0	−2.0	−2.0	−2.1	−2.4
29	−2.01	−2.3	−2.3	−2.3	−2.4	−2.8
30	−2.30	−2.5	−2.5	−2.6	−2.8	−3.2
31	−2.58	−2.7	−2.7	−2.9	−3.1	−3.5
32	−2.86	−3.0	−3.0	−3.2	−3.4	−3.9
33	−3.04	−3.2	−3.3	−3.5	−3.7	−4.2
34	−3.47	−3.7	−3.6	−3.8	−4.1	−4.6
35	−3.78	−4.0	−4.0	−4.1	−4.4	−5.0
36	−4.10	−4.3	−4.3	−4.4	−4.7	−5.3

注：1. 本表数值是以 20℃为标准温度以实测法测出。

2. 表中带有“+”、“−”号的数值是以 20℃为分界。室温低于 20℃的补正值均为“+”，高于 20℃的补正值均为“−”。

3. 本表的用法：如 1L 硫酸溶液$\left[c\left(\frac{1}{2}H_2SO_4\right)=1mol \cdot L^{-1}\right]$由 25℃换算为 20℃时，其体积修正值为 −1.5mL，故40.00mL 换算为 20℃时的体积为：$V_{20}=40.00-\frac{1.5}{1000}\times 40.00=39.94$（mL）。

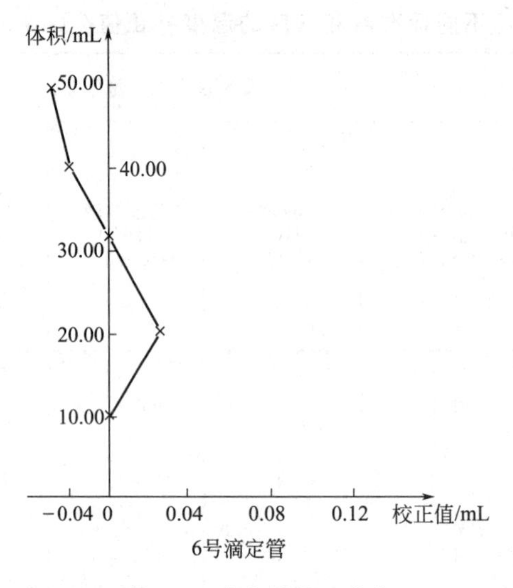

图 9-2　滴定管校正曲线

经计算求得净耗体积

$$28.62+0.00+0.02-0.01=28.63\ (\mathrm{mL})$$

将净体积代入计算公式求得 NaOH 的浓度

$$c(\mathrm{NaOH})=\frac{0.5996\times1000}{28.63\times204.2}=0.1026\ (\mathrm{mol/L})$$

平行测定四次，求其平均值得标定结果。在相同条件下，复核者同样操作，求得结果，二者相差应在 0.1%以下，求二者平均值为分析结果报出。否则必须重新复核。

在实际工作中，准确度要求较高的分析项目，如标准溶液的标定或成品分析等，必须按上述程序进行操作。在一些要求速度快，准确程度可稍差些的项目，如中间控制分析等，可根据实际情况省略校正项目。

第三节　化 学 分 离

样品经分解后所得的试液，大都为几种离子的混合溶液，用滴定法测定其中某离子时，能进行直接测定的物质不多，大多数情况下，共存离子都有干扰，为使滴定分析顺利进行，并保证一定的准确度，必须去除干扰。一般去干扰的方法有控制酸度、加试剂使干扰离子生成稳定配位化合物或改变价态而掩蔽等。在某些情况下，上述方法不能达到定量分析的要求时，只有将被测离子和干扰离子进行分离，然后进行定量测定。常用的分离方法有挥发和蒸馏分离法、沉淀分离法、溶剂萃取分离法、离子交换分离法、色谱分离法等。

一、挥发和蒸馏分离法

挥发和蒸馏分离是利用物质挥发性的差异来进行分离的方法。例如在测定煤中硫含量时，将 S 转化为 SO_2 或 H_2S，高温下挥发逸出，用溶液吸收后再进行测定。钢铁中的硅转化成 SiF_4 而挥发逸出，除掉硅对其他组分的干扰。又如，氮含量的测定，将氮转化成 NH_4 后，溶液碱化，用蒸馏将 NH_3 逸出，用酸溶液吸收，然后用碱回滴。

也可利用挥发和蒸馏的方法，将干扰离子除去，然后再进行测定。

二、沉淀分离法

沉淀分离是利用沉淀的生成，使被测组分或干扰组分从溶液中分离出来的方法。

常用的沉淀分离，是以氢氧化物、硫化物和有机沉淀物的形式而分离的。若沉淀是被测离子时，可改变条件使其重新溶解后再测定，若沉淀是干扰离子，则可进行过滤除去后再测定被测离子。

1. 氢氧化物沉淀形式的分离

除碱金属和碱土金属以外，其余金属的氢氧化物的溶解度之间有较大的差别。据溶度积原理，金属离子 M^{n+} 生成氢氧化物的必要条件是

$$[M^{n+}][OH^-]^n > K_{sp[M(OH)n]}$$

反应达到平衡时，金属离子的浓度为

$$[M^{n+}] = \frac{K_{sp[M(OH)n]}}{[OH^-]^n}$$

从上式得被沉淀离子的浓度和 $[OH^-]^n$ 成反比的关系，$[OH^-]$ 越高，则 $[M^{n+}]$ 越低，沉淀越完全。因此，可以通过控制酸度，即 $[OH^-]$ 来达到离子分离的目的。常见氢氧化物沉淀的 pH 值见表 9-5。

实验时，可控制溶液保持一定的 pH 值使一些离子形成氢氧化物，而另一些离子则不能形成氢氧化物，从而达到分离目的。例如，在硅酸盐分析中，在铵盐存在下，用氨水作沉淀剂时，控制 pH 值为 8～9，溶液中，Fe^{3+}、Al^{3+}、TiO_2^{2+} 形成氢氧化物沉淀，而 Ca^{2+}、Mg^{2+} 不沉淀，从而达到分离的目的。

表 9-5　常见氢氧化物沉淀的 pH 值/(0.01mol・L^{-1})

氢氧化物	开始沉淀	沉淀完全	沉淀开始溶解	沉淀完全溶解
$Sn(OH)_4$	0.5	1.0	13	>14
$Sn(OH)_2$	2.1	4.7	10	13.5
$Fe(OH)_3$	2.3	4.1	—	—
$ZrO(OH)_2$	2.3	3.8	—	—
HgO	2.4	5.0	—	—
$Al(OH)_3$	4.0	5.2	7.8	10.8
$Cr(OH)_3$	4.9	6.8	12	>14
$Zn(OH)_2$	6.4	8.0	10.5	12～13
$Fe(OH)_2$	7.5	9.7	13.5	—
$Ni(OH)_2$	7.7	9.5	—	—
$Cd(OH)_2$	8.2	9.7	—	—
Ag_2O	8.2	11.2	—	—
$Pb(OH)_2$	7.2	8.7	10	13
$Mn(OH)_2$	8.8	10.4	14	—
$Mg(OH)_2$	10.4	12.4	—	—

一般控制酸度的方法为加 NaOH、氨水和有机碱等。

氢氧化物沉淀法选择性不高，在较高的 pH 值条件下，很多金属离子都可能沉淀。同时，氢氧化物沉淀一般无定形，体积大，共沉淀现象严重，分离效果较差。

2. 硫化物沉淀形式的分离

各种硫化物的溶解度相差比较大，同时硫化氢在溶液中存在如下平衡

$$H_2S \overset{K_1}{\rightleftharpoons} HS^- + H^+ \qquad HS^- \rightleftharpoons S^{2-} + H^+$$

$$\frac{[H^+]^2[S^{2-}]}{[H_2S]} = K_1 \cdot K_2 = K_{H_2S}$$

$$[S^{2-}]=\frac{K_{H_2S}[H_2S]}{[H^+]^2}$$

上式可得溶液中 $[S^{2-}]$ 与 $[H^+]^2$ 成反比。可以通过控制酸度调节 $[S^{2-}]$，使得硫化物溶解或沉淀。各种硫化物沉淀时，具有不同的酸度。

将重金属与碱金属、碱土金属离子分离，用硫化物的形式较好。例如，当 pH=2 时，通入 H_2S 使 Zn^{2+} 沉淀为 ZnS 而与 Ni^{2+}、Co^{2+} 分离。一般用缓冲溶液来控制溶液的酸度。

硫化物沉淀法选择性不高，沉淀易成胶状，因而共沉淀现象严重，并存在后沉淀现象，故分离效果也较差。如采用硫代乙酰胺进行均相沉淀时，分离效果有所改善。

3. 有机沉淀形式的分离

有机沉淀一般为金属离子和沉淀剂形成的盐或螯合物，此种沉淀的优点是溶解度小，沉淀完全，选择性高，沉淀一般为晶形，共沉淀现象少，便于过滤洗涤。由于有机沉淀剂的分子量较大，所生成沉淀量较大，有利于提高测定的准确度。常用的几种有机沉淀剂已在第八章中作了简介。

4. 痕量组分的富集

痕量组分的分析，往往由于溶液中被测组分浓度极低，同时又有干扰离子共存，一般的沉淀剂不能使其沉淀。在沉淀分离法中，利用共沉淀的现象，在沉淀大量的组分的同时，使痕量的被测组分一起带出来，以达到痕量的被测组分和干扰组分分离的目的。再将沉淀溶解于较少的溶液中，使其被测离子的浓度大大提高，这样被测组分得到了富集。例如，在测定自来水中微量铅时，由于 Pb^{2+} 浓度太低，一般的沉淀剂无法将其沉淀出来，如果用蒸发、浓缩的方法来提高 Pb^{2+} 的浓度，干扰离子也同时提高了浓度，因此不宜使用。可在水中加入 Na_2CO_3 使水中的 Ca^{2+} 生成 $CaCO_3$ 沉淀。由于共沉淀现象，微量的 Pb^{2+} 也随之沉淀下来，将沉淀溶解于少量的酸中，在较高浓度下，可以对 Pb^{2+} 进行测定。上例中大量沉淀的 $CaCO_3$ 叫做载体或共沉淀剂，这种方法叫做共沉淀分离法。目前由于微量分析的共沉淀剂的种类很多，分为无机共沉淀剂和有机共沉淀剂，见表 9-6。

表 9-6 常用的共沉淀剂及应用

种 类	共沉淀离子	载 体	主要条件	备 注
无机类	Fe^{3+}、TiO^{2+}	$Al(OH)_3$	NH_3+NH_4Cl	可富集 μg/L 的 Fe^{3+}、TiO^{2+}
	Sn^{4+} Al^{3+} Bi^{3+} In^{3+}	$Fe(OH)_3$	NH_3+NH_4Cl	用于纯金属分析
	Pb^{2+}	HgS、$CaCO_3$	弱酸性溶液 H_2S	用于饮用水分析
	稀土元素	$Mg(OH)_2$	NaOH 碱性溶液	加适当的掩蔽剂，用于钢铁分析
		CaC_2O_4	微酸性溶液	用于矿石中微量稀土测定
有机类	$Zn(CNS)_4^{2-}$	甲基紫	—	可富集 100mL 溶液中 1μg 的 Zn^{2+}
	$H_3P(Mo_3O_{10})_4$	甲基紫	—	可富集 10^{-10}mol/L 的 PO_4^{3-}
	H_2WO_4	丹宁、甲基紫	—	可富集 5×10^{-5}mol/L 的 WO_4^{2-}
	InI_4^-	甲基紫	—	可富集 20L 溶液中 1μg 的 In^{3+}

三、溶剂萃取分离法

溶剂萃取分离法是利用混合物在互不相溶的两种液相中溶解度各不相同的性质，以分离混合物中各组分的方法。一般互不相溶的两相为水及不溶于水的有机溶剂，加入的有机溶剂称为萃取剂。

溶剂萃取分离法操作简便，只需将试样和有机溶剂在分液漏斗中混合，充分振荡后静置，则溶液完全分层，试样中一些物质则进入有机层，另一些物质则留在水溶液中，放出下层溶液，即达到分离的目的。

1. 分配系数和分配比

在一定温度下，某一溶质 A，在和互不相溶的两个液相接触时，由于 A 物质在两相中的溶解度不同，则物质分配于两相中的量不同，在无化学变化的情况下，A 物质在两相中组成结构相同，当分配达到平衡后，A 物质在两相中的浓度之比是一个常数，称为分配系数，用 K_D 表示。若 $[A]_{有}$ 为有机相浓度、$[A]_{水}$ 为水相浓度则

$$K_D=\frac{[A]_{有}}{[A]_{水}} \tag{9-2}$$

分配系数越大，溶质进入有机溶剂中越多，分配系数越小，则留在水溶液中的物质越多。例如，碘在水和四氯化碳中的分配系数为 85，即在相同体积情况下，碘在四氯化碳中的浓度是水中浓度的 85 倍。因此，绝大部分碘被萃取而与其他组分分离。

在萃取过程中，溶质在水溶液和在有机溶剂中形式（组成结构）不相同，或有多种形式存在时，则式(9-2) 不适用，通常用分配比来表示，即用溶质在有机相中的多种形式的总浓度 $C_{有}$ 与在水相中的各种形式的总浓度 $C_{水}$ 之比，用 D 表示为

$$D=\frac{C_{有}}{C_{水}} \tag{9-3}$$

当两相体积相等时，若 $D>1$ 时，说明溶质在有机相中的量较留在水相中的量多。当两相中溶质存在形式相同时，则 $K_D=D$，如上例中，用四氯化碳萃取碘的体系，碘在两相中形式相同，则

$$K_D=D=\frac{[I_2]_{有}}{[I_2]_{水}}$$

2. 萃取百分率

在实际工作中，用萃取百分率来表示萃取的完全程度。萃取百分率为 A 溶质进入有机相中的总量占 A 溶质总量的百分率，用 $E\%$表示。

$$E\%=\frac{\text{A 物质在有机相中的总量}}{\text{A 物质总量}}\times 100\% \tag{9-4}$$

$$\text{或 } E\%=\frac{[A]_{有}\times V_{有}}{[A]_{有}\times V_{有}+[A]_{水}\,V_{水}}\times 100\%$$

式中　$V_{有}$——有机层的体积，mL；

　　　$V_{水}$——水层的体积，mL。

分子分母同除 $[A]_{水}$ 得

$$E\%=\frac{[A]_{有}/[A]_{水}\times V_{有}}{[A]_{有}/[A]_{水}\times V_{有}+[A]_{水}/[A]_{水}\cdot V_{水}}\times 100\%$$

$$=\frac{DV_{有}}{DV_{有}+V_{水}}\times 100\%$$

同除以 $V_{有}$ 得

$$E\%=\frac{D}{D+\frac{V_{水}}{V_{有}}}\times 100\% \tag{9-5}$$

由式(9-5)得萃取百分率与分配系数 D 和体积比$\frac{V_{水}}{V_{有}}$有关，D 越大，$E\%$越大；$\frac{V_{水}}{V_{有}}$越小，$E\%$也增大，但由于体积比减小后，有机溶剂的体积增大，会使溶质在有机溶剂中的浓度下降，不利于下一步测定工作，因此，一般萃取剂采用少量多次的方法。

【例 9-2】 100mL 含碘的水溶液，用 90mL CCl_4 萃取，求一次萃取和分三次萃取时，两种萃取方法的百分率。

解： 分配系数为 $D=85$

萃取剂一次加入时

$$E\%=\frac{85}{85+\frac{100}{90}}\times 100\%=98.7\%$$

萃取剂分三次加入，每次加 30mL。

第一次加入时

$$E_1\%=\frac{85}{85+\frac{100}{30}}\times 100\%=96.2\%$$

第二次加入 30mL 时

$$3.8\times 96.2\%=3.6\%$$

第三次加入 30mL 时

$$0.2\times 96.2\%=0.19\%$$

三次萃取共计 $96.2\%+3.6\%+0.19\%=99.99\%$

从上例说明，萃取剂的量相同的情况下，少量多次萃取的方式比一次萃取的方式萃取率要高得多。

3. 萃取的类型

溶质的溶解过程，是符合“相似相溶”原则的，即极性化合物易溶于极性溶剂中。非极性物质易溶于非极性溶剂中。例如碘是非极性物质，四氯化碳也是非极性溶剂，水是极性较强的溶剂，因而碘易溶于四氯化碳中，达到萃取的目的。

在无机盐的水溶液中，金属离子和极性水分子相互作用，以水合离子形式存在，易溶于水而难溶于有机溶剂。要使这种阳离子被极性较弱的有机溶剂萃取，必须使其生成极性较弱的化合物。生成这种化合物的方式有两种。

(1) 生成螯合物

使金属离子和有机试剂作用，生成稳定的螯合物，这种螯合物能溶于有机溶剂之中。即用有机溶剂萃取螯合物的同时将金属离子带出。

例如，氯仿溶液不能直接萃取 Mg^{2+}、Pb^{2+}、In^{3+}、Ti^{4+}、Ga^{3+} 等，但这些离子可以和有机试剂 8-羟基喹啉作用，生成 8-羟基喹啉金属离子螯合物后即能被氯仿萃取。

$$\text{(N, OH)} + \frac{1}{2}Mg^{2+} \xrightarrow{pH=10} \text{(N, O, Mg/2)} + H^+$$

(2) 生成离子缔合物

离子缔合物是离子间由于静电引力的作用，导性离子结合成不带电荷的质点，可溶于有机溶剂。

金属离子由于生成缔合物被带入有机溶剂而被萃取。例如，Fe^{3+} 在 HCl 溶液中，生成 $[FeCl_4]^-$ 配位离子，而乙醚在溶液中形成 $(C_2H_5)OH^+$（称锌离子），锌离子和配阴离子相互作用，形成中性的配位分子，而溶解于乙醚中。

$$[(C_2H_5)_2—OH]^+ + [FeCl_4] \xlongequal{} [(C_2H_5)_2O—H] \cdot [FeCl_4]$$

（离子缔合物）

除醚类外，能生成锌盐的含氧有机溶剂还有乙酸、乙酯、正丁醇、环乙醇、甲基异丁基酮等。锌离子必须在酸性溶液中生成，因此一般萃取在强酸性溶液中进行。

4. 萃取分离的操作技术

在分析化学中，萃取操作是间歇式萃取。将试液和试剂及萃取剂一并加入 60～100mL 的梨形分液漏斗中振荡，当反应和分配达到平衡时，静置以待溶液分层后，将下层溶液（一般为水相）放入另一容器中。操作时注意振荡不能过猛，否则在两相界面上易形成乳状混合液，难以分离。

在有机相中，除了溶进了被萃取物外，其他杂质也可能少量溶进，因此，在有机相中加入洗涤剂，进行振荡（洗涤液为不含试样的水溶液，一般杂质的分配比很小，使有机相中的杂质绝大部分转入水相中）。在被萃取物的分配比较大的情况下，洗涤 1～2 次，即可得纯净的有机萃取溶液。

萃取分离后的有机溶液可和其他分析方法（如比色法等）配合，进行微量组分含量的测定；也可除去干扰离子后，在水相中进行被测离子的测定；还可以利用富集微量组分和分离大量物料等。

四、离子交换分离法

离子交换分离法是利用离子交换剂与溶液中的离子发生选择性交换作用，从而使各种离子分离的方法。

1. 离子交换树脂的简单原理

离子交换树脂是一种有机的高分子聚合物，其结构特点是具有稳定的网状结构，不溶于酸碱和一般溶剂。在网状结构的骨干上有许多活性基团。这些活性基团可以和溶液发生离子交换反应，按其交换离子的电荷不同，若为正电荷，称阳离子交换树脂；若为负电荷，则称为阴离子交换树脂。

(1) 阳离子交换树脂

阳离子交换树脂是在有机分子中含有酸性基团的树脂，如含有磺酸基（ $—SO_3H$ ），羧基（ —COOH ）和酚基（ —OH ）等的树脂，在这些酸性基团上的 H^+ 就可以和溶液中的阳离子发生交换作用。用 H^+ 和阳离子进行交换反应的树脂，称为 H^+ 型阳离子交换树脂。含有磺酸基的称为强酸性阳离子交换树脂。当溶液流经离子交换树脂时，溶液中的阳离子就与离子交换树脂中酸性基团上的 H^+ 发生交换反应而留在树脂上。H^+ 进入溶液中，这种交换过程是可逆的，已经交换过的树脂，如用酸处理，H^+ 可将树脂上的金属离子交换出来，树脂又恢复原状，正反应称交换过程，逆反应称洗脱过程。用等式简单表示。

$$n\text{R}—SO_3H + M^{n+} \underset{\text{洗脱过程}}{\overset{\text{交换过程}}{\rightleftharpoons}} (\text{R}—SO_3)_nM + nH^+$$

(2) 阴离子交换树脂

阴离子交换树脂一般是含有碱性基团的树脂，碱性基团上的OH^-可与阴离子发生交换作用，例如含有伯铵基($—NH_2$)、仲铵基（$—NHCH_3$)、叔铵基［$—N(CH_3)_2$］的树脂，称为弱碱型阴离子交换树脂。含有季铵基［$—N(CH_3)_3$］$^+$的叫强碱型阴离子交换树脂。这类树脂在遇水时，发生水合作用。

$$R—NH_2+H_2O\longrightarrow R—NH_3^+\cdot OH^-$$

$$R—NH(CH_3)+H_2O\longrightarrow R—NH_2(CH_3)^+\cdot OH^-$$

$$R—N(CH_3)_2+H_2O\longrightarrow R—NH(CH_3)_2^+\cdot OH^-$$

$$R—N(CH_3)_3^++H_2O\longrightarrow R—N(CH_3)_3^+\cdot OH^-+H^+$$

式中的OH^-能与阴离子发生交换作用，和阳离子树脂类似，其交换和洗脱过程可简单表示为

$$nR—N(CH_3)_3^+OH^-+x^{n-}\underset{\text{洗脱过程}}{\overset{\text{交换过程}}{\rightleftharpoons}}[R—N(CH_3)_3]_nx+nOH^-$$

2. 离子交换分离操作方法

(1) 预处理

一般市售的阴阳离子交换树脂都含有一定的杂质，同时为了便于储存，均制成中性盐式（如Na^+、NH_4^+、Cl^-、SO_4^{2-})，因此在使用前必须预处理成H^+式和OH^-式，当选好树脂的类型和颗粒大小后，即用4mol/L的HCl浸泡1～2天，以除去交换剂中的杂质，同时可将阳离子交换剂处理成H^+式，阴离子树脂处理成Cl^-式，然后用蒸馏水洗涤至中性。再用H_2SO_4或NaOH溶液处理阴离子交换树脂，将Cl^-转化为OH^-式或SO_4^{2-}式，处理好的树脂，一般浸泡在蒸馏水中备用。

(2) 装柱和操作

离子交换分离一般在交换柱中进行。装置如图9-3所示。

装柱的方法是将润湿的玻璃棉塞在交换柱的下端，装紧以防止树脂流出，然后加入蒸馏水，将处理好的树脂连水加入到交换柱中，为防止空气进入和加溶液时树脂层掀动，其树脂上面盖一些玻璃棉。

在装柱和操作过程中，必须使树脂层经常保持在液面以下，弯管顶端比树脂高出数厘米，这样可以防止树脂层液体流干，具体操作如下。

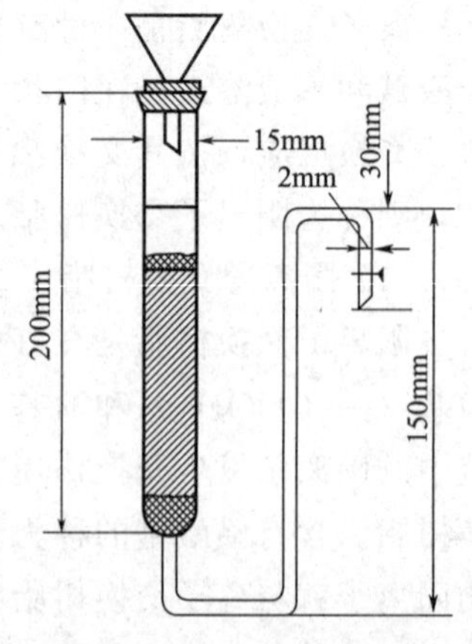

图9-3 离子交换柱装置

1) 交换 将试液装在柱顶的分液漏斗中，调节适当流速进行交换。

2) 洗涤 当交换完后，用洗涤液将树脂上残留的试液和交换出来的离子洗去。洗涤液一般用水和“空白溶液”。

3) 洗脱 洗涤后的交换柱，用适当的洗脱剂溶液，按适当流速，将交换在树脂上的离子洗脱下来，在洗脱液中测定这种离子，一般用盐酸作为阳离子交换树脂的洗脱剂，阴离子交换树脂常用NaCl或NaOH溶液为洗脱剂。

4) 再生 使树脂恢复到交换前的形式。有时洗脱过程同时又是再生过程。

应用离子交换树脂来分离阴、阳离子是简便易行的方法。要使阳离子溶液分离时，可

将被分离的离子形成配位阴离子。再用阴离子交换树脂交换配位阴离子被交换到树脂上，其余阳离子不参加交换，从而达到分离的目的。例如，Fe^{3+}、Ca^{2+}、Mg^{2+}、Ni^{2+} 等阳离子混合液中，若加入 HCl 则 Fe^{3+} 形成配位阴离子 $[FeCl_4]^-$，其余阳离子则不形成。若用阴离子柱树脂分离时，只有 $[FeCl_4]^-$ 才被交换而留于树脂中，而其余阳离子随溶液流出交换柱，从而达到分离的目的。

天然水中存在少量的阴、阳离子，可使用 H^+ 型强酸性阳离子交换树脂除去各种阳离子，再通过 OH^- 型阴离子交换树脂除去各种阴离子。例如天然水中的 $CaCl_2$ 交换反应为

$$2R—SO_3H+Ca^{2+} = (R—SO_3)_2Ca+2H^+$$

$$R—N(CH_3)_3 \cdot OH+Cl^- = R—N(CH_3)_3 \cdot Cl^- +OH^-$$

在交换反应中生成的 OH^- 和 H^+ 结合生成 H_2O，因而离子交换后的水较纯净，称“去离子水”，可代替蒸馏水。

还有利用离子对交换树脂的亲和力不同来进行分离的方法。例如在低浓度、水溶液、常温下离子交换树脂的亲和力随离子价数的升高而增大，如：$Na^+ < Ca^{2+} < Al^{3+} < Th^{4+}$。

而对于同价态的离子在低浓度、水溶液、常温下，离子交换树脂的亲和力随原子序数的升高而增大，如：$Be^{2+} < Mg^{2+} < Ca^{2+} < Sr^{2+} < Ba^{2+}$。

例如，对 Li^+、Na^+、K^+ 的溶液进行离子交换时，亲和力最大的 K^+ 首先交换而留于交换柱上端，亲和力最小的 Li^+ 位于柱子较下面的位置。可以选用 HCl 作洗脱剂进行洗脱，则亲和力最小的 Li^+ 首先被洗脱，其次为 Na^+，最后是亲和力较大的 K^+。这样就像色谱柱流出相一样分段收集，就可将混合离子溶液依次分离，因此可称为离子交换色谱法分离。

离子交换柱分离方法，分离效果与树脂类型、柱高、树脂颗粒大小、液体流速大小、液体浓度、液体的 pH 值以及配合剂选择等因素有关，一般来说，交换柱越高，树脂颗粒越细，液体流速愈慢，配位化合物稳定性相差越大，分离效果较好。但必须全面考虑各种条件和分离要求，选择适当的操作条件来进行。

五、色谱分离法

色谱分离法的特点是分离效率高、速度快。在分析化学中，可应用于很多性质类似物质的分离，然后进行分别鉴定。

色谱分离法是 1906 年俄国植物学家 M·茨维特提出的。他在研究植物色素的过程中，把吸附剂（如碳酸钙）装入玻璃管中，再将叶绿素的石油醚溶液流经 $CaCO_3$ 的柱管时，由于 $CaCO_3$ 对于叶绿素中各种色素吸附能力的不同而使其分离，在柱管中出现不同颜色的带区，类似光谱图的色层。因此，被称为色谱分析法，以后发展到对无色物质的分离，但仍应用色谱这一名称。

在上例中，在柱管内的 $CaCO_3$，称为固定相，石油醚称为流动相。固定相可以是固体吸附剂，或附着在固体表面的高沸流体（称固定液）。流动相可以是液体，也可以是气体。流动相和固定相的不同状态，又可分为不同种类的色谱。

色谱
- 气相色谱(流动相为气体)
  - 气固色谱(固定相为固体)
  - 气液色谱(固定相为固体)
- 液相色谱(流动相为液体)
  - 液固色谱(固定相为固体)
  - 液液色谱(固定相为固体)

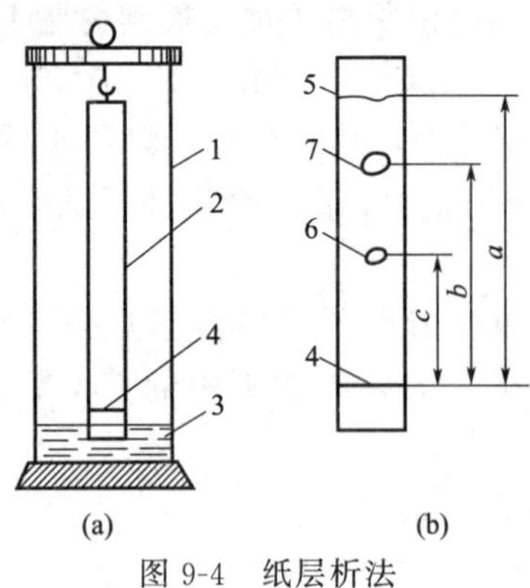

图 9-4　纸层析法

1—层析筒；2—纸条；3—展开剂；4—原点；5—前沿；6，7—显斑

另外，根据固定相性质，色层分析操作方法不同，固定相在玻璃或金属柱管内进行的分离称柱上层析。将滤纸作固定相的分离称纸上层析。将吸附剂压成粉末或涂成薄膜，然后用与纸上色层法类似的方法操作称薄层层析法。

1．纸上层析

纸上层析是在滤纸上进行的色谱分析法，滤纸是固定相，由于滤纸纤维素中的毛细管作用，液体（溶剂）沿着滤纸流动称流动相，又称展开剂。操作时，将试液先滴于滤纸上，将滤纸的一端浸入展开剂中，如图 9-4（a）由于毛细管作用，展开剂将沿着滤纸上升，当经过滴着试液的斑点时，由于各组分在流动相和固定相中的溶解度不同，致使在两相中的分配系数不同，随着流动相的上升，进行多次分配。在流动相中，溶解度较小的组分，沿着滤纸向上移动缓慢，停留在滤纸的下端，反之，在流动相中溶解度较大的组分，沿着滤纸向上移动较快，将停留在滤纸的较上端，如图 9-4(b)。

滤纸上，滴着试液之点称原点。展开剂所移最大位置称前沿，试液组分在纸上的移动情况，可用比移值 R_f 来表示，如图 9-4(b)。

$$R_f=\frac{\text{组分中心移动距离}}{\text{前沿移动距离}}=\frac{b(c)}{a}$$

B 物质的 R_f 值为：　$R_{fB}=\frac{b}{a}$

C 物质的 R_f 值为：　$R_{fC}=\frac{c}{a}$

R_f 值与滤纸和展开剂间的分配系数有关，在一定条件下，一定的滤纸和展开剂，对于固定的组分，R_f 值一定。因此，可用 R_f 值来进行物质定性鉴定。R_f 值最小可为 0，即组分在原点未动，最大值为 1，即组分中心达到前沿处。几种组分分离时，各 R_f 值相差越大，分离就越好。对无色物质的分离，待层析后，用化学显色法，即用氨薰、碘薰、喷 $FeCl_3$ 显色剂等。对一些有机化合物，可用紫外照射，发出不同荧光等而记载。

纸上层析分离后，将各组分斑点剪下，经灰化或者用高氯酸和硝酸处理滤纸，再用适当方法测定其含量。纸上层析还用于微量组分分离，使用样品量少，设备和操作简单，分离效率高。但操作要求严格，速度较慢。一般在有机分析、生物化学、植物、医药成分分析及稀有元素的分离、分析中应用较广。

2．薄层层析法

简称板层析。它是在纸上层析基础上发展起来的，即是在平滑的玻璃板上，铺上一层厚约0.25mm 的吸附剂（氧化铝、硅胶、纤维素粉等）作固定相。用纸上层析法类似的方法进行色层分离。操作如图 9-5。

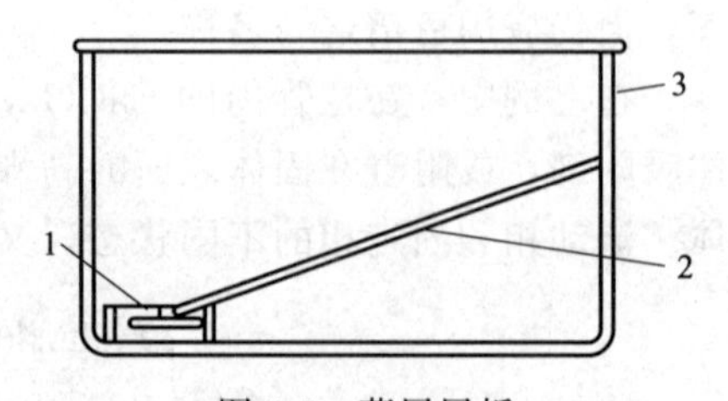

图 9-5　薄层层析

1—展开剂；2—层析板；3—层析缸

和纸层层析相同，在一定条件下的相对比移值 R_f 来进行定性鉴定。

薄层层析比纸层层析分离时间短，效益高，斑点不易扩散，灵敏度较高，可用于处理较多的试液分离，同时，可用于腐蚀性的显色剂，因而应用日益广泛。

复 习 题

1. 物质的化学分析包括哪些步骤？

2. 为什么正确地采取平均试样是分析工作中的首要环节？

3. 分解试样的常用方法有哪些？

4. 常用的化学分离方法有哪些？

练 习 题

1. 正确进行试样的采取、制备和分解对分析工作有何意义？

2. 简述下列各溶（熔）剂对分解试样的作用。

HCl、HNO_3、H_2SO_4、$NaOH$、Na_2CO_3、$NaHCO_3$、Na_2O_2

3. 选择分析方法时应注意哪些方面？

4. 已知某萃取体系的萃取百分率，$E\%=98$，$V_{有}=V_{水}$，求分配比。

5. 某萃取体系分配比 $D=10$，每次都用与水相等体积的有机溶剂进行萃取，要萃取多少次才能达到萃取百分率 $E\%=99.9\%$。

6. 某萃取体系分配比 $D=2$，求未被萃取部分是多少？

（1）用与水等体积的有机溶剂一次萃取。

（2）用同样体积的有机溶剂分五次萃取。

7. 比较下述各离子在强酸性阳离子交换树脂上交换势的次序。

K^+、Na^+、Li^+、Ca^{2+}、Sr^{2+}、Ba^{2+}、NH_4^+、Rb^+、Cs^+、Mg^{2+}。

第十章 实 验

实验一 分析天平灵敏度的测定

一、目的要求

1. 熟悉分析天平的构造及主要部件的作用。

2. 学会测定天平的零点和灵敏度。

二、仪器

分析天平

三、实验内容

1. 了解天平结构

指出天平各部件的名称，了解其作用及使用时应注意的事项。检查天平是否水平，并进行调整，使之水平。

2. 测定天平的零点

轻轻打开升降枢，待天平稳定后，观察零点的位置，是否和标尺“零点”相重，相差不大，可调节拨干，若变动较大时，可调节天平梁上的平衡螺丝，使其重合，连续测定两次，均无变动即可。

3. 测定天平的灵敏度

半自动电光天平，测零点后，加 10mg 环码，观察休止点，记下读数。

分别测定载重 10g、20g、30g、40g 时的灵敏度。

灵敏度测定记录

载荷/g	零点/格	加 10mg 后平衡点/格	灵敏度/(格/mg)	感量/(mg/格)
0				
10				
20				
30				

4. 作天平灵敏度曲线

实验二 分析天平的称量练习

一、目的要求

正确掌握天平称量操作，练习准确称量。

二、仪器

半自动电光天平（或全自动电光天平）、铜片、固体试样、称量瓶、表面皿、托盘天平。

三、实验步骤

1. 称量铜片

（1）在托盘天平上称取表面皿质量，加上铜片后，再称取质量。

（2）调零点（按实验二中操作）。

（3）将表面皿放于天平盘上，精确称量它的质量，然后将铜片放在表面皿上，称量表面皿与铜片的总质量。两次质量之差，即为铜片的质量。

2. 称固体样品（差减法）

将盛有样品的称量瓶于托盘天平上粗略称其质量。按差减法于分析天平上精确称取样品三份，记录如下表：

样品号	称量瓶与样品质量/g	倾出样品后质量/g	样品质量/g

3. 校正零点

称量结束后，取下砝码和称量瓶，轻轻开启天平，平衡点（零点）变动不大（2个小格以下），可以扳动旋钮下面的扳手（拨杆），使其平衡点和标尺零点重合。若变动较大时，必须调零后重称。

4. 使用天平注意事项

（1）天平的载物，不应超过天平的最高荷载量，一般为三分之一以下。

（2）天平框罩内要保持清洁、干燥，被称物品必须冷却至室温才能进行称量。样品不能直接放在秤盘上称量。

（3）称量时，必须将三面玻璃门完全关闭。开关天平时，要小心缓慢。天平开启时，严禁加减样品或砝码。

（4）称样时，砝码必须用镊子夹取，严禁用手拿取。称同一样品时，应使用同一架天平和其配套的砝码。砝码用后放回砝码盒内的指定位置。

实验三　滴定分析仪器准备和基本操作练习

一、目的要求

1. 掌握滴定分析仪器的洗涤方法。

2. 熟悉滴定管、移液管、容量瓶基本操作。

二、仪器及试剂

酸式滴定管　　50mL　　一支

碱式滴定管　　50mL　　一支

吸液管（单标线吸管） 25mL 一支
吸液管（分度吸管） 10mL 一支
容量瓶 250mL 一个
锥形烧瓶 250mL 三个
烧 杯 400mL 一个

三、基本操作步骤

1. 认领、清点仪器

2. 洗涤仪器

(1) 一般玻璃仪器（烧杯、锥形瓶、试剂瓶等）可用毛刷蘸去污粉刷洗，后用自来水及蒸馏水冲洗。

(2) 滴定管应先取下塞子，用滴定管刷刷洗内壁，也可用铬酸钾洗液浸泡，然后用自来水和蒸馏水洗净。

(3) 容量瓶和移液管只能用洗液浸泡或润洗，然后用自来水冲洗，蒸馏水润洗。

将上述仪器洗至壁内外不沾水珠。

3. 滴定管的安装及使用

(1) 酸式滴定管 涂油、装液、赶气泡、试漏（用蒸馏水代替溶液，关上活塞、观察2～3min，滴定管尖无水珠即可），调零、放液滴定（控制一滴、半滴）。读数，重复多次操作。

(2) 碱式滴定管 试漏、赶气泡、调零、滴定、读数，重复多次操作。

4. 容量瓶的使用

装水、调液面到刻度，摇匀。

5. 移液管的使用

(1) 用25mL移液管在250mL容量瓶中吸液，调整液面到刻度，放液到250mL的锥形瓶中。

(2) 用10mL刻度吸管移取溶液2mL、4mL、6mL的操作，反复多次操作。

四、注意事项

1. 以上操作均用水代替溶液进行。在滴定分析操作时，滴定管和移液管都必须用待装和待取溶液润洗三次后，才能装入或吸取溶液。

2. 滴定管的读数的拿持方法，刻度线一定要与视线相平，吸液管、容量瓶调整液面时，刻度其标线也应与视线相平。

实验四 酸碱溶液的配制和标定

一、目的要求

1. 熟练称量和滴定操作。

2. 掌握用碳酸钠标定盐酸和用比较法标定NaOH溶液的方法。

3. 熟悉甲基橙、溴甲酚绿-甲基红、酚酞指示剂滴定终点的判断。

二、仪器及试剂

酸式滴定管 50mL 一支

碱式滴定管	50mL	一支
移液管	25mL	一支
锥形瓶	250mL	二个
无水碳酸钠	基准物	
NaOH	饱和溶液	
HCl	浓 HCl	
酚酞指示剂	10g/L 乙醇溶液	
溴甲酚绿-甲基红指示剂		
甲基橙指示剂	0.1%水溶液	

三、溶液配制

1. HCl 溶液配制

量取下列规定体积的盐酸，注入 1000mL 水中摇匀。

$c(HCl)/(mol \cdot L^{-1})$　1　0.5　0.1

$V(HCl)/mL$　90　45　9

2. NaOH 溶液配制

称取 100gNaOH，溶于 100mL 水中，摇匀后注入聚乙烯容器中，密闭放置至溶液清亮。用塑料管虹吸下列规定体积的上层清液，注入 1000mL 无二氧化碳的水中，摇匀。

$c(NaOH)/(mol \cdot L^{-1})$　1　0.5　0.1

氢氧化钠饱和溶液/mL　52　26　5

四、标定

1. 盐酸的标定

称取下列规定量的、于 270～300℃灼烧至恒重的基准无水碳酸钠，精确至 0.0001g。溶于 50mL 水中，加 10 滴溴甲酚绿-甲基红混合指示液由绿色变为暗红色，煮沸 2min，冷却后继续滴定至溶液再呈暗红色。同时做空白试验。

$c(HCl)/(mol \cdot L^{-1})$　1　0.5　0.1

基准无水碳酸钠/g　1.6　0.8　0.2

2. NaOH 的标定

量取 30.00～35.00mL 下列规定浓度的盐酸标准溶液，加 50mL 无二氧化碳的水及 2 滴酚酞指示液（10g/L），用配制好的氢氧化钠溶液滴定，近终点时加热至 80℃，继续滴定至溶液呈粉红色。

$c(NaOH)/(mol \cdot L^{-1})$　1　0.5　0.1

$c(HCl)/(mol \cdot L^{-1})$　1　0.5　0.1

五、计算

1. 盐酸标准滴定溶液浓度的计算

$$c(HCl)=\frac{m\times 1000}{(V_1-V_2)\times 52.99}$$

式中　$c(HCl)$ ——盐酸标准溶液的浓度，mol/L；

m——基准无水碳酸钠的质量，g；

V_1——盐酸溶液的体积，mL；

V_2——空白试验盐酸溶液的体积，mL；

52.99——基准无水碳酸钠的摩尔质量$\left[M\left(\frac{1}{2}Na_2CO_3\right)\right]$，g/mol。

2. 氢氧化钠标准滴定溶液浓度的计算

$$c(NaOH)=\frac{V_1 \cdot c_1}{V}$$

式中 $c(NaOH)$——氢氧化钠标准滴定溶液的浓度，mol/L；

V_1——盐酸标准滴定溶液的体积，mL；

c_1——盐酸标准滴定溶液的浓度，mol/L；

V——氢氧化钠溶液的体积，mL。

六、注意事项

1. 加热煮沸的目的是赶出 CO_2，注意不能爆沸，以防溶液损失。在自来水上冷却后，才能继续滴定。

2. 基准 Na_2CO_3，必须在 270～300℃ 灼烧至恒重，两次灼烧之差不能大于 0.0002g。

3. 由于 NaOH 吸湿性强，容易吸收空气中 CO_2 生成 Na_2CO_3，若 NaOH 溶液中有 Na_2CO_3 存在时，会影响指示剂的使用。又因在 NaOH 饱和溶液中，Na_2CO_3 几乎不溶解，所以采用先配制 NaOH 饱和溶液，使 Na_2CO_3 先沉淀，吸取上层澄清溶液，如果含 Na_2CO_3 沉淀而除去。

4. 在配制、稀释时，所用蒸馏水，应不含 CO_2。为此，可将其煮沸数分钟，冷却后使用。

5. 因 NaOH 对玻璃有腐蚀，所以配好的饱和溶液，应存放于塑料瓶中。

6. NaOH 也可用邻苯二甲酸氢钾标定。操作步骤为：取 105～110℃ 烘至恒重的基准邻苯二甲酸氢钾 0.6g，称准至 0.0002g，溶于 50mL 不含二氧化碳的水中，加 2 滴 1%酚酞指示液，用氢氧化钠溶液滴定至溶液所呈粉红色，同时作空白实验。

实验五　工业硫酸纯度的测定

一、目的要求

1. 掌握称量液体试样的方法。

2. 掌握移液管、容量瓶的使用。

二、主要仪器及试剂

酸式滴定管	500mL	一支
滴瓶	60mL	一个
容量瓶	250mL	一个
移液管	25mL	一支
锥形瓶	250mL	二个

NaOH 标准滴定溶液 0.1mol/L

甲基红-亚甲基蓝混合指示剂（0.12g 甲基红和 0.088 亚甲基蓝）于 100mL 酒精中。

三、实验内容

1. 测定步骤

用胶帽瓶准确称取工业硫酸样品1.5～2.0g（25～30滴），放入装有约100mL蒸馏水的250mL容量瓶中，摇动冷却至室温，用水稀释至刻度，摇匀。用移液管吸取25mL该试液注入锥形瓶中，加甲基红—亚甲基蓝混合指示剂2滴，用0.1mol/LNaOH标准滴定溶液滴定至溶液由红紫变绿即为终点。平行测定三次。

2. 计算

$$w(H_2SO_4)=\frac{c(V-V_1)\times\frac{M}{1000}}{m\times\frac{25}{250}}\times100\%$$

式中 c——NaOH标准溶液的浓度，mol/L；

V——NaOH标准溶液的体积，mL；

V_1——空白试验NaOH标准滴定溶液的体积，mol/L；

M——硫酸的摩尔质量$\left[M\left(\frac{1}{2}H_2SO_4\right)\right]$，mol/L；

m——硫酸样品的质量，g。

实验六 冰醋酸中总酸量的测定

一、目的要求

1. 熟练掌握容量仪器的使用。

2. 用酚酞作指示剂进行强碱滴定弱酸。

二、主要仪器及试剂

吸量管	5mL	一支
移液管	25mL	一支
容量瓶	250mL	一个
锥形瓶	250mL	二个
碱式滴定管	50mL	一支

NaOH标准溶液浓度约为0.1mol/L

酚酞指示剂 1%酒精溶液

三、测定步骤

用5mL吸量管吸取2.00mL醋酸溶液试样，移入250mL的容量瓶中，用蒸馏水稀释至刻度，摇匀。

用移液管吸取25mL上述试液，移入锥形瓶中，加酚酞指示剂2滴，以0.1mol/LNaOH标准溶液滴定至粉红色，在摇匀后，应保持30s颜色不褪去，即为终点

同时做几次平行测定。

四、计算

试样中HAc质量浓度（g/L）按下式计算。

$$\rho(HAc)=\frac{c(NaOH)(V-V_2)\frac{M}{1000}}{V_{样}\times\frac{25}{250}}\times1000(g/L)$$

式中 $c(NaOH)$——NaOH 标准溶液浓度，mol/L；

V——NaOH 标准滴定溶液的体积，mL；

V_2——空白试验 NaOH 标准滴定溶液的体积，mL；

$V_{样}$——醋酸试样的体积，mL；

M——醋酸的摩尔质量 $M[HAc]$，g/mol。

实验七 烧碱中 NaOH 和 Na_2CO_3 含量的测定

一、目的要求

1. 掌握双指示剂法的操作和计算。

2. 了解甲基橙、酚酞指示剂滴定终点的判断。

二、仪器及试剂

酸式滴定管	50mL	一支
移液管	25mL	一支
烧杯	150mL	一个
称量瓶		一个
锥形瓶	250mL	二个
容量瓶	250mL	一个
盐酸标准溶液	0.1mol/L	
酚酞指示剂	1%酒精溶液	
甲基橙指示剂	0.1%水溶液	

三、测定步骤

用分析天平称取 2g（称准至 0.0002g）混合碱试样，放于烧杯中，用少量蒸馏水溶解，必要时可微微加热（如有不溶性残渣应过滤除去）。将溶液移入 250mL 容量瓶中（如果用滤纸过滤，应当用蒸馏水注入滤纸中洗涤 2～3 次，洗涤液也应并入容量瓶）。最后用蒸馏水稀释至刻度，用力将溶液摇匀。

用移液管吸取上述溶液 25mL，放入 250mL 锥形瓶中，加入酚酞指示剂 2～3 滴，用 0.1000 mol/LHCl 标准溶液慢慢滴定至粉红色恰好消失为止，记下盐酸标准滴定溶液的毫升数 V_1。再加甲基橙指示剂 1～2 滴，继续用盐酸标准滴定溶液滴定至溶液由黄色变为橙色为止，记下盐酸的毫升数 V_2。

同时作平行测定。

四、计算

1. 混合碱中 NaOH 质量分数的计算

$$w(NaOH)=\frac{c(HCl)(V_1-V_2)\frac{M(NaOH)}{1000}}{m\times\frac{25}{250}}\times100\%$$

$$=\frac{c(\mathrm{HCl})(V_1-V_2)\times 40.00}{m}$$

2. 混合碱中 Na_2CO_3 含量的计算

$$w(\mathrm{Na_2CO_3})=\frac{c(\mathrm{HCl})\times 2V_2\ \dfrac{M\left(\frac{1}{2}\mathrm{Na_2CO_3}\right)}{1000}}{m\times\dfrac{25}{250}}\times 100\%$$

式中 $c(\mathrm{HCl})$——盐酸标准滴定溶液的浓度，mol/L；

V_1——以酚酞为指示剂滴定至终点时耗用盐酸标准滴定溶液的体积，mL；

V_2——以甲基橙为指示剂滴定时盐酸溶液的用量，mL；

$M(\mathrm{NaOH})$——NaOH 的摩尔质量 M（NaOH），g/mol；

$M\left(\frac{1}{2}\mathrm{Na_2CO_3}\right)$——（$\frac{1}{2}\mathrm{Na_2CO_3}$）的摩尔质量，g/mol；

m——试样质量，g。

五、注意事项

1. NaOH 易吸收空气中的 CO_2，样品和试样不宜在空气中放置过久。以酚酞为指示剂滴定时应小心摇动，防止滴入的盐酸造成局部过浓，而使 Na_2CO_3 一次中和到 H_2CO_3，而逸出 CO_2，造成误差。

2. 用盐酸滴定 Na_2CO_3 的反应，两个等当点附近突跃均较小，为提高准确度可采用混合指示剂，终点颜色由紫色变为黄色。第二个等当点可采用甲基红-亚甲基蓝，由绿色变紫色，可以减少误差。

实验八　尿素中氮含量的测定

一、目的要求

掌握甲醛法测定尿素中氮含量的方法。

二、主要仪器及试剂

称量瓶	一个	短颈漏斗	二个
锥形瓶	二个	石棉网	一个
量筒 50mL，5mL	各一个	电炉	一台
碱式滴定管 50mL	一支		

浓 H_2SO_4（分析纯），密度 1.84g/mL

HCHO（甲醛）溶液，25%（使用时以酚酞为指示剂，用约 0.5mol/L NaOH 标准溶液调节至中性）。

酚酞指示剂　1%酒精溶液

NaOH 溶液　30%

NaOH 标准溶液　0.5mol/L

不含 CO_2 的蒸馏水

三、测定步骤

称取尿素试样 0.5g（称准至 0.0002g），置于 250mL 锥形瓶中，用少量水冲洗粘在瓶壁上的尿素，沿瓶壁加入 3mL 浓 H_2SO_4，摇匀。瓶上放一短颈漏斗，在通风橱内，于石棉网上缓慢加热至无剧烈的 CO_2 气泡逸出，加热煮沸，用不含 CO_2 的蒸馏水冲洗漏斗和瓶壁，再加入 30mL 不含 CO_2 的蒸馏水，冷却。

在锥形瓶中加入 2 滴甲基红指示剂，在冷却下，小心用 30%NaOH 溶液中和至接近终点时，改用 0.5mol/L NaOH 标准溶液中和，直至溶液呈橙色，加入适量不含 CO_2 的蒸馏水，使总体积为 100～150mL。

在已中和的溶液中，加入 20mL25%的中性 HCHO 溶液和 7 滴酚酞指示剂，摇匀。静置 5min，在不低于 20℃下，用 0.5mol/L NaOH 标准滴定溶液滴至溶液呈粉红色，经 1min 颜色不消失，即为终点，同时做空白试验。作平行测定。

四、计算

尿素总氮含量（干基计）以质量分数表示。

$$w(\text{总氮})=\frac{c(\text{NaOH})(V-V_1)\dfrac{M_N}{1000}}{m\times\dfrac{100-X_{H_2O}}{100}}\times 100\%$$

$$=\frac{M_N(V-V_1)\times 140.07}{m\times(100-X_{H_2O})}$$

式中 $c(\text{NaOH})$——NaOH 标准滴定溶液的物质的量浓度；

V——滴定 NaOH 标准滴定溶液的体积，mL；

V_1——空白试验 NaOH 溶液的体积，mL；

M_N——N 的摩尔质量 M（N），g/mol；

m——尿素试样的质量，g；

X_{H_2O}——尿素中水分含量。

实验九　高锰酸钾标准滴定溶液的配制和标定

一、目的要求

1. 掌握 $KMnO_4$ 标准滴定溶液的配制和标定方法。
2. 了解 Mn^{2+} 对氧化还原反应速度的催化作用。

二、仪器及药品

烧杯	600mL	一个
	2000mL	一个
G_4 微孔玻璃漏斗		一个
棕色酸滴定管	50mL	一支
锥形瓶	250mL	两个
$KMnO_4$	C. P.	
$Na_2C_2O_4$	基准物质	
H_2SO_4		3mol/L

三、$KMnO_4$ 溶液的配制

称取 3.3g$KMnO_4$，溶于 1050mL 水中，缓缓煮沸 15min，冷却后置于暗处保存两周。以 4 号玻璃滤埚过滤于干燥的棕色瓶中。过滤 $KMnO_4$ 溶液所使用的 4 号玻璃滤埚预先应以同样的 $KMnO_4$ 溶液缓缓煮沸 5min，收集瓶也要用此 $KMnO_4$ 溶液洗涤 2～3 次。

四、标定

称取 0.2g 于 105～110℃烘至恒重的基准草酸钠，精确至 0.0001g。溶于 100mL 硫酸溶液中，用配制好的高锰酸钾溶液滴定，近终点时加热至 65℃，继续滴定至溶液呈粉红色保持 30s。同时做空白实验。

五、计算

高锰酸钾标准滴定溶液浓度按下式计算。

$$c\left(\frac{1}{5}KMnO_4\right)=\frac{m\times1000}{(V_1-V_2)\times67.00}$$

式中 $c\left(\frac{1}{5}KMnO_4\right)$——高锰酸钾标准滴定溶液的浓度，mol/L；

m——基准草酸钠的质量，g；

V_1——高锰酸钾溶液的体积，mL；

V_2——空白试验高锰酸钾溶液的体积，mL；

67.00——基准草酸钠的摩尔质量$\left[M\left(\frac{1}{2}Na_2C_2O_4\right)\right]$，g/mol。

实验十 双氧水含量的测定

一、实验目的

1. 掌握用 $KMnO_4$ 溶液测定 H_2O_2 的方法。
2. 了解自身指示剂的滴定终点。

二、主要仪器及试剂

棕色酸式滴定管	50mL	一支
量筒	25mL	一个
H_2SO_4 溶液	1mol/L	
$KMnO_4$ 溶液	0.1mol/L$\left(\frac{1}{5}KMnO_4\right)$	

三、测定步骤

用吸量管准确吸取工业双氧水 30%左右样品 1.00mL，放入装有 200mL 蒸馏水的 250mL 容量瓶中，用蒸馏水稀释至刻度，摇匀。再用移液管吸取 25mL 此溶液，放入锥形瓶中，加 20mL1mol/L H_2SO_4，以 0.1mol/L$\left(\frac{1}{5}KMnO_4\right)$平行测定 2 次标准溶液滴定至淡红色并保持 30s，颜色不褪，即为终点。

四、计算

工业双氧水含量一般用质量浓度表示。

$$\rho(H_2O)=\frac{c\left(\frac{1}{5}KMnO_4\right)V\times\frac{M\left(\frac{1}{2}H_2O_2\right)}{1000}}{1.00\times\frac{25}{250}}\ (g/mL)$$

式中 $c\left(\frac{1}{5}KMnO_4\right)$——$KMnO_4$ 标准滴定溶液的浓度，mol/L；

V——$KMnO_4$ 标准滴定溶液的体积，mL；

$M\left(\frac{1}{2}H_2O_2\right)$——$\left(\frac{1}{2}H_2O_2\right)$的摩尔质量，g/mol。

五、注意事项

1. 滴定开始时反应较慢，但不能加热，以防 H_2O_2 分解。因此，开始滴定时速度可慢些，生成 Mn^{2+} 后，反应会加快些。每次待 MnO_4^- 的红紫色消失后再继续滴定，也可在开始滴定前加几滴 $MnSO_4$ 溶液作催化剂。

2. 双氧水中如存在有机物（如稳定剂乙酰苯胺）时，能消耗 $KMnO_4$ 标准溶液，使结果偏高，遇此情况可改用碘量法。

实验十一　绿矾含量的测定

一、目的要求

掌握 $KMnO_4$ 法直接滴定测定 $FeSO_4 \cdot 7H_2O$ 含量的方法。

二、仪器及试剂

锥形瓶	250mL	二个
量筒	10mL、25mL	各一个
$KMnO_4$ 标准溶液	0.1mol/L $\left(\frac{1}{5}KMnO_4\right)$	
H_2SO_4	1mol/L	

三、操作步骤

称取绿矾样品 0.6～0.7g（称准至 0.0002g），放入 250mL 锥形瓶中，加入 15mL 1mol/LH_2SO_4，2mLH_3PO_4 以及煮沸后冷却的蒸馏水 50mL，待样品溶解后，立即以 0.1mol/L $\left(\frac{1}{2}KMnO_4\right)$ mol/L 标准溶液滴定至溶液显淡红色并保持 30s 为终点，记下 $KMnO_4$ 溶液的体积 V。

同时平行测定两次。

四、计算

$$w(FeSO_4 \cdot 7H_2O)=\frac{c\left(\frac{1}{5}KMnO_4\right)V\times\frac{M}{1000}}{m_{样}}\times100\%$$

式中 $c\left(\frac{1}{5}KMnO_4\right)$——$KMnO_4$ 标准滴定溶液的浓度，mol/L；

V——消耗 $KMnO_4$ 标准滴定溶液的体积，mL；

$m_{样}$——绿矾样品质量，g；

M——绿矾的摩尔质量，[M ($FeSO_4 \cdot 7H_2O$)]，g/mol。

五、注意事项

1. 使用不含氧的蒸馏水，由于水中所含氧能将 Fe^{2+} 氧化成 Fe^{3+}，使结果偏低。

$$4Fe^{2+} + O_2 + 4H^+ \longrightarrow 4Fe^{3+} + 2H_2O$$

经过煮沸后的冷蒸馏水已将溶解氧除去，避免了误差。

试样或试液溶解后，应及时滴定，避免在空气中氧化。

2. 加 H_3PO_4 是为了掩蔽生成的 Fe^{3+}，以消除 Fe^{3+} 的黄色对终点观察的影响。同时也降低电对 Fe^{3+}/Fe^{2+} 的电位，使 Fe^{2+} 反应更加完全。

3. 为防止 Fe^{2+} 在空气中氧化，滴定速度应该快一些。

实验十二 $K_2Cr_2O_7$ 标准滴定溶液的配制及铁矿中铁的测定

一、目的要求

1. 掌握直接法配制 $K_2Cr_2O_7$ 标准滴定溶液的方法。
2. 掌握 $K_2Cr_2O_7$ 法测定铁的全过程、各步的原理及滴定的终点。

二、仪器及试剂

称量瓶		一个
容量瓶	250mL	一个
量　筒	50mL	二个
白色滴定管	50mL	一支

固体 $K_2Cr_2O_7$：基准物质。

样品：铁矿石。

浓盐酸：密度为 1.19g/mL。

$SnCl_2$ 溶液（10%）：10g $SnCl_2 \cdot 2H_2O$ 溶于 10mL 浓盐酸中，用蒸馏水稀释成 100mL 并加几粒金属锡（使用时新配）。

$HgCl_2$ 饱和溶液：10g $HgCl_2$ 溶于 100mL 热水中，冷却后使用。

H_2SO_4-H_3PO_4 混合酸：150mL 浓 H_2SO_4 缓缓注入于 700mL 水中，并充分搅拌，冷却后，再加入 150mL H_2PO_4，混匀。

二苯胺磺酸钠溶液（0.5%）。

三、操作步骤

1. 配制 0.1mol/L $K_2Cr_2O_7$ 溶液

准确称取固体 $K_2Cr_2O_7$ 约 1.2g，放入烧杯中，加入少量水，加热溶解，将溶液冷却后，小心地移入 250mL 容量瓶中，如此反复操作，至全部溶解为止。用蒸馏水反复冲洗烧杯并将冲洗液并入容量瓶中，直至烧杯内壁无黄色。用蒸馏水稀释容量瓶内的溶液至刻度，充分摇匀。按下式计算浓度。

$$c\left(\frac{1}{6}K_2Cr_2O_7\right) = \frac{m}{M} \times 1000 \times \frac{1}{250}$$

式中　$c\left(\frac{1}{6}K_2Cr_2O_7\right)$——重铬酸钾标准滴定溶液的浓度，mol/L；

m——重铬酸钾的准确质量，g；

M——基准重铬酸钾的摩尔质量$\left[M\left(\frac{1}{6}K_2Cr_2O_7\right)\right]$，g/mol。

2. 测定铁矿中铁的含量

准确称取铁矿石样品 0.2～0.3g（称准至 0.0002g），放入锥形瓶中，以少量水湿润，加入浓盐酸 20mL，盖上小表皿，缓缓加热使之溶解。加入几滴 $SnCl_2$ 溶液（10%）、不断摇动，至瓶底无黑色颗粒为止。以少量水吹洗表皿及瓶内壁，趁热滴入 $SnCl_2$，充分摇动，仔细观察至黄色消失为止，再多加 1 滴。试液用流动的水冷却，一次迅速加入 $HgCl_2$ 饱和溶液 10mL，摇动后，以少量水吹洗锥形瓶内壁，放置 2～3min，加 H_2SO_4-H_3PO_3 混合酸 15～20mL，蒸馏水约 100mL，再加 0.5%二苯胺磺酸钠溶液 5 滴，以 0.1mol/L $\left(\frac{1}{5}K_2Cr_2O_7\right)$标准溶液滴定至绿色变为蓝紫色为终点，记下 $K_2Cr_2O_7$，标准滴定溶液的体积V（mL），同时平行测定两次。

四、计算

$$w(\mathrm{Fe})=\frac{c\left(\frac{1}{6}K_2Cr_2O_7\right)V\times\frac{M}{1000}}{m_{样}}\times100\%$$

或

$$w(\mathrm{Fe_2O_3})=\frac{c\left(\frac{1}{6}K_2Cr_2O_7\right)V\times\frac{M\left(\frac{1}{2}Fe_2O_3\right)}{1000}}{m_{样}}\times100\%$$

式中 $c\left(\frac{1}{6}K_2Cr_2O_7\right)$——重铬酸钾标准滴定溶液的浓度，mol/L；

V——重铬酸钾标准滴定溶液的体积，mL；

$M\left(\frac{1}{2}Fe_2O_3\right)$——$\left(\frac{1}{2}Fe_2O_3\right)$的摩尔质量，g/mol；

$m_{样}$——样品质量，g。

五、注意事项

1. 一般用盐酸溶解矿样，但低铁高硅铁矿难溶于盐酸，可加少许 NaF 或 NH_4F，和 SiO_2 作用生成易挥发的 SiF_4，使 SiO_2 溶解，滴加少量的 $SnCl_2$ 溶液使 Fe^{3+} 变成 Fe^{2+}，降低 Fe^{3+} 的浓度有利于溶解过程。溶解中如有黑色残渣，说明试样没溶解完全。

2. 用 $SnCl_2$ 还原 Fe^{3+} 时应趁热进行，如温度低于 60℃，反应很慢。还原过程中，如 Hg_2Cl_2 沉淀中有黑色颗粒，说明有 Hg 生成，这是由于 $SnCl_2$ 过量太多，用 $HgCl_2$ 除 $SnCl_2$ 时，生成大量的 Hg_2Cl_2 沉淀，全被溶液中 $SnCl_2$ 进一步还原为金属 Hg，反应为

$$SnCl_2+Hg_2Cl_2\downarrow\longrightarrow SnCl_4+2Hg\downarrow\text{（黑色）}$$

$$\varphi^{\ominus}_{HgCl_2/2Hg}=0.27\ (V)$$

金属 Hg 也会与 $K_2Cr_2O_7$ 反应，造成误差。在操作时，$HgCl_2$ 要一次加入，预防少量加入时，使生成的 $Hg_2Cl_2\downarrow$ 和 Sn^{2+} 作用。

3. 指示剂二苯胺磺酸钠，其变色电位为 0.85V，而 0.1000mol/L $\left(\frac{1}{6}K_2Cr_2O_7\right)$溶液滴定 Fe^{2+} 时的突跃电位为 0.94～1.31V，将会使滴定终点提早出现。为了减少误差，常

于试液中加入 H_3PO_4，使 Fe^{3+} 生成无色稳定的 Fe（HPO_4）$_2^-$，以减小 Fe^{3+} 浓度，降低 $\varphi_{Fe^{3+}/Fe^{2+}}$，使突跃范围拉长，变为 0.71～1.31V。使指示剂二苯胺磺酸钠的变色范围在突跃范围之内。同时有利于终点的观察。

实验十三　硫代硫酸钠标准滴定溶液的配制和标定

一、目的要求

1. 掌握 $Na_2S_2O_3$ 标准滴定溶液的配制和标定。
2. 掌握碘量瓶的使用方法。

二、仪器及试剂

称量瓶		一个
碘量瓶	250mL	二个
量筒	5mL、50mL、250mL	各一个
棕色酸式滴定管	50mL	一支
移液管	25mL	一支

不含 CO_2 的蒸馏水

$K_2Cr_2O_7$	基准物
KI	A. R.
淀粉指示剂	5g/L 水溶液
H_2SO_4 溶液	2mol/L
$Na_2S_2O_3 \cdot 5H_2O$	A. R.

三、配制硫代硫酸钠

称取 26g 硫代硫酸钠（$Na_2S_2O_3 \cdot 5H_2O$）（或 16g 无水硫代硫酸钠），溶于 1000mL 水中，缓缓煮沸 10min，冷却。放置两周后过滤备用。

四、标定

称取 0.15g 于 120℃烘至恒重的基准重铬酸钾，精确至 0.0001g，溶于 25mL 水，置于碘量瓶中，加 2g 碘化钾及 20mL 硫酸（20%），摇匀，于暗处放置 10min。加 150mL 水，用配制好的硫代硫酸钠溶液滴定。近终点时加 3mL 淀粉指示液（5g/L），继续滴定至溶液由蓝色变为亮绿色，同时做空白试验。

五、计算

硫代硫酸钠标准滴定溶液的浓度按下式计算。

$$c(Na_2S_2O_3)=\frac{m\times 1000}{(V_1-V_2)\times 49.03}$$

式中　$c(Na_2S_2O_3)$——硫代硫酸钠标准滴定溶液的浓度，mol/L；
m——基准重铬酸钾的质量，g；
V_1——硫代硫酸钠溶液的体积，mL；
V_2——空白试验硫代硫酸钠溶液的体积，mL；
49.03——基准重铬酸钾的摩尔质量$\left[M\left(\frac{1}{6}K_2Cr_2O_7\right)\right]$，g/mol。

六、注意事项

在反应物浓度较高时，反应速率较快。放置5min后，加水稀释的目的是降低溶液的酸度，防止I^-的氧化。

实验十四 胆矾（$CuSO_4 \cdot 5H_2O$）含量的测定

一、目的要求

1. 掌握碘量法测定铜含量的原理和方法。
2. 掌握淀粉指示剂的滴定终点。

二、仪器及试剂

碘量瓶	250mL	二个
量筒	10mL	二个
棕色酸式滴定管	50mL	一支

H_2SO_4	2mol/L
KI溶液	10%
KCNS溶液	10%
淀粉溶液	0.5%
$Na_2S_2O_3$标准溶液	0.1mol/L（$Na_2S_2O_3$）

三、测定步骤

称取样品0.5～0.6g（称准至0.0002g），放于250mL锥形瓶中，加入30mL蒸馏水，4mL 2mol/L H_2SO_4，10%KI溶液10mL，摇匀后，放置3min，用0.1mol/L$Na_2S_2O_3$溶液滴定至溶液显淡黄色，加2mL0.5%淀粉溶液，继续滴定至溶液呈淡蓝色，加10mL10%KCNS溶液，再滴定至蓝色刚刚消失即为终点，记下$Na_2S_2O_3$溶液的体积V。平行测定两次。

四、计算

$$w(CuSO_4 \cdot 5H_2O)=\frac{c(Na_2S_2O_3)V\times\frac{M}{1000}}{m_{样}}\times100\%$$

式中 $c(Na_2S_2O_3)$——硫代硫酸钠标准滴定溶液的浓度，mol/L；

V——硫代硫酸钠标准滴定溶液的体积，mL；

$m_{样}$——样品的质量，g；

M——胆矾的摩尔质量$\left[M\left(\frac{1}{2}CuSO_4 \cdot 5H_2O\right)\right]$，g/mol。

实验十五 EDTA标准滴定溶液的配制和标定

一、目的要求

1. 掌握EDTA标准滴定溶液的标定方法。
2. 掌握铬黑T指示剂滴定终点。

二、主要仪器及试剂

烧杯	250mL	一个
容量瓶	250mL	一个
量筒	10mL	二个
移液管	25mL	一支
酸式滴定管	50mL	一支
EDTA 二钠盐	A. R.	
ZnO	基准试剂	
浓盐酸		
盐酸	20%	
氨水溶液	10%	

NH_3-NH_4Cl 缓冲溶液（pH=10）

铬黑 T 指示剂　5g/L

三、配制 EDTA 溶液

称取下列规定量的乙二胺四乙酸二钠，加热溶于 1000mL 水中，冷却、摇匀。

c(EDTA)/($mol \cdot L^{-1}$)　0.1　0.05　0.02

乙二胺四乙酸二钠质量/g　40　20　8

乙二胺四乙酸二钠标准滴定溶液 [c(EDTA)=0.1mol/L]。

四、标定

称取 0.25g 于 800℃灼烧至恒重的基准氧化锌，精确至 0.0001g，用少量水湿润，加 2mL 盐酸（20%）使样品溶解，加 100mL 水，用氨水溶液（10%）中和至 pH 值 7~8，加 10mL 氨-氯化铵缓冲溶液（pH≈10）及 5 滴铬黑 T 指示液（5g/L），用配制好的乙二胺四乙酸二钠溶液滴定至溶液由紫色变为纯蓝色同时做空白试验。

五、计算

乙二胺四乙酸二钠标准滴定溶液浓度按下式计算。

$$c(\text{EDTA})=\frac{m\times 1000}{(V_1-V_2)\times 81.38}$$

式中　c(EDTA)——乙二胺四乙酸二钠标准滴定溶液的浓度，mol/L；

m——基准氧化锌的质量，g；

V_1——乙二胺四乙酸二钠溶液的体积，mL；

V_2——空白试验乙二胺四乙酸二钠溶液的体积，mL；

81.38——基准氧化锌的摩尔质量 [M（ZnO）]，g/mol。

实验十六　水中硬度的测定

一、目的要求

1. 掌握配位滴定法测定水中硬度的方法。
2. 了解钙硬、镁硬的关系。

3. 掌握铬黑T指示剂确定终点。

二、主要仪器及药品

锥形瓶	250mL	两个
移液管	50mL、100mL	各一支
酸滴定管	50mL	一支
铬黑T指示剂	0.5%	
氨-氯化铵缓冲溶液(pH=10)		
刚果红试纸		
HCl	6mol/L	
NaOH	4mol/L	
钙指示剂	1∶100(干燥NaCl)	
EDTA	标准溶液 0.02mol/L	

三、测定步骤

1. 总硬度的测定

吸取水样100mL,放于250mL锥形瓶中,加入pH=10的氨缓冲溶液10mL,铬黑T溶液5滴,用0.02mol/LEDTA标准溶液滴定至溶液由酒红色变成纯蓝色为终点。记下EDTA标准溶液的消耗量V_1。

2. 钙硬的测定

取水样100mL,放于250mL锥形瓶中,加入刚果红试纸一小块,加入6mol/L盐酸酸化,至试纸变成蓝紫色为止。煮沸2~3min,冷却至40~50℃,加入4mol/LNaOH溶液4mL,再加少量钙指示剂,以0.02mol/LEDTA标准溶液滴定至溶液由红色变成蓝色为终点。记下EDTA标准溶液的体积V_2。

四、计算

$$\text{总硬度}(\text{mg/L})=\frac{cV_1\times 56.08}{V_{\text{样}}}\times 1000$$

$$\text{钙硬}(\text{mg/L})=\frac{cV_2\times 40.08}{V_{\text{样}}}\times 1000$$

$$\text{镁硬}(\text{mg/L})=\text{总硬度}-\text{钙硬}$$

式中 c——EDTA标准滴定溶液的浓度,mol/L;

$V_{\text{样}}$——水样的体积,mL;

V_1——EDTA标准溶液的消耗量,mL;

V_2——EDTA标准溶液的体积,mL;

56.08——氧化钙的摩尔质量[$M(CaO)$],g/mol;

40.08——钙的摩尔质量[$M(Ca)$],g/mol。

五、注意事项

1. 水中有微量Cu^{2+}存在,可加入2% Na_2S溶液1mL,使它沉淀。

$$Cu^{2+}+S^{2-}=\!=\!=CuS\downarrow$$

2. 有少量铁、铝存在,可加入1~3mL二乙醇胺掩蔽。

实验十七　铝盐中铝含量的测定

一、目的要求

1. 通过铝盐中铝含量的测定，进一步巩固配位滴定法。

2. 学会二甲橙为指示剂判断滴定终点。

二、仪器及试剂

容量瓶	250mL	一个
称量瓶	扁形	两个
移液管	25mL	一支
量筒	5mL、25mL、50mL	各一个
酸式滴定管	50mL	一支

0.02mol/L EDTA 溶液

百里酚蓝指示剂溶液（0.1%），用20%乙醇为溶剂

二甲酚橙水溶液（0.5%），$NH_3 \cdot H_2O$(1∶1)

（环）六亚甲基四胺（20%），（环）六亚甲基四胺 0.08g 加 4mL 盐酸加水至 100mL

固体 NH_4F

0.02mol/L 锌盐溶液：称取 0.33g 纯锌，称准至 0.0002g，使金属锌全溶，然后小心地移入 250mL 容量瓶中，用水淋洗烧杯并将洗涤液全部并入容量瓶中，用水稀释至刻度，摇匀待用（也可用 ZnO 进行配制）。

三、操作步骤

准确称取工业硫酸铝样品约 0.5g（精确至 0.0001g），加入 6mol/L 盐酸 3mL，水 50mL 溶解，移入 250mL 容量瓶中，以水稀释至刻度，摇匀。

取试液 25mL，放于锥形瓶中，加水 20mL，用滴定管加入 0.02mol/L EDTA 溶液 30mL，加 0.1%百里酚蓝溶液 1 滴，以（1+1）氨水中和至呈黄色（pH≈3），煮沸，加入 20%（环）六亚甲基四胺溶液 10mL（使 pH 值为 5～6），用力振荡，以流动水冷却。加入 0.5%二甲酚橙溶液 3～4 滴，用 0.02mol/L 锌盐标准溶液滴定至溶液由亮黄色转变成紫红色，不记体积数。然后在溶液中加入固体 NH_4F 1～2g 加热煮沸 2min，冷却（必要时补加二甲酚橙指示剂 2 滴），用 0.02mol/L 锌盐标准溶液滴定至溶液由黄色转变为紫红色即为终点，记下锌盐溶液的用量 V。

四、计算

$$w(\mathrm{Al})=\frac{c \times V \times \frac{M}{1000}}{m_{样} \times \frac{10}{100}} \times 100\%$$

式中　c——锌盐标准滴定溶液的浓度，mol/L；

M——铝的摩尔质量 $M(\mathrm{Al})$，g/mol；

V——锌盐标准滴定溶液体积，mL；

$m_{样}$——样品质量，g。

实验十八　硝酸银标准滴定溶液的配制与标定

一、目的要求

1. 掌握硝酸银溶液的配制方法和标定方法。

2. 学会应用铬酸钾或荧光黄作指示剂判断滴定终点。

二、仪器及试剂

棕色瓶	1000mL	一个
量筒	50mL、100mL	各一个
棕色酸式滴定管	50mL	一支
固体硝酸银	C. P.	
K_2CrO_4 溶液	5%水溶液	
荧光黄指示剂	0.5%乙醇溶液（或0.2%的70%乙醇溶液）	
氯化钠	基准物质	
淀粉溶液	3%水溶液（或2%糊精溶液）	

三、操作步骤

1. 0.1mol/L $AgNO_3$ 溶液的配制

称取17.5g硝酸银，溶于1000mL水中，摇匀。溶解保存于棕色瓶中。

2. $AgNO_3$ 溶液的标定

称取0.2g于500～600℃灼烧至恒重的基准氯化钠，精确至0.0001g。溶于70mL水中，加10mL淀粉溶液（10g/L），用配制好的硝酸银溶液滴定。用216型银电极作指示电极，用217型双盐桥饱和甘汞电极作参比电极，按GB 9723—88中的二级微分法之规定来确定终点。

四、计算

硝酸银标准滴定溶液浓度按下式计算。

$$c(AgNO_3)=\frac{m\times 1000}{V\times 58.44}$$

式中　$c(AgNO_3)$——硝酸银标准滴定溶液的浓度，mol/L；

m——基准氯化钠的质量，g；

V——硝酸银标准滴定溶液的体积，mL；

58.44——基准氯化钠的摩尔质量［$M(NaCl)$］，g/mol。

实验十九　烧碱中氯化钠的测定

一、目的要求

掌握佛尔哈德法的原理及铁铵矾指示剂滴定终点的判断。

二、仪器及试剂

容量瓶	250mL	一个
移液管	25mL	一支

酸式滴定管	50mL	一支
带塞锥形瓶	250mL	一个
$AgNO_3$ 标准滴定溶液	0.1mol/L	
NH_4CNS 标准滴定溶液	0.1mol/L	
酚酞指示剂	5g/L	
铁铵矾指示剂	100g/L 用酚酞为指示剂，HNO_3 中和至近无色。	
硝基苯	A. R.	
HNO_3 溶液	4mol/L	

三、测定步骤

1. 制备样品

迅速称取 25g 样品，称准至 0.01g，置于具塞锥形瓶中，用不含二氧化碳的水溶解，加 2 滴酚酞指示剂，用硝酸中和至无色，冷却，移入 250mol 容量瓶中，稀释至刻度。若为液体试样，可移取 25mL，中和后准确稀释至 100mL。

2. 测定

吸取 25mL 上述试液于锥形瓶中，加入 4mol/L HNO_3 溶液 4mL，在用力摇动下，自滴定管中准确加入 40mL 0.1mol/L $AgNO_3$ 标准溶液，再加入铁铵矾指示剂溶液 1～2mL 及硝基苯 5mL，摇动至 AgCl 沉淀被硝基苯覆盖，以 0.1mol/L NH_4CNS 标准溶液滴定至溶液出现淡红色为止。

四、计算

氯化物的含量为

$$\rho(\text{液碱 NaCl})=\frac{[(c_1V_1)(\text{AgNO}_3)-(c_2V_2)(\text{NH}_4\text{CNS})]\times\frac{M(\text{NaCl})}{1000}}{25\times\frac{25}{100}}\times1000$$

$$w(\text{固碱 NaCl})=\frac{[c(\text{AgNO}_3)V_1-c(\text{NH}_4\text{CNS})V_2]\times\frac{M(\text{NaCl})}{1000}}{m\times\frac{25}{250}}\times100\%$$

式中 $c(AgNO_3)$ ——硝酸银标准溶液的浓度，mol/L；

$c(NH_4CNS)$ ——硫氰酸铵标准溶液的浓度，mol/L；

V_1——$AgNO_3$ 标准溶液的体积，mL；

V_2——NH_4CNS 标准滴定溶液的体积，mL；

$M(NaCl)$ ——NaCl 的摩尔质量 $M(NaCl)$，g/mol；

m——试样质量，g。

五、注意事项

1. 烧碱中含 NaCl 的量不同，取样量和加入的 $AgNO_3$ 标准滴定溶液的量可以酌情变动。

2. 加 $AgNO_3$ 标准溶液后，应充分摇动，当滴定接近终点时，只能轻微摇动。

实验二十　氯化钡中结晶水的测定

一、目的要求

掌握烘干除去结晶水的方法，正确使用烘箱。

二、主要仪器及试剂

烘箱	300℃	一台
扁形称量瓶		二个
$BaCl_2 \cdot 2H_2O$	A. R.	

三、测定步骤

取洗净的扁形称量瓶一个，将瓶盖横立在瓶口上，置烘箱中于125℃烘干1h，取出，放干燥器中冷却至室温（约20min），称量。再烘干一次，冷却、称量，重复进行直至恒重。将氯化钡样品约1g放入称量瓶中，盖上瓶盖，称量。然后将瓶盖横立在瓶口上，于125℃烘干1h，冷却、称量，重复烘干称量直至恒重。

四、计算

氯化钡样品中结晶水含量按下式计算。

$$w(H_2O)=\frac{m_1-m_2}{m}\times 100\%$$

式中　m_1——氯化钡样品与称量瓶重，g；

m_2——烘干后氯化钡样品与称量瓶重，g；

m——氯化钡样品重，g。

实验二十一　氯化钡含量的测定

一、目的要求

1. 掌握称量分析中沉淀法测定 Ba^+ 的原理。
2. 掌握晶形沉淀进行的条件。
3. 正确掌握称量分析法的基本操作。

二、试剂

H_2SO_4 溶液	1mol/L
HCl 溶液	2mol/L
NH_4NO_3 溶液	1%

三、操作步骤

1. 称样和溶解

称取0.4～0.6g（精确至0.0001g）氯化钡样品，放入250mL烧杯中，加100mL水溶解。

2. 沉淀和陈化

在盛有样品试液的烧杯中加入2mol/L HCl溶液3～5mL，盖上表面皿加热近沸（未溶的样品应全部溶解）。与此同时，另取1mol/L H_2SO_4 溶液3mL，加入小烧杯中，用水稀释成 30mL，再加热近沸。然后，将盛有样品热溶液的烧杯放在桌上，一面搅拌，一面用胶帽滴管以每秒钟 3～4 滴的速度加入热的稀 H_2SO_4 溶液，加至剩余 4～5 滴稀 H_2SO_4 为止。搅拌时应尽量避免玻璃棒接触杯壁，以免生成的沉淀附在烧杯内壁上。

用洗瓶冲洗玻璃棒和烧杯上部边缘，把附着在上面的沉淀微粒冲下去。待 $BaSO_4$ 沉降后，将剩余稀 H_2SO_4 溶液沿烧杯壁注入已澄清的试液中，观察是否引起浑浊。如不出现浑浊，则表明样品中 Ba^{2+} 已沉淀完全，否则应继续滴加稀 H_2SO_4 溶液至沉淀完全为止。将玻璃棒放在烧杯内斜靠于烧杯口，盖上表面皿，放置过夜进行陈化（或将烧杯放于水浴上加热 1h 并不时搅拌，再冷却至室温）。

3. 过滤和洗涤

用慢速滤纸过滤，漏斗下面放一只洁净的烧杯以便观察是否有穿滤现象（即结晶颗粒穿过滤纸）。先用倾泻法将沉淀上面的清液沿玻璃棒倾入漏斗，再以 1mol/L H_2SO_4 溶液 1～2mL 稀释成 200mL 作洗涤液，每次用 15～20mL，仍用倾泻法在烧杯中洗 3～4 次。然后将沉淀小心转移到滤纸上，继续洗涤至滤液中无 Cl^- 为止，再用 1％NH_4NO_3 溶液洗涤 1～2 次，以除去残留的硫酸。

4. 干燥和灼烧

将洗净的沉淀连同滤纸放入已恒重的瓷坩埚内，用小火进行烘干和炭化，再用大火进行灰化。然后将坩埚送入高温炉中在（850±50)℃灼烧 20～30min，取出稍冷，放入干燥器内冷却至室温（约经 20min），称量。再灼烧 15min，冷却称量，这样反复操作直至恒重为止。

四、计算

$$w(BaCl_2 \cdot 2H_2O)=\frac{m\times F}{m_{样}}\times 100\%$$

式中　m——灼烧后沉淀质量，g；

F——$BaCl_2 \cdot 2H_2O$ 对 $BaSO_4$ 的换算因素，$\frac{M(BaCl_2 \cdot 2H_2O)}{M(BaSO_4)}$；

$m_{样}$——氯化钡样品的质量，g。

实验二十二　碘化钠纯度的测定

一、目的要求

1. 掌握法扬司法测定卤化物的操作方法。

2. 掌握用曙红作指示剂判断滴定终点。

二、仪器及试剂

酸式滴定管	50mL	一支
量筒	10mL	一个
HAc	1mol/L	
硝酸银标准滴定溶液	0.1mol/L	
曙红	2g/L（0.2％曙红的 70％酒精溶液或 0.5％钠盐水溶液）	

三、操作步骤

准确称取碘化钠试样 0.2～0.3g 置于锥形瓶中，以 30mL 蒸馏水溶解，加 1mol/L HAc 溶液 10mL 及曙红指示剂 2～3 滴，用 0.1mol/L $AgNO_3$ 标准滴定溶液滴定至沉淀由黄色变为玫瑰红色为止。平行测定两次。

四、计算

$$w(\text{NaI})=\frac{c(\text{AgNO}_3)\cdot V\times\frac{M}{1000}}{m_{样}}$$

式中 $c(AgNO_3)$ ——$AgNO_3$ 标准滴定溶液的浓度，mol/L；

V——$AgNO_3$ 标准滴定溶液的用量，mL；

M——NaI 的摩尔质量 M(NaI)，g/mol；

$m_{样}$——碘化钠样品的质量，g。

附　录

附表一　常用玻璃仪器及其他用具

序号	名　称	规格/mL	主要用途	使用注意
1	烧杯	10、15、50、100、250、400、500、600、1000、2000	配制溶液、溶样、加热溶液等	加热时应置于石棉网上，一般不可烧干
2	锥形瓶	50、100、250、500、1000	加热处理试样、滴定分析	除同上外、磨口锥形瓶加热时要打开塞、磨口要原配塞
3	碘瓶	50、100、250、500、1000	碘量法或生成挥发性物质的分析	除同上外、磨口锥形瓶加热时要打开塞、磨口要原配塞
4	圆（平）底烧瓶	250、500、1000	加热及蒸馏	加热时应置于石棉网或热浴上
5	圆底蒸馏烧瓶	60、125、250、500、1000	蒸馏，少量气体发生反应器	加热时应置于石棉网或热浴上
6	凯氏烧瓶	50、100、300、500	消解有机物质	加热时应置于石棉网上
7	洗瓶	250、500、1000	装水洗涤仪器或装洗涤液洗涤沉淀	玻璃的可置石棉网上加热，一般用塑料瓶做成
8 9	量筒 量杯	5、10、25、50、100、250、500、1000、2000。量出式	粗略地量取一定体积的液体	不能加热、不能在其中配制溶液，不能在烘箱中烘烤
10	容量瓶	10、25、50、100、150、200、250、500、1000。量入式无色，棕色	配制准确体积的溶液	一般不能烘烤，磨口要原配塞
11	滴定管	25、50、100。量出式无色，棕色	常量分析滴定操作	活塞要原配，不能加热、不能长期存放于碱液。碱滴定管不能存放与橡皮作用的溶液
12	微量滴定管	1、2、3、4、5、10。量出式	微量分析滴定操作	只有活塞式；其余同上
13	自动滴定管	10、25。储液瓶容量为1000，量出式	自动滴定，用于隔绝空气的滴定操作	除同上外，应配套使用，配打气用的双连球
14	移液管	1、2、5、10、15、20、25、50、100。量出式	准确地移取一定量的液体	不能加热
15	吸量管	1、2、5、10、15、20、50、100；微量0.1、0.2、0.5	准确地移取各种不同量的液体	不能加热
16	称量瓶	矮形：10、15、30 高形：10、15	矮形用作测定水分，烘干基准物，高形用于称量基准物，样品	不可盖紧磨口塞烘烤，磨口塞要原配
17	试剂瓶 细口瓶 广口瓶 下口瓶	30、60、125、250、500、1000、2000、10000、20000、50000、100000、200000 无色、棕色	盛放液体、固体试剂；棕色瓶用于存放见光易分解的试剂	不能加热、磨口塞要原配，放碱液时应使用橡皮塞

续表

序号	名　　称	规格/mL	主要用途	使用注意
18	滴瓶	30、60、125。无色、棕色	装需滴加的试剂	不能加热、磨口塞要原配，放碱液时应使用橡皮塞
19	漏斗	长颈（mm） 口颈：50、60、75 短颈（mm） 口颈：50、60 锥体均为60°	长颈漏斗用于定量分析、过滤沉淀，短颈漏斗用作一般过滤	不能直接用火加热
20	分液漏斗	50、100、250、500、1000	萃取分离和富集；制备反应中加液体	磨口旋塞必须原配、不可加热
21	试管（普通试管、离心试管）	试管10、20； 离心管5、10、15； 带刻度，不带刻度	定性分析检验离子；离心分离	硬质玻璃制的试管可直接在火焰上加热，不能骤冷；离心管只能在水浴加热
22	比色管	10、25、50、100	比色分析	不可直接加热，磨口塞必须原配；不可用去污粉洗刷，影响管壁透明
23	吸收管	波氏，全长（mm） 173，233。多孔滤板吸收管	吸收气体样品中的被测物质	磨口塞要原配；不可直接加热
24	冷凝管	全长（mm） 320、370、490；直形球形，蛇形，空气冷凝管	用于冷凝蒸气	不可骤冷、骤热，使用时从下口进冷却水，上口出水
25	抽气管	伽氏，爱氏，改良式	接自来水造成负压，抽滤	上端接自来水龙头，侧端接抽滤瓶
26	抽滤瓶	250、500、1000、2000	接收滤液	属于厚壁容器，能耐负压；不可加热
27	表面皿	直径（mm） 45、60、75、90、100、120	盖烧杯及漏斗	直径要略大于所盖容器、不可直接加热
28	研钵	直径（mm） 70、90、105。瓷、玻璃、玛瑙	研磨固体试剂	不能撞击；不能烘烤
29	干燥器	直径（mm） 150、180、210。无色、棕色	保持烘干或灼烧后物质的干燥	底部放干燥剂，不可将红热的物体放入、放入热物体后要时时开盖
30	蒸馏器	500、1000、2000	制取蒸馏水	防止爆沸须加素瓷片，要隔石棉网加热
31	蒸发皿	15、30、60、100、250	蒸发液体，熔融石蜡、用于标签刷蜡	
32	坩埚	10、15、20、25、30、40	灼烧沉淀、高温处理试样	高温下碳酸钠，苛性碱、HF有腐蚀
33	瓷管（燃烧管）	内径（mm）：22、25 长度（mm）：610、762	高温燃烧法测定碳、氢、硫等元素	
34	瓷舟		盛装燃烧法的试样	
35	点滴板（试验板）	白色、黑色 6眼、12眼	定性分析点滴试验或容量分析外用指示法确定终点	
36	布氏漏斗	直径（mm） 51，67，85，105…	铺上2层滤纸用抽滤法过滤	
37	煤气灯		加热，灼烧，弯玻璃管	注意调节空气和煤气的比例
38	水浴锅		温度不超过100℃时加热	不能烧干
39	铁架台 铁环 铁三角架		固定放置反应容器	

续表

序号	名　　称	规格/mL	主要用途	使用注意
40	泥三角	大、中、小号	灼烧时放置坩埚	
41	石棉网	大、中、小号	使受热物体均匀受热	不能与水接触
42	双顶丝		固定万能夹或烧瓶夹	
43	万能夹 烧瓶夹		固定烧瓶或冷凝管等	
44	坩埚钳	大、中、小号	夹取坩埚、蒸发皿	不能沾上腐蚀性物质
45	滴定台 滴定管夹		夹承、固定滴定管	
46	移液管架		放置各种规格的移液管、吸量管	
47	漏斗架	4 孔、6 孔	承放漏斗	
48	试管架	12 孔、24 孔	放置试管	
49	比色管架	6 孔、12 孔	放置比色管	
50	螺旋夹		夹紧橡皮管、可调节流量	
51	弹簧夹		夹紧橡皮管	
52	打孔器		橡皮塞或软木塞钻孔	

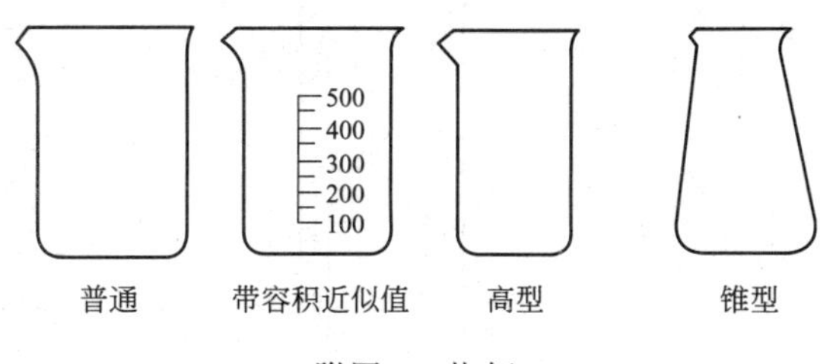

附图 1　烧杯

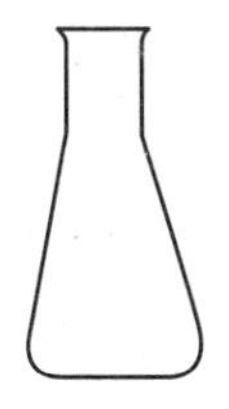

附图 2　锥形瓶

附图 3　碘瓶

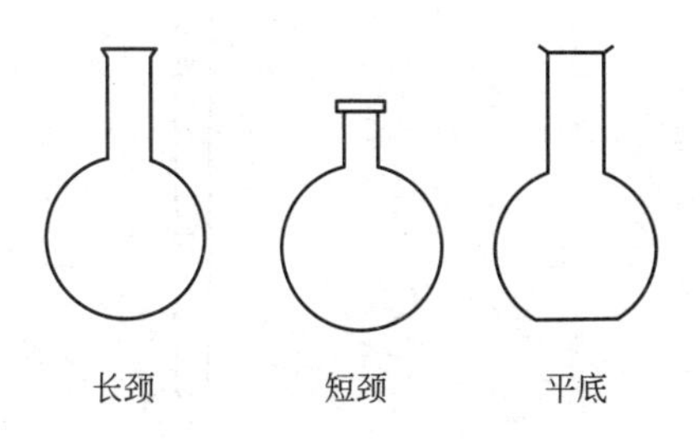

附图 4　圆（平）底烧瓶

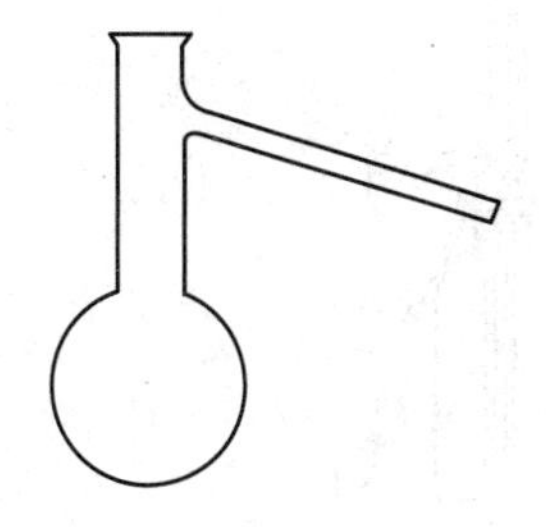

附图 5　圆底蒸馏烧瓶

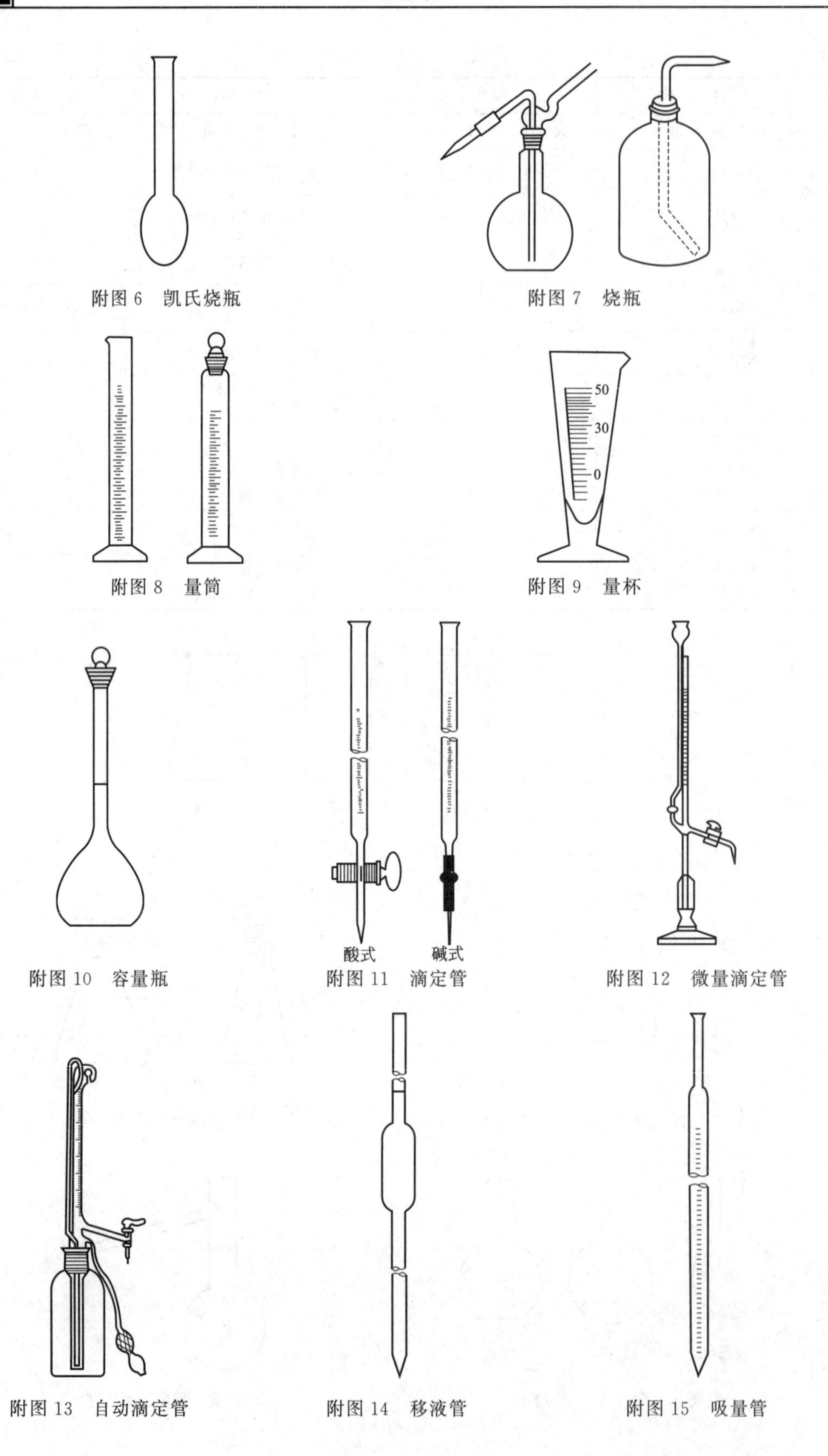

附图 6　凯氏烧瓶

附图 7　烧瓶

附图 8　量筒

附图 9　量杯

附图 10　容量瓶

附图 11　滴定管

附图 12　微量滴定管

附图 13　自动滴定管

附图 14　移液管

附图 15　吸量管

附图 16　称量瓶

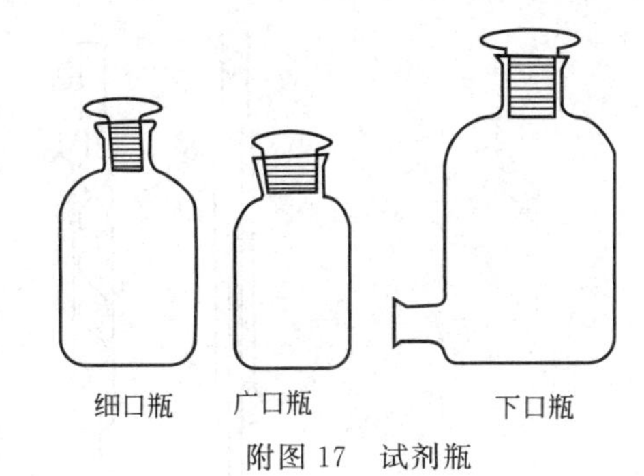

附图 17　试剂瓶

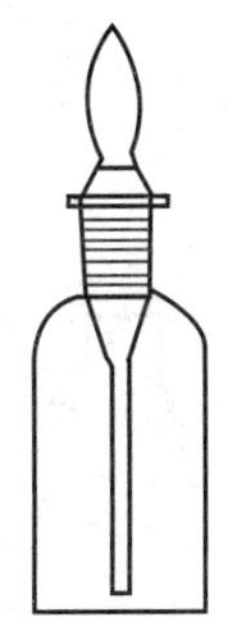
附图 18　滴瓶

长颈　短颈　滴液漏斗

附图 19　漏斗

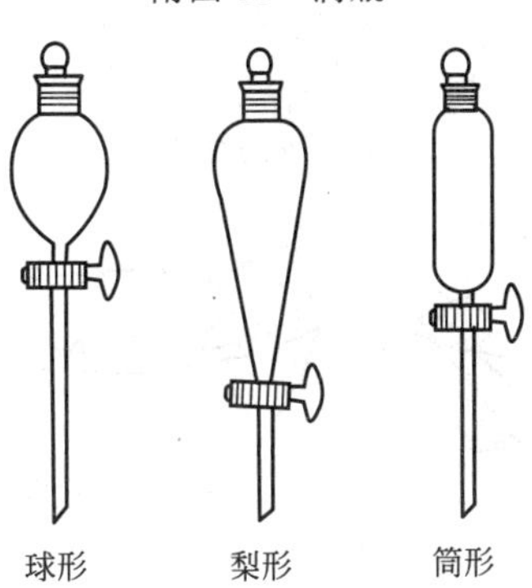

附图 20　分液漏斗

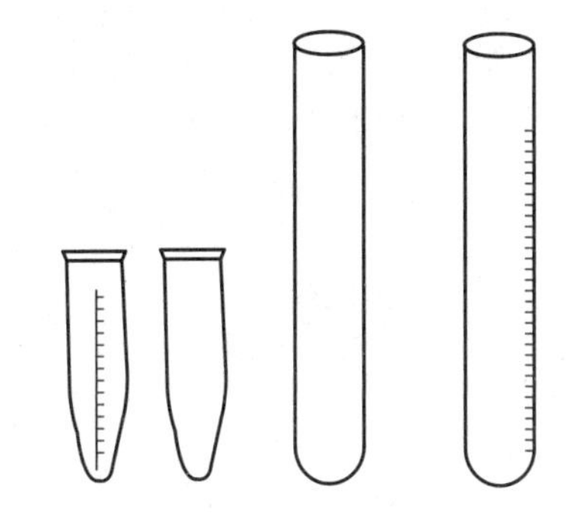
附图 21　试管

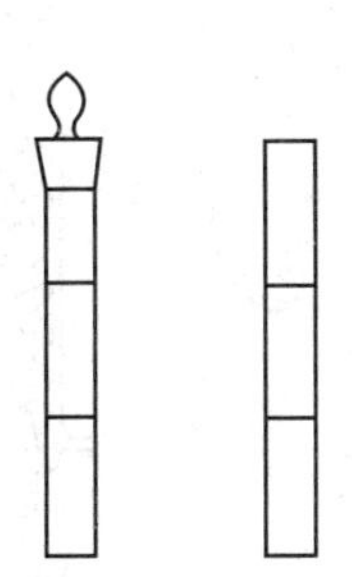
附图 22　比色管

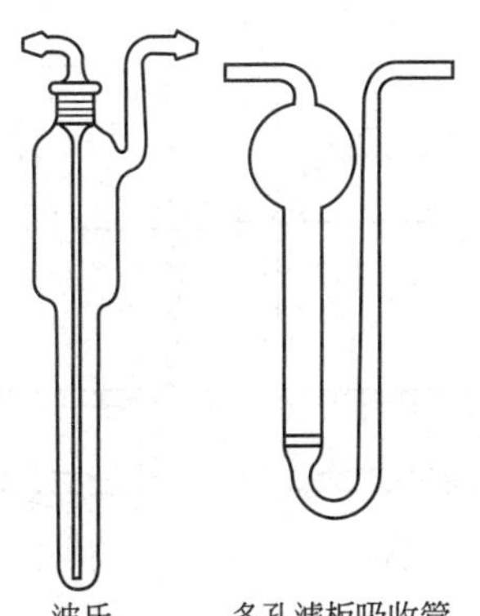

附图 23　吸收管

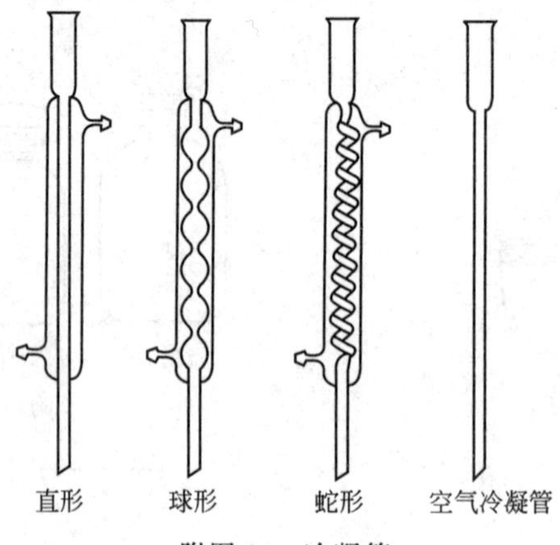

附图 24 冷凝管

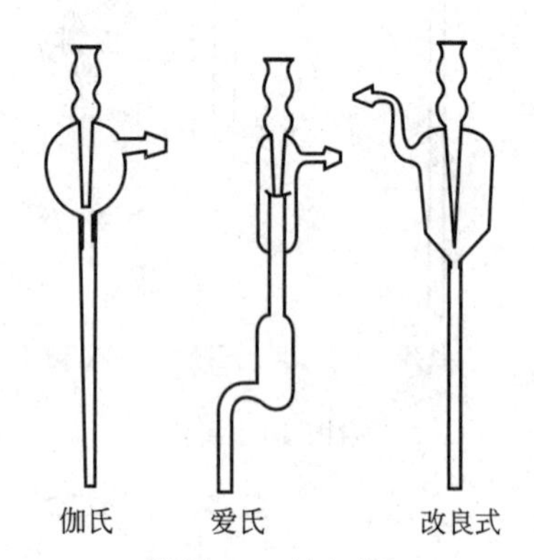

附图 25 抽气管

附图 26 抽滤瓶

附图 27 表面皿

附图 28 研钵

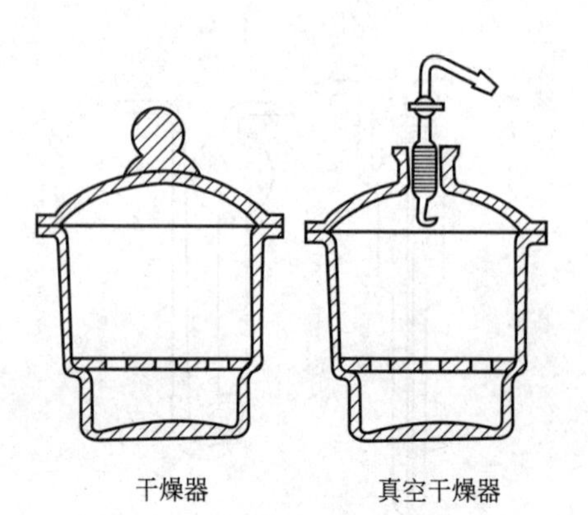

附图 29 干燥器

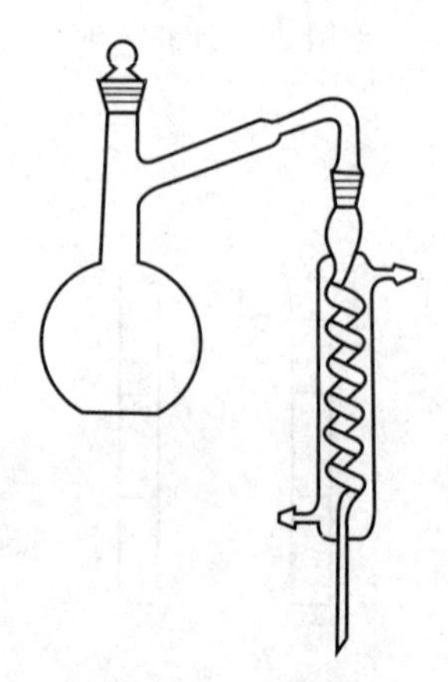

附图 30 蒸馏器

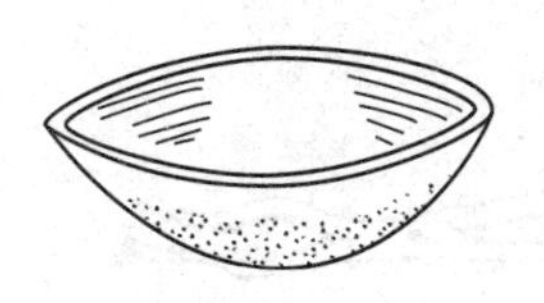
附图 31 蒸发皿

附图 32 坩埚

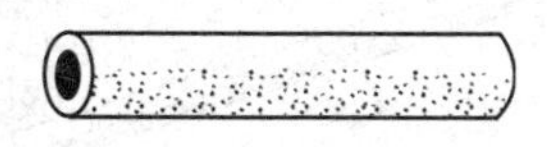
附图 33 瓷管

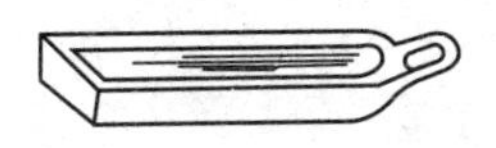
附图 34 瓷舟

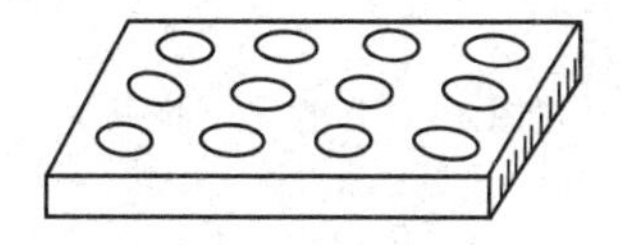
附图 35 点滴板

附图 36 布氏漏斗

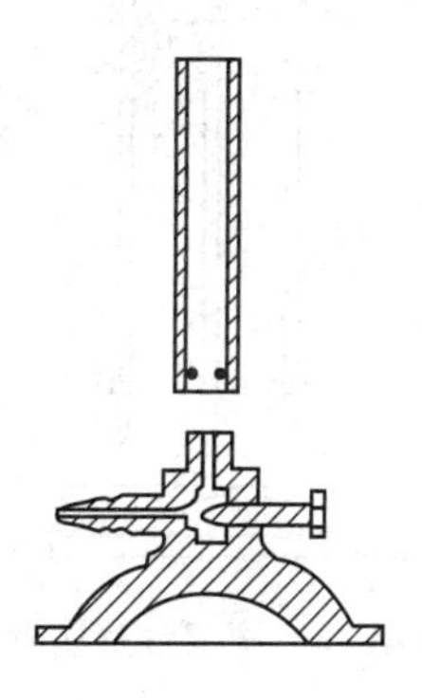
附图 37 煤气灯

附图 38 水浴锅

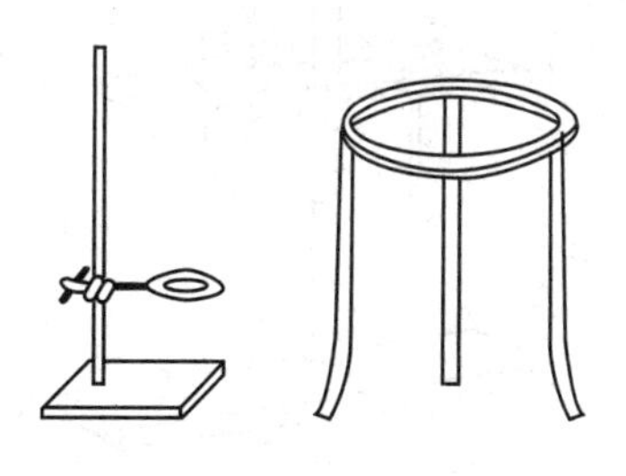
附图 39 铁架台、铁环、铁三角架

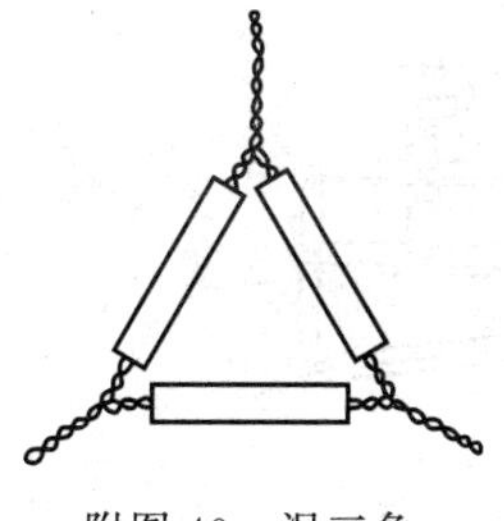
附图 40 泥三角

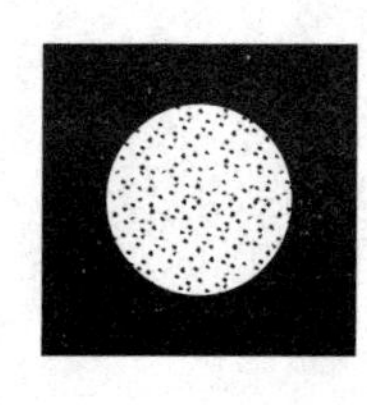
附图 41 石棉网

附图 42 双顶丝

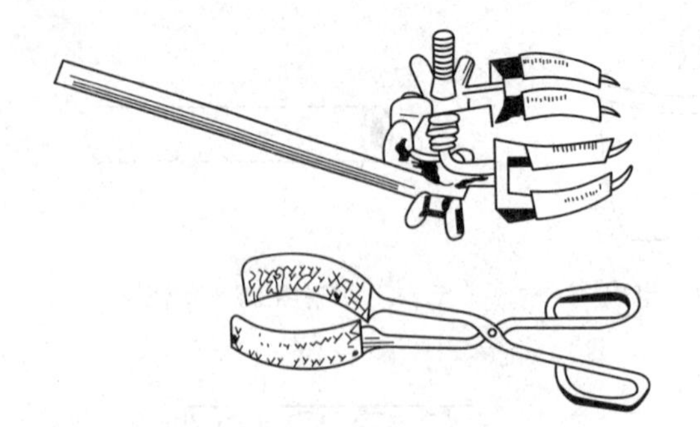

附图 43　万能夹、烧瓶夹

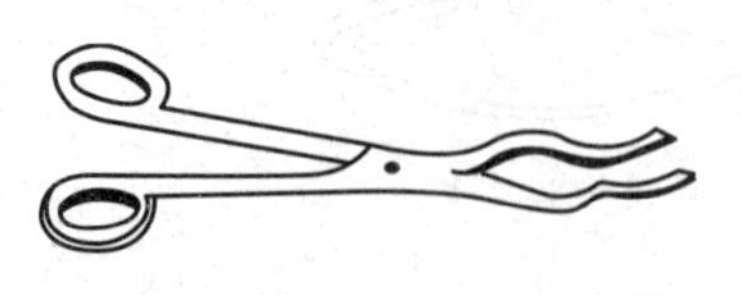

附图 44　坩埚钳

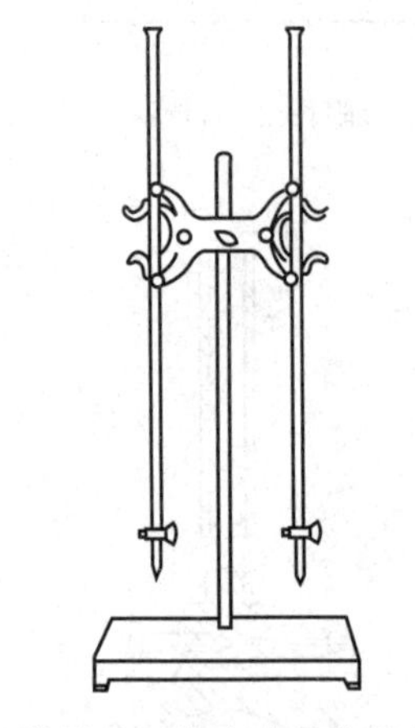

附图 45　滴定台及滴管夹

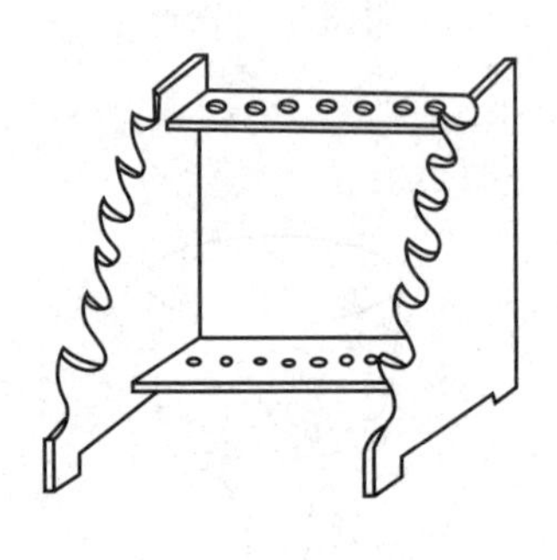

附图 46　移液管架

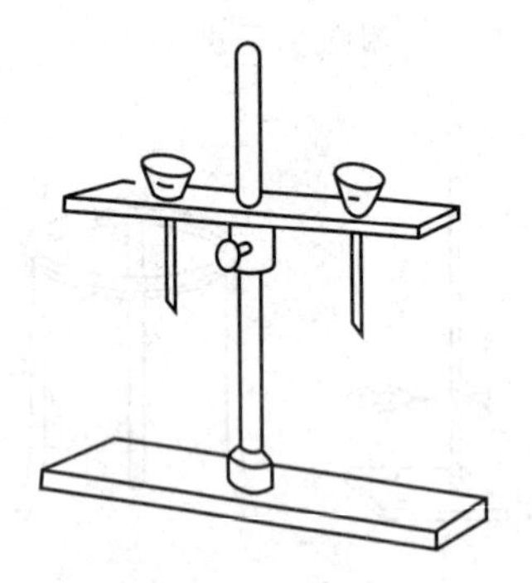

附图 47　漏斗架

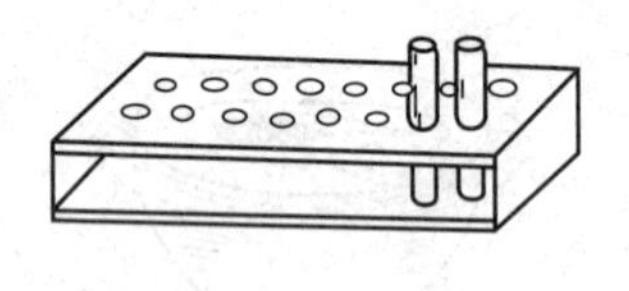

附图 48　试管架

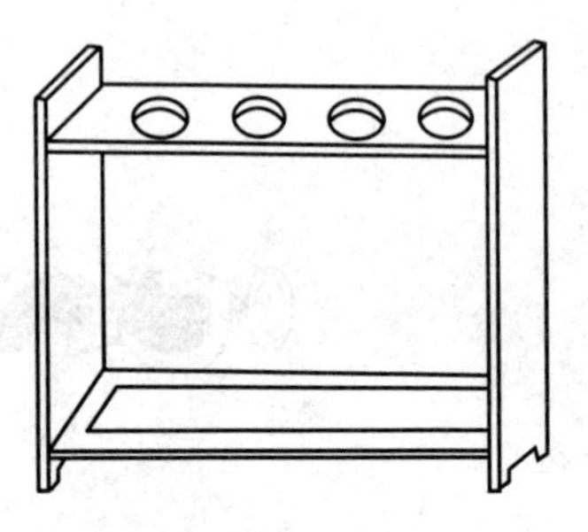

附图 49　比色管架

附图 50　螺旋夹

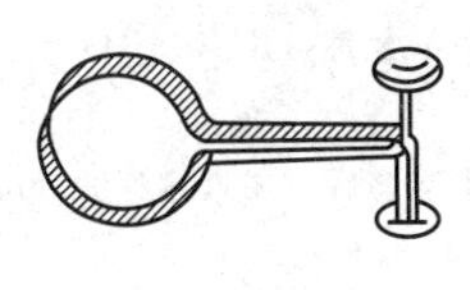

附图 51　弹簧夹

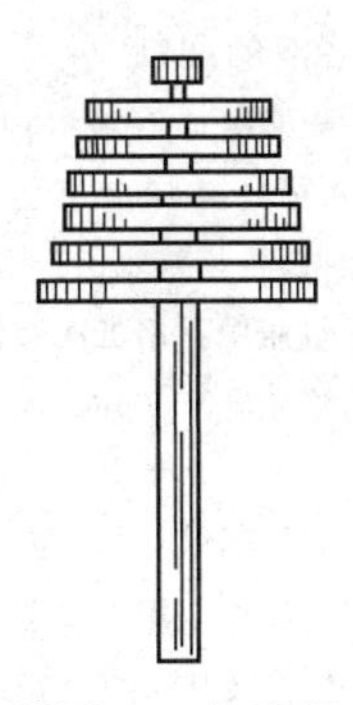

附图 52　打孔器

附表二　常用试剂的配制

1. 常用酸溶液的配制

酸的名称和化学式	质量分数	摩尔浓度/($mol \cdot L^{-1}$)(约数)	配制方法
浓盐酸 HCl	37.23	12	
稀盐酸 HCl	20.0	6	浓盐酸 496mL 加水稀释至 1000mL
稀盐酸 HCl	7.15	2	浓盐酸 167mL 加水稀释至 1000mL
浓硝酸 HNO_3	69.80	16	
稀硝酸 HNO_3	32.36	6	浓硝酸 375mL 加水稀释至 1000mL
浓硫酸 H_2SO_4	98	18	
稀硫酸 H_2SO_4	24.8	3	浓硫酸 167mL 慢慢加至 800mL 水中，并不断搅拌最后加水稀释至 1000mL
稀硫酸 H_2SO_4	—	1	浓硫酸 56mL 慢慢加至 800mL 水中，不断搅拌加水至 1000mL
浓醋酸 CH_3COOH	90.5	17	
稀醋酸 CH_3COOH	35.0	6	浓醋酸 353mL 加水稀释至 1000mL
稀醋酸 CH_3COOH	—	2	浓醋酸 118mL 加水稀释至 1000mL

2. 常用碱溶液的配制

碱的名称及化学式	质量分数	摩尔浓度/($mol \cdot L^{-1}$)(约数)	配制方法
浓氨水 $NH_3 \cdot H_2O$	25%～27% NH_3	15	
稀氨水 $NH_3 \cdot H_2O$	10%	6	浓 $NH_3 \cdot H_2O$ 溶液 400mL 加水稀释至 1000mL
稀氨水 $NH_3 \cdot H_2O$	—	1	浓 $NH_3 \cdot H_2O$ 溶液 67mL 加水稀释至 1000mL
氢氧化钡 $Ba(OH)_2$	—	0.2	饱和溶液[每毫升约含 $Ba(OH)_2 \cdot 8H_2O$63g]
氢氧化钙 $Ca(OH)_2$	—	0.025	饱和溶液(每毫升约含 CaO1.3g)
氢氧化钠 NaOH	19.7	6	溶 240gNaOH 于水中，稀释至 1000mL
氢氧化钠 NaOH	—	2	溶 80gNaOH 于水中，稀释至 1000mL
氢氧化钠 NaOH	—	1	溶 40gNaOH 于水中，稀释至 1000mL

3. 常用缓冲溶液的配制

1）磷酸氢二钠-磷酸缓冲溶液（pH＝2.5）[1]：称取磷酸氢二钠100g，溶于500mL二次蒸馏水中，加入磷酸30mL，用二次蒸馏水稀释至1000mL。

2）苯二甲酸氢钾缓冲溶液（pH＝4.01）：称取10.211g分析纯的苯二甲酸氢钾（$KHC_8H_4O_4$），用二次蒸馏水溶解，转入1000mL容量瓶中，用二次蒸馏水稀释至刻度。

3）醋酸-醋酸钠缓冲溶液（pH＝4.8）：称取结晶醋酸钠200g，用蒸馏水溶解后，加入冰醋酸60mL，加蒸馏水稀释至1000mL。

4）焦性硼酸钠缓冲溶液（pH＝9.2）：称取19.071g分析纯焦性硼酸钠（$Na_2B_4O_7 \cdot 10H_2O$），用二次蒸馏水溶解，转入1000mL容量瓶中，用二次蒸馏水稀释至刻度混匀。

5）氢氧化铵-氯化铵缓冲溶液（pH＝10）：称取NH_4Cl 70g于570mL氨水（密度为0.90）中，用蒸馏水稀释至1000mL。

4. 常用洗液的配制

1）苛性钠的乙醇溶液：取工业NaOH40g溶于500mL水中，冷却后，以工业酒精冲稀至1L。

2）重铬酸钾洗涤液：将20g工业$K_2Cr_2O_7$溶于40mL水中，再加工业浓硫酸至500mL（切不能将$K_2Cr_2O_7$水溶液加入H_2SO_4中）。

附表三　元素相对原子质量表

元素	符号	相对原子质量	元素	符号	相对原子质量	元素	符号	相对原子质量
银	Ag	107.8682	铪	Hf	178.49	铷	Rb	85.4678
铝	Al	26.981539	汞	Hg	200.59	铼	Re	186.207
氩	Ar	39.948	钬	Ho	164.93032	铑	Rh	102.90550
砷	As	74.92159	碘	I	126.90447	钌	Ru	101.07
金	Au	196.96654	铟	In	114.818	硫	S	32.066
硼	B	10.811	铱	Ir	192.217	锑	Sb	121.760
钡	Ba	137.327	钾	K	39.0983	钪	Sc	44.955910
铍	Be	9.012182	氪	Kr	83.80	硒	Se	78.96
铋	Bi	208.98037	镧	La	138.9055	硅	Si	28.0855
溴	Br	79.904	锂	Li	6.941	钐	Sm	150.36
碳	C	12.011	镥	Lu	174.967	锡	Sn	118.710
钙	Ca	40.078	镁	Mg	24.3050	锶	Sr	87.62
镉	Cd	112.411	锰	Mn	54.93805	钽	Ta	180.9479
铈	Ce	140.115	钼	Mo	95.94	铽	Tb	158.92534
氯	Cl	35.4527	氮	N	14.00674	碲	Te	127.60
钴	Co	58.93320	钠	Na	22.989768	钍	Th	232.0381
铬	Cr	51.9961	铌	Nb	92.90638	钛	Ti	47.867
铯	Cs	132.90543	钕	Nd	144.24	铊	Tl	204.3833
铜	Cu	63.546	氖	Ne	20.1797	铥	Tm	168.93421
镝	Dy	162.50	镍	Ni	58.6934	铀	U	238.0289
铒	Er	167.26	镎	Np	237.0482	钒	V	50.9415
铕	Eu	151.965	氧	O	15.9994	钨	W	183.84
氟	F	18.9984032	锇	Os	190.23	氙	Xe	131.29
铁	Fe	55.845	磷	P	30.973762	钇	Y	88.90585
镓	Ga	69.723	铅	Pb	207.2	镱	Yb	173.04
钆	Gd	157.25	钯	Pd	106.42	锌	Zn	65.39
锗	Ge	72.61	镨	Pr	140.90765	锆	Zr	91.224
氢	H	1.00794	铂	Pt	195.08			
氦	He	4.002602	镭	Ra	226.0254			

[1] 缓冲溶液的pH值是指在常温下（15～25℃）的pH值。

附表四　强酸、强碱、氨溶液的质量分数、物质的量浓度及密度

质量分数/%	H_2SO_4		HNO_3		HCl		KOH		NaOH		NH_3 溶液	
	ρ g/mL	c mol/L	ρ g/mL	c mol/L	ρ g/mL	c mol/L	ρ g/mL	c mol/L	ρ g/mL	c mol/L	ρ g/mL	c mol/L
2	1.013		1.011		1.009		1.016		1.023		0.992	
4	1.027		1.022		1.019		1.033		1.046		0.983	
6	1.040		1.033		1.029		1.048		1.069		0.973	
8	1.055		1.044		1.039		1.065		1.092		0.967	
10	1.069	1.09	1.056	1.7	1.049	2.9	1.082	1.9	1.115	2.8	0.960	5.6
12	1.083		1.068		1.059		1.100		1.137		0.953	
14	1.098		1.080		1.069		1.118		1.159		0.946	
16	1.112		1.093		1.079		1.137		1.181		0.939	
18	1.127		1.106		1.089		1.156		1.213		0.932	
20	1.143	2.33	1.119	3.6	1.100	6	1.176	4.2	1.225	6.1	0.926	10.9
22	1.158		1.132		1.110		1.196		1.247		0.919	
24	1.178		1.145		1.121		1.217		1.268		0.913	12.9
26	1.190		1.158		1.132		1.240		1.289		0.908	
28	1.205		1.171		1.142		1.263		1.310		0.903	
30	1.224	3.74	1.184	5.6	1.152	9.5	1.268	6.8	1.332	10	0.898	15.8
32	1.238		1.198		1.163		1.310		1.352		0.893	
34	1.255		1.211		1.173		1.334		1.374		0.889	
36	1.273		1.225		1.183	11.7	1.358		1.895		0.884	18.7
38	1.290		1.238		1.194	12.4	1.384		1.416			
40	1.307	5.33	1.251	7.9			1.411	10.1	1.437	14.4		
42	1.324		1.264				1.437		1.458			
44	1.342		1.277				1.460		1.478			
46	1.361		1.290				1.485		1.499			
48	1.380		1.303				1.511		1.519			
50	1.399	7.13	1.316	10.4			1.538	13.7	1.540	19.3		
52	1.419		1.328				1.564		1.560			
54	1.439		1.340				1.590		1.580			
56	1.460		1.351				1.616	16.1	1.601			
58	1.482		1.362						1.622			
60	1.503	9.30	1.373	13.3					1.643	24.6		
62	1.525		1.384									
64	1.547		1.394									
66	1.571		1.403									
68	1.594		1.412	15.2								
70	1.617	11.54	1.421	15.8								
72	1.640		1.429									
74	1.664		1.437									
76	1.687		1.445									
78	1.710		1.453									
80	1.732	14.13	1.460	18.5								
82	1.755		1.467									
84	1.776		1.474									
86	1.793		1.480									
88	1.808		1.486									
90	1.819	16.69	1.491	23.1								
92	1.830		1.496									
94	1.837		1.500									
96	1.840	18.01	1.504									
98	1.841	18.40	1.510									
100	1.838	18.72	1.522									

附表五　弱酸、弱碱在水中的离解常数（25℃）

弱　酸	化　学　式	K_a	pK_a
砷酸	H_3AsO_4	$6.3\times10^{-3}(K_{a_1})$	2.20
		$1.0\times10^{-7}(K_{a_2})$	7.00
		$3.2\times10^{-12}(K_{a_3})$	11.50
亚砷酸	$HAsO_2$	6.0×10^{-10}	9.22
硼酸	H_3BO_3	$5.8\times10^{-10}(K_{a_1})$	9.24
碳酸	$H_2CO_3(CO_2+H_2O)$	$4.2\times10^{-7}(K_{a_1})$	6.38
		$5.6\times10^{-11}(K_{a_2})$	10.25
氢氰酸	HCN	6.2×10^{-10}	9.21
铬酸	H_2CrO_4、$HCrO_4^-$	$1.8\times10^{-1}(K_{a_1})$	0.74
		$3.2\times10^{-7}(K_{a_2})$	6.50
氢氟酸	HF	6.6×10^{-4}	3.18
亚硝酸	HNO_2	5.1×10^{-4}	3.29
磷酸	H_3PO_4	$7.6\times10^{-3}(K_{a_1})$	2.12
		$6.3\times10^{-8}(K_{a_2})$	7.20
		$4.4\times10^{-13}(K_{a_3})$	12.36
焦磷酸	$H_4P_2O_7$	$3.0\times10^{-2}(K_{a_1})$	1.52
		$4.4\times10^{-3}(K_{a_2})$	2.36
		$2.5\times10^{-7}(K_{a_3})$	6.60
		$5.6\times10^{-10}(K_{a_4})$	9.25
亚磷酸	H_3PO_3	$5.0\times10^{-2}(K_{a_1})$	1.30
		$2.5\times10^{-7}(K_{a_2})$	6.60
氢硫酸	H_2S	$1.3\times10^{-7}(K_{a_1})$	6.88
		$7.1\times10^{-15}(K_{a_2})$	14.15
硫酸	HSO_4^-	$1.0\times10^{-2}(K_{a_2})$	1.99
亚硫酸	$H_2SO_3(SO_2+H_2O)$	$1.3\times10^{-2}(K_{a_1})$	1.90
		$6.3\times10^{-8}(K_{a_2})$	7.20
偏硅酸	H_2SiO_3	$1.7\times10^{-10}(K_{a_1})$	9.77
		$1.6\times10^{-12}(K_{a_2})$	11.8
甲酸	HCOOH	1.8×10^{-4}	3.74
乙酸	CH_3COOH	1.8×10^{-5}	4.74
一氯乙酸	$CH_2ClCOOH$	1.4×10^{-3}	2.86
二氯乙酸	$CHCl_2COOH$	5.0×10^{-2}	1.30
三氯乙酸	CCl_3COOH	0.23	0.64
氨基乙酸盐	$^+NH_3CH_2COOH$	$4.5\times10^{-3}(K_{a_1})$	2.35
	$^+NH_3CH_2COO^-$	$2.5\times10^{-10}(K_{a_2})$	9.60
抗坏血酸	O=C—C(OH)=C(OH)—CH—CHOH—CH_2OH (O=C 与 CH 成环)	$5.0\times10^{-5}(K_{a_1})$	4.30
		$1.5\times10^{-10}(K_{a_2})$	9.82
乳酸	$CH_3CHOHCOOH$	1.4×10^{-4}	3.86
苯甲酸	C_6H_5COOH	6.2×10^{-5}	4.21
草酸	$H_2C_2O_4$	$5.9\times10^{-2}(K_{a_1})$	1.22
		$6.4\times10^{-5}(K_{a_2})$	4.19
d-酒石酸	CH(OH)COOH | CH(OH)COOH	$9.1\times10^{-4}(K_{a_1})$	3.04
		$4.3\times10^{-5}(K_{a_2})$	4.37
邻苯二甲酸	C_6H_4(COOH)(COOH)（邻位）	$1.1\times10^{-3}(K_{a_1})$	2.95
		$3.9\times10^{-6}(K_{a_2})$	5.41
柠檬酸	CH_2COOH | C(OH)COOH | CH_2COOH	$7.4\times10^{-4}(K_{a_1})$	3.13
		$1.7\times10^{-5}(K_{a_2})$	4.76
		$4.0\times10^{-7}(K_{a_3})$	6.40

续表

弱　酸	化　学　式	K_a	pK_a
苯酚	C_6H_5OH	1.1×10^{-10}	9.95
乙二胺四乙酸	H_6-$EDTA^{2+}$	0.1 (K_{a_1})	0.9
	H_5-$EDTA^{+}$	3×10^{-2} (K_{a_2})	1.6
	H_4-EDTA	1×10^{-2} (K_{a_3})	2.0
	H_3-$EDTA^{-}$	2.1×10^{-3} (K_{a_4})	2.67
	H_2-$EDTA^{2-}$	6.9×10^{-7} (K_{a_5})	6.16
	H-$EDTA^{3-}$	5.5×10^{-11} (K_{a_6})	10.26
氨水	NH_3	1.8×10^{-5}	4.74
联氨	N_2NNH_2	3.0×10^{-5} (K_{b_1})	5.52
		7.6×10^{-15} (K_{b_2})	14.12
羟氨	NH_2OH	9.1×10^{-9}	8.04
甲胺	CH_3NH_2	4.2×10^{-4}	3.38
乙胺	$C_2H_5NH_2$	5.6×10^{-4}	3.25
二甲胺	$(CH_3)_2NH$	1.2×10^{-4}	3.93
二乙胺	$(C_2H_5)_2NH$	1.3×10^{-3}	2.89
乙醇胺	$HOCH_2CH_2NH_2$	3.2×10^{-5}	4.50
三乙醇胺	$(HOCH_2CH_2)_3N$	5.8×10^{-7}	6.24
六亚甲基四胺	$(CH_2)_6N_4$	1.4×10^{-9}	8.85
乙二胺	$H_2NCH_2CH_2NH_2$	8.5×10^{-5} (K_{b_1})	4.07
		7.1×10^{-3} (K_{b_2})	7.15
吡啶	(N)	1.7×10^{-9}	8.77

附表六　标准电极电位（18～25℃）

半　反　应	$\varphi^\ominus$/V	半　反　应	$\varphi^\ominus$/V
F_2(气)$+2H^++2e = 2HF$	3.06	$BrO_3^-+6H^++6e = Br^-+3H_2O$	1.44
$O_3+2H^++2e = O_2+H_2O$	2.07	Au(Ⅲ)$+2e =$ Au(Ⅰ)	1.41
$S_2O_3^{2-}+2e = 2SO_4^{2-}$	2.01	Cl_2(气)$+2e = 2Cl^-$	1.3595
$H_2O_2+2H^++2e = 2H_2O$	1.77	$ClO_4^-+8H^++7e = \frac{1}{2}Cl_2+4H_2O$	1.34
$MnO_4^-+4H^++3e = MnO_2$(固)$+2H_2O$	1.695	$Cr_2O_7^{2-}+14H^++6e = 2Cr^{3+}+7H_2O$	1.33
PbO_2(固)$+SO_4^{2-}+4H^++2e = PbSO_4$(固)$+2H_2O$	1.685	MnO_2(固)$+4H^++2e = Mn^{2+}+2H_2O$	1.23
$HClO_2+2H^++2e = HClO+H_2O$	1.64	O_2(气)$+4H^++4e = 2H_2O$	1.229
$HClO+H^++e = \frac{1}{2}Cl_2+H_2O$	1.63	$IO_3^-+6H^++5e = \frac{1}{2}I_2+3H_2O$	1.20
$Ce^{4+}+e = Ce^{3+}$	1.61	$ClO_4^-+2H^++2e = ClO_3^-+H_2O$	1.19
$H_5IO_6+H^++2e = IO_3^-+3H_2O$	1.60	Br_2(水)$+2e = 2Br^-$	1.087
$HBrO+H^++e = \frac{1}{2}Br_2+H_2O$	1.59	$NO_2+H^++e = HNO_2$	1.07
		$Br_3^-+2e = 3Br^-$	1.05
$BrO_3^-+6H^++5e = \frac{1}{2}Br_2+3H_2O$	1.52	$HNO_2+H^++e =$ NO(气)$+H_2O$	1.00
$MnO_4^-+8H^++5e = Mn^{2+}+4H_2O$	1.51	$VO_2^++2H^++e = VO^{2+}+H_2O$	1.00
Au(Ⅲ)$+3e =$ Au	1.50	$HIO+H^++2e = I^-+H_2O$	0.99
$HClO+H^++2e = Cl^-+H_2O$	1.49	$NO_3^-+3H^++2e = HNO_2+H_2O$	0.94
		$ClO^-+H_2O+2e = Cl^-+2OH^-$	0.89
$ClO_3^-+6H^++5e = \frac{1}{2}Cl_2+3H_2O$	1.47	$H_2O_2+2e = 2OH^-$	0.88
PbO_2(固)$+4H^++2e = Pb^{2+}+2H_2O$	1.455	$Cu^{2+}+I^-+e =$ CuI(固)	0.86
		$Hg^{2+}+2e = Hg$	0.845
$HIO+H^++e = \frac{1}{2}I_2+H_2O$	1.45	$NO_3^-+2H^++e = NO_2+H_2O$	0.80
$ClO_3^-+6H^++6e = Cl^-+3H_2O$	1.45	$Ag^++e = Ag$	0.7995

续表

半反应	$\varphi^{\ominus}$/V	半反应	$\varphi^{\ominus}$/V
$Hg_2^{2+}+2e \rightleftharpoons 2Hg$	0.793	$H_3PO_4+2H^++2e \rightleftharpoons H_3PO_3+H_2O$	−0.276
$Fe^{3+}+e \rightleftharpoons Fe^{2+}$	0.771	$Co^{2+}+2e \rightleftharpoons Co$	−0.277
$BrO^-+H_2O+2e \rightleftharpoons Br^-+2OH^-$	0.76	$Tl^++e \rightleftharpoons Tl$	−0.3360
O_2(气)$+2H^++2e \rightleftharpoons H_2O_2$	0.682	$In^{3+}+3e \rightleftharpoons In$	−0.345
$AsO_2^-+2H_2O+3e \rightleftharpoons As+4OH^-$	0.68	$PbSO_4$(固)$+2e \rightleftharpoons Pb+SO_4^{2-}$	−0.3553
$2HgCl_2+2e \rightleftharpoons Hg_2Cl_2$(固)$+2Cl^-$	0.63	$SeO_3^{2-}+3H_2O+4e \rightleftharpoons Se+6OH^-$	−0.366
Hg_2SO_4(固)$+2e \rightleftharpoons 2Hg+SO_4^{2-}$	0.6151	$As+3H^++3e \rightleftharpoons AsH_3$	−0.38
$MnO_4^-+2H_2O+3e \rightleftharpoons MnO_2$(固)$+4OH^-$	0.588	$Se+2H^++2e \rightleftharpoons H_2Se$	−0.40
$MnO_4^-+e \rightleftharpoons MnO_4^{2-}$	0.564	$Cd^{2+}+2e \rightleftharpoons Cd$	−0.403
$H_3AsO_4+2H^++2e \rightleftharpoons HAsO_2+2H_2O$	0.559	$Cr^{3+}+e \rightleftharpoons Cr^{2+}$	−0.41
$I_3^-+2e \rightleftharpoons 3I^-$	0.545	$Fe^{2+}+2e \rightleftharpoons Fe$	−0.440
I_2(固)$+2e \rightleftharpoons 2I^-$	0.5345	$S+2e \rightleftharpoons S^{2-}$	−0.48
Mo(Ⅵ)$+e \rightleftharpoons$ Mo(Ⅴ)	0.53	$2CO_2+2H^++2e \rightleftharpoons H_2C_2O_4$	−0.49
$Cu^++e \rightleftharpoons Cu$	0.52	$H_3PO_3+2H^++2e \rightleftharpoons H_3PO_2+H_2O$	−0.50
$4SO_2$(水)$+4H^++6e \rightleftharpoons S_4O_6^{2-}+2H_2O$	0.51	$Sb+3H^++3e \rightleftharpoons SbH_3$	−0.51
$HgCl_4^{2-}+2e \rightleftharpoons Hg+4Cl^-$	0.48	$HPbO_2^-+H_2O+2e \rightleftharpoons Pb+3OH^-$	−0.54
$2SO_2$(水)$+2H^++4e \rightleftharpoons S_2O_3^{2-}+H_2O$	0.40	$Ga^{3+}+3e \rightleftharpoons Ga$	−0.56
$Fe(CN)_6^{3-}+e \rightleftharpoons Fe(CN)_6^{4-}$	0.36	$TeO_3^{2-}+3H_2O+4e \rightleftharpoons Te+6OH^-$	−0.57
$Cu^{2+}+2e \rightleftharpoons Cu$	0.337	$2SO_3^{2-}+3H_2O+4e \rightleftharpoons S_2O_3^{2-}+6OH^-$	−0.58
$VO^{2+}+2H^++e \rightleftharpoons V^{3+}+H_2O$	0.337	$SO_3^{2-}+3H_2O+4e \rightleftharpoons S+6OH^-$	−0.66
$BiO^++2H^++3e \rightleftharpoons Bi+H_2O$	0.32	$AsO_4^{3-}+2H_2O+2e \rightleftharpoons AsO_2^-+4OH^-$	−0.67
Hg_2Cl_2(固)$+2e \rightleftharpoons 2Hg+2Cl^-$	0.2676	Ag_2S(固)$+2e \rightleftharpoons 2Ag+S^{2-}$	−0.69
$HAsO_2+3H^++3e \rightleftharpoons As+2H_2O$	0.248	$Zn^{2+}+2e \rightleftharpoons Zn$	−0.763
AgCl(固)$+e \rightleftharpoons Ag+Cl^-$	0.2223	$2H_2O+2e \rightleftharpoons H_2+2OH^-$	−0.828
$SbO^++2H^++3e \rightleftharpoons Sb+H_2O$	0.212	$Cr^{2+}+2e \rightleftharpoons Cr$	−0.91
$SO_4^{2-}+4H^++2e \rightleftharpoons SO_2$(水)$+H_2O$	0.17	$HSnO_2^-+H_2O+2e \rightleftharpoons Sn+3OH^-$	−0.91
$Cu^{2+}+e \rightleftharpoons Cu^+$	0.159	$Se+2e \rightleftharpoons Se^{2-}$	−0.92
$Sn^{4+}+2e \rightleftharpoons Sn^{2+}$	0.154	$Sn(OH)_6^{2-}+2e \rightleftharpoons HSnO_2^-+H_2O+3OH^-$	−0.93
$S+2H^++2e \rightleftharpoons H_2S$(气)	0.141	$CNO^-+H_2O+2e \rightleftharpoons CN^-+2OH^-$	−0.97
$Hg_2Br_2+2e \rightleftharpoons 2Hg+2Br^-$	0.1395	$Mn^{2+}+2e \rightleftharpoons Mn$	−1.182
$TiO^{2+}+2H^++e \rightleftharpoons Ti^{3+}+H_2O$	0.1	$ZnO_2^{2-}+2H_2O+2e \rightleftharpoons Zn+4OH^-$	−1.216
$S_4O_6^{2-}+2e \rightleftharpoons 2S_2O_3^{2-}$	0.08	$Al^{3+}+3e \rightleftharpoons Al$	−1.66
AgBr(固)$+e \rightleftharpoons Ag+Br^-$	0.071	$H_2AlO_3^-+H_2O+3e \rightleftharpoons Al+4OH^-$	−2.35
$2H^++2e \rightleftharpoons H_2$	0.000	$Mg^{2+}+2e \rightleftharpoons Mg$	−2.37
$O_2+H_2O+2e \rightleftharpoons HO_2^-+OH^-$	−0.067	$Na^++e \rightleftharpoons Na$	−2.714
$TiOCl^++2H^++3Cl^-+e \rightleftharpoons TiCl_4^-+H_2O$	−0.09	$Ca^{2+}+2e \rightleftharpoons Ca$	−2.87
$Pb^{2+}+2e \rightleftharpoons Pb$	−0.126	$Sr^{2+}+2e \rightleftharpoons Sr$	−2.89
$Sn^{2+}+2e \rightleftharpoons Sn$	−0.136	$Ba^{2+}+2e \rightleftharpoons Ba$	−2.90
AgI(固)$+e \rightleftharpoons Ag+I^-$	−0.152	$K^++e \rightleftharpoons K$	−2.925
$Ni^{2+}+2e \rightleftharpoons Ni$	−0.246	$Li+e \rightleftharpoons Li$	−3.042

附表七　某些氧化还原电对的条件电位

半反应	条件电位	介　质
$Ag(\text{II})+e \rightleftharpoons Ag^+$	1.927	4mol/L HNO_3
$Ce(\text{IV})+e \rightleftharpoons Ce(\text{III})$	1.74	1mol/L $HClO_4$
	1.44	0.5mol/L H_2SO_4
	1.28	1mol/L HCl
$Co^{3+}+e \rightleftharpoons Co^{2+}$	1.84	3mol/L HNO_3
$Co(乙二胺)_3^{3+}+e \rightleftharpoons Co(乙二胺)_3^{2+}$	−0.2	0.1mol/L KNO_3+0.1mol/L 乙二胺
$Cr(\text{III})+e \rightleftharpoons Cr(\text{II})$	−0.40	5mol/L HCl
$Cr_2O_7^{2-}+14H^++6e \rightleftharpoons 2Cr^{3+}+7H_2O$	1.08	3mol/L HCl
	1.15	4mol/L H_2SO_4
$CrO_4^{2-}+2H_2O+3e \rightleftharpoons CrO_2^-+4OH^-$	1.025	1mol/L $HClO_4$
$Fe(\text{III})+e \rightleftharpoons Fe^{2+}$	−0.12	1mol/L NaOH
	0.767	1mol/L $HClO_4$
	0.71	0.5mol/L HCl
	0.68	1mol/L H_2SO_4
	0.68	1mol/L HCl
	0.46	2mol/L H_3PO_4
	0.51	1mol/L HCl−0.25mol/L H_3PO_4
$Fe(EDTA)^-+e \rightleftharpoons Fe(EDTA)^{2-}$	0.12	0.1mol/L EDTA，pH=4～6
$Fe(CN)_6^{3-}+e \rightleftharpoons Fe(CN)_6^{4-}$	0.56	0.1mol/L HCl
$FeO_4^{2-}+2H_2O+3e \rightleftharpoons FeO_2^-+4OH^-$	0.55	10mol/L NaOH
$I_3^-+2e \rightleftharpoons 3I^-$	0.5446	0.5mol/L H_2SO_4
$I_2(水)+2e \rightleftharpoons 2I^-$	0.6276	0.5mol/L H_2SO_4
$MnO_4^-+8H^++5e \rightleftharpoons Mn^{2+}+4H_2O$	1.45	1mol/L $HClO_4$
$SnCl_6^{2-}+2e \rightleftharpoons SnCl_4^{2-}+2Cl^-$	0.14	1mol/L HCl
$Sb(\text{V})+2e \rightleftharpoons Sb(\text{III})$	0.75	3.5mol/L HCl
$Sb(OH)_6^-+2e \rightleftharpoons SbO_2^-+2OH^-+2H_2O$	−0.428	3mol/L NaOH
$SbO_2^-+2H_2O+3e \rightleftharpoons Sb+4OH^-$	−0.675	10mol/L KOH
$Ti(\text{IV})+e \rightleftharpoons Ti(\text{III})$	−0.01	0.2mol/L H_2SO_4
	0.12	2mol/L H_2SO_4
	−0.04	1mol/L HCl
	−0.05	1mol/L H_3PO_4
$Pb(\text{II})+2e \rightleftharpoons Pb$	−0.32	1mol/L NaAc

附表八　EDTA 螯合物的 $\lg K_{稳}$（25℃，I=0.1）

离　子	螯合物	$\lg K_{稳}$	离　子	螯合物	$\lg K_{稳}$	离　子	螯合物	$\lg K_{稳}$
Ag^+	AgY^{3-}	7.32	Li^+	LiY^{3-}	2.79	Pu^{6+}	PuY^{2+}	16.4
Al^{3+}	AlY^-	16.3	Lu^{3+}	LuY^-	19.83	Ru^{2+}	RuY^{2-}	7.4
Am^{3+}	AmY^-	18.2	Mg^{2+}	MgY^{2-}	8.7	Sc^{3+}	ScY^-	23.1
Ba^{2+}	BaY^{2-}	7.86	Mn^{2+}	MnY^{2-}	13.87，(14.0)	Sm^{3+}	SmY^-	17.14
Be^{2+}	BeY^{2-}	9.2	MoO_2^+	MoY^+	2.8	Sn^{2+}	SnY^{2-}	22.11
Bi^{3+}	BiY^-	27.94	Na^+	NaY^{3-}	1.66	Sn^{4+}	SnY	7.23
Co^{3+}	CoY^-	36.0	Nd^{3+}	NdY^-	16.61	Sr^{2+}	SrY^{2-}	8.73
Cr^{3+}	CrY^-	23.4	Ni^{2+}	NiY^{2-}	18.62	Tb^{3+}	TbY^-	17.93
Cu^{2+}	CuY^{2-}	18.80	Os^{3+}	OsY^-	17.9	Th^{4+}	ThY	23.2
Dy^{3+}	DyY^-	18.30	Pb^{2+}	PbY^{2-}	18.04	Ti^{3+}	TiY^-	21.3
Er^{3+}	ErY^-	18.85	Pd^{2+}	PdY^{2-}	18.5	TiO^{2+}	$TiOY^{2-}$	17.3
Eu^{2+}	EuY^{2-}	7.7	Pm^{3+}	PmY^-	16.75	Tl^{3+}	TlY^-	37.8
Eu^{3+}	EuY^-	17.35	Ca^{2+}	CaY^{2-}	10.96	Tm^{3+}	TmY^-	19.32
Fe^{2+}	FeY^{2-}	14.32	Cd^{2+}	CdY^{2-}	16.46	U^{4+}	UY	25.8
Fe^{3+}	FeY^-	25.1	Ce^{3+}	CeY^-	16.0	UO_2^{2+}	UO_2Y^{2-}	～10
Ga^{3+}	GaY^-	20.3	Cf^{3+}	CfY^-	19.1	V^{2+}	VY^{2-}	12.7
Gd^{3+}	GdY^-	17.37	Cm^{3+}	CmY^-	18.5	V^{3+}	VY^-	25.1
Hf^{2+}	HfY^{2-}	19.1	Co^{2+}	CoY^{2-}	16.31	VO^{2+}	VOY^{2-}	18.8
Hg^{2+}	HgY^{2-}	21.80	Pr^{3+}	PrY^-	16.40	VO_2^+	VO_2Y^{3-}	18.1
Ho^{3+}	HoY^-	18.74	Pt^{3+}	PtY^-	16.4	Y^{3+}	YY^-	18.1
In^{3+}	InY^-	25.0	Pu^{3+}	PuY^-	18.1	Yb^{3+}	YbY^-	19.57
La^{3+}	LaY^-	15.50	Pu^{4+}	PuY	17.7	Zn^{2+}	ZnY^{2-}	16.50
						ZrO^{2+}	$ZrOY^{2-}$	29.5

附表九　难溶化合物的溶度积（18～25℃，$I=0$）

微溶化合物	K_{sp}	pK_{sp}	微溶化合物	K_{sp}	pK_{sp}
Ag_3AsO_4	1×10^{-22}	22.0	FeS	6×10^{-18}	17.2
$AgBr$	5.0×10^{-13}	12.30	$Fe(OH)_3$	4×10^{-38}	37.4
Ag_2CO_3	8.1×10^{-12}	11.09	$FePO_4$	1.3×10^{-22}	21.89
$AgCl$	1.8×10^{-10}	9.75	$Hg_2Br_2$③	5.8×10^{-23}	22.24
Ag_2CrO_4	2.0×10^{-12}	11.71	Hg_2CO_3	8.9×10^{-17}	16.05
$AgCN$	1.2×10^{-15}	15.92	Hg_2Cl_2	1.3×10^{-18}	17.88
$AgOH$	2.0×10^{-8}	7.71	$Hg_2(OH)_2$	2×10^{-24}	23.7
AgI	9.3×10^{-17}	16.03	Hg_2I_2	4.5×10^{-20}	28.35
$Ag_2C_2O_4$	3.5×10^{-11}	10.46	Hg_2SO_4	7.4×10^{-7}	6.13
Ag_3PO_4	1.4×10^{-18}	15.84	Hg_2S	1×10^{-47}	47.0
Ag_3SO_4	1.4×10^{-5}	4.84	$Hg(OH)_2$	3.0×10^{-26}	25.52
Ag_2S	2×10^{-40}	48.7	HgS 红色	4×10^{-53}	52.4
$AgSCN$	1.0×10^{-12}	12.00	黑色	2×10^{-52}	51.7
$Al(OH)_3$ 无定形	1.3×10^{-33}	32.9	$MgNH_4PO_4$	2×10^{-13}	12.7
$As_2S_3$①	2.1×10^{-22}	21.68	$MgCO_3$	3.5×10^{-8}	7.46
$BaCO_3$	5.1×10^{-9}	8.29	MgF_2	6.4×10^{-9}	8.19
$BaCrO_4$	1.2×10^{-10}	9.93	$Mg(OH)_2$	1.8×10^{-11}	10.74
BaF_2	1×10^{-6}	6.0	$MnCO_3$	1.8×10^{-11}	10.74
$BaC_2O_4\cdot H_2O$	2.3×10^{-8}	7.64	$Mn(OH)_2$	1.9×10^{-13}	12.72
$BaSO_4$	1.1×10^{-10}	9.96	MnS 无定形	2×10^{-10}	9.7
$Bi(OH)_3$	4×10^{-31}	30.4	MnS 晶形	2×10^{-13}	12.7
$BiOOH$②	4×10^{-10}	9.4	$NiCO_3$	6.6×10^{-9}	8.18
BiI_3	8.1×10^{-19}	18.09	$Ni(OH)_2$ 新析出	2×10^{-15}	14.7
$BiOCl$	1.8×10^{-31}	30.75	$Ni_3(PO_4)_2$	5×10^{-31}	30.3
$BiPO_4$	1.3×10^{-23}	22.89	α-NiS	3×10^{-19}	18.5
Bi_2S_3	1×10^{-97}	97.0	β-NiS	1×10^{-24}	24.0
$CaCO_3$	2.9×10^{-9}	8.54	γ-NiS	2×10^{-26}	25.7
CaF_2	2.7×10^{-11}	10.57	$PbCO_3$	7.4×10^{-14}	13.13
$CaC_2O_4\cdot H_2O$	2.0×10^{-9}	8.70	$PbCl_2$	1.6×10^{-5}	4.79
$Ca_3(PO_4)_2$	2.0×10^{-20}	28.70	$PbClF$	2.4×10^{-9}	8.62
$CaSO_4$	9.1×10^{-6}	5.04	$PbCrO_4$	2.8×10^{-13}	12.55
$CaWO_4$	8.7×10^{-9}	8.06	PbF_2	2.7×10^{-8}	7.57
$CdCO_3$	5.2×10^{-12}	11.28	$Pb(OH)_2$	1.2×10^{-15}	14.93
$Cd_2[Fe(CN)_6]$	3.2×10^{-17}	16.49	PbI_2	7.1×10^{-9}	8.15
$Cd(OH)_2$ 新析出	2.5×10^{-14}	13.60	$PbMoO_4$	1×10^{-13}	13.0
CdC_2O_4、$3H_2O$	9.1×10^{-8}	7.04	$Pb_3(PO_4)_2$	8.0×10^{-43}	42.10
CdS	8×10^{-27}	26.1	$PbSO_4$	1.6×10^{-8}	7.79
$CoCO_3$	1.4×10^{-13}	12.84	PbS	8×10^{-28}	27.9
$Co_2[Fe(CN)_6]$	1.8×10^{-15}	14.74	$Pb(OH)_4$	3×10^{-66}	65.5
$Co(OH)_2$ 新析出	2×10^{-15}	14.7	$Sb(OH)_3$	4×10^{-42}	41.4
$Co(OH)_3$	2×10^{-44}	43.7	Sb_2S_3	2×10^{-93}	92.8
$Co[Hg(SCN)_4]$	1.5×10^{-8}	5.82	$Sn(OH)_2$	1.4×10^{-28}	27.85
α-CoS	4×10^{-21}	20.4	SnS	1×10^{-25}	25.0
β-CoS	2×10^{-25}	24.7	$Sn(OH)_4$	1×10^{-56}	56.0
$Co_3(PO_4)_2$	2×10^{-35}	34.7	SnS_2	2×10^{-27}	26.7
$Cr(OH)_3$	6×10^{-31}	30.2	$SrCO_3$	1.1×10^{-10}	9.96
$CuBr$	5.2×10^{-9}	8.28	$SrCrO_4$	2.2×10^{-5}	4.65
$CuCl$	1.2×10^{-8}	5.92	SrF_2	2.4×10^{-9}	8.61
$CuCN$	3.2×10^{-20}	19.49	$SrC_2O_4\cdot H_2O$	1.6×10^{-7}	6.80
CuI	1.1×10^{-12}	11.96	$Sr_3(PO_4)_2$	4.1×10^{-28}	27.39
$CuOH$	1×10^{-14}	14.0	Sr_3SO_4	3.2×10^{-7}	6.49
Cu_2S	2×10^{-48}	47.7	$Ti(OH)_3$	1×10^{-40}	40.0
$CuSCN$	4.8×10^{-15}	14.32	$TiO(OH)_2$④	1×10^{-29}	29.0
$CuCO_3$	1.4×10^{-10}	9.86	$ZnCO_3$	1.4×10^{-11}	10.84
$Cu(OH)_2$	2.2×10^{-20}	19.66	$Zn_2[Fe(CN)_6]$	4.1×10^{-16}	15.39
CuS	6×10^{-36}	35.2	$Zn(OH)_2$	1.2×10^{-17}	16.92
$FeCO_3$	3.2×10^{-11}	10.50	$Zn_3(PO_4)_2$	9.1×10^{-33}	32.04
$Fe(OH)_2$	8×10^{-16}	15.1	ZnS	2×10^{-22}	21.7

① 为下列平衡的平衡常数　$As_2S_3+4H_2O \rightleftharpoons 2HAsO_2+3H_2S$

② BiOOH　$K_{sp}=[BiO^+][OH^-]$。

③ $(Hg_2)_mX_n$　$K_{sp}=[Hg_2^{2+}]^m[X^{-2m/n}]^n$。④ $TiO(OH)_2$　$K_{sp}=[TiO^{2+}][OH^-]^2$。

附表十　常见化合物的摩尔质量 $M/(g \cdot mol^{-1})$

Ag_3AsO_4	462.52	$Ce(SO_4)_2 \cdot 4H_2O$	404.30	H_3BO_3	61.83
$AgBr$	187.77	$CoCl_2$	129.84	HBr	80.91
$AgCl$	143.32	$CoCl_2 \cdot 6H_2O$	237.93	HCN	27.03
$AgCN$	133.89	$Co(NO_3)_2$	182.94	$HCOOH$	46.03
$AgSCN$	165.95	$Co(NO_3)_2 \cdot 6H_2O$	291.03	CH_3COOH	60.05
Ag_2CrO_4	331.73	CoS	90.99	H_2CO_3	62.03
AgI	234.77	$CoSO_4$	154.99	$H_2C_2O_4$	90.04
$AgNO_3$	169.87	$CoSO_4 \cdot 7H_2O$	281.10	$H_2C_2O_4 \cdot 2H_2O$	126.07
$AlCl_3$	133.34	$CO(NH_2)_2$	60.06	HCl	36.46
$AlCl_3 \cdot 6H_2O$	241.43	$CrCl_3$	158.36	HF	20.01
$Al(NO_3)_3$	213.00	$CrCl_3 \cdot 6H_2O$	266.45	HI	127.91
$Al(NO_3)_3 \cdot 9H_2O$	375.13	$Cr(NO_3)_3$	238.01	HIO_3	175.91
Al_2O_3	101.96	Cr_2O_3	151.99	HNO_3	63.01
$Al(OH)_3$	78.00	$CuCl$	99.00	HNO_2	47.01
$Al_2(SO_4)_3$	342.14	$CuCl_2$	134.45	H_2O	18.015
$Al_2(SO_4)_3 \cdot 18H_2O$	666.41	$CuCl_2 \cdot 2H_2O$	170.48	H_2O_2	34.02
As_2O_3	197.84	$CuSCN$	121.62	H_3PO_4	98.00
As_2O_5	229.84	CuI	190.45	H_2S	34.08
As_2S_3	246.02	$Cu(NO_3)_2$	187.56	H_2SO_3	82.07
		$Cu(NO_3)_2 \cdot 3H_2O$	241.60	H_2SO_4	98.07
$BaCO_3$	197.34	CuO	79.55	$Hg(CN)_2$	252.63
BaC_2O_4	225.35	Cu_2O	143.09	$HgCl_2$	271.50
$BaCl_2$	208.24	CuS	95.61	Hg_2Cl_2	472.09
$BaCl_2 \cdot 2H_2O$	244.27	$CuSO_4$	159.60	HgI_2	454.40
$BaCrO_4$	253.32	$CuSO_4 \cdot 5H_2O$	249.68	$Hg_2(NO_3)_2$	525.19
BaO	153.33			$Hg_2(NO_3)_2 \cdot 2H_2O$	561.22
$Ba(OH)_2$	171.34	$FeCl_2$	126.75	$Hg(NO_3)_2$	324.60
$BaSO_4$	233.39	$FeCl_2 \cdot 4H_2O$	198.81	HgO	216.59
$BiCl_3$	315.34	$FeCl_3$	162.21	HgS	232.65
$BiOCl$	260.43	$FeCl_3 \cdot 6H_2O$	270.30	$HgSO_4$	296.65
		$FeNH_4(SO_4)_2 \cdot 12H_2O$	482.18	Hg_2SO_4	497.24
CO_2	44.01	$Fe(NO_3)_3$	241.86		
CaO	56.08	$Fe(NO_3)_3 \cdot 9H_2O$	404.00	$KAl(SO_4)_2 \cdot 12H_2O$	474.38
$CaCO_3$	100.09	FeO	71.85	KBr	119.00
CaC_2O_4	128.10	Fe_2O_3	159.69	$KBrO_3$	167.00
$CaCl_2$	110.99	Fe_3O_4	231.54	KCl	74.55
$CaCl_2 \cdot 6H_2O$	219.08	$Fe(OH)_3$	106.87	$KClO_3$	122.55
$Ca(NO_3)_2 \cdot 4H_2O$	236.15	FeS	87.91	$KClO_4$	138.55
$Ca(OH)_2$	74.10	Fe_2S_3	207.87	KCN	65.12
$Ca_3(PO_4)_2$	310.18	$FeSO_4$	151.91	$KSCN$	97.18
$CaSO_4$	136.14	$FeSO_4 \cdot 7H_2O$	278.01	K_2CO_3	138.21
$CdCO_3$	172.42	$FeSO_4 \cdot (NH_4)_2SO_4 \cdot 6H_2O$	392.13	K_2CrO_4	194.19
$CdCl_2$	183.32			$K_2Cr_2O_7$	294.18
CdS	144.47	H_3AsO_3	125.94	$K_3Fe(CN)_6$	329.25
$Ce(SO_4)_2$	332.24	H_3AsO_4	141.94	$K_4Fe(CN)_6$	368.35

续表

$KFe(SO_4)_2 \cdot 12H_2O$	503.24	$(NH_4)_2HPO_4$	196.01	$PbCrO_4$	323.19
$KHC_2O_4 \cdot H_2O$	146.14	NH_4NO_3	80.04	$Pb(CH_3COO)_2$	325.29
$KHC_2O_4 \cdot H_2C_2O_4 \cdot 2H_2O$	254.19	$(NH_4)_2HPO$	132.06	$Pb(CH_3COO)_2 \cdot 3H_2O$	379.34
$KHC_4H_4O_6$	188.18	$(NH_4)_2S$	68.14	PbI_2	461.01
$KHSO_4$	136.16	$(NH_4)_2SO_4$	132.13	$Pb(NO_3)_2$	331.21
KI	166.00	NH_4VO_3	116.98	PbO	223.20
KIO_3	214.00	Na_3AsO_3	191.89	PbO_2	239.20
$KIO_3 \cdot HIO_3$	389.91	$Na_2B_4O_7$	201.22	$Pb_3(PO_4)_2$	811.45
$KMnO_4$	158.03	$Na_2B_4O_7 \cdot 10H_2O$	381.37	PbS	239.26
$KNaC_4H_4O_6 \cdot 4H_2O$	282.22	$NaBiO_3$	279.97	$PbSO_4$	303.26
KNO_3	101.10	$NaCN$	49.01		
KNO_2	85.10	$NaSCN$	81.07	SO_3	80.06
K_2O	94.20	Na_2CO_3	105.99	SO_2	64.06
KOH	56.11	$Na_2CO_3 \cdot 10H_2O$	286.14	$SbCl_3$	228.11
K_2SO_4	174.25	$Na_2C_2O_4$	134.00	$SbCl_5$	299.02
		CH_3COONa	82.03	Sb_2O_3	291.50
$MgCO_3$	84.31	$CH_3COONa \cdot 3H_2O$	136.08	Sb_2S_3	339.68
$MgCl_2$	95.21			SiF_4	104.08
$MgCl_2 \cdot 6H_2O$	203.30	$NaCl$	58.44	SiO_2	60.08
MgC_2O_4	112.33	$NaClO$	74.44	$SnCl_2$	189.60
$Mg(NO_3)_2 \cdot 6H_2O$	256.41	$NaHCO_3$	84.01	$SnCl_2 \cdot 2H_2O$	225.63
$MgNH_4PO_4$	137.32	$Na_2HPO_4 \cdot 12H_2O$	358.14	$SnCl_4$	260.50
MgO	40.30	$Na_2H_2Y \cdot 2H_2O$	372.24	$SnCl_4 \cdot 5H_2O$	350.58
$Mg(OH)_2$	58.32	$NaNO_2$	69.00	SnO_2	150.69
$Mg_2P_2O_7$	222.55	$NaNO_3$	85.00	SnS_2	150.75
$MgSO_4 \cdot 7H_2O$	246.47	Na_2O	61.98	$SrCO_3$	147.63
$MnCO_3$	114.95	Na_2O_2	77.98	SrC_2O_4	175.64
$MnCl_2 \cdot 4H_2O$	197.91	$NaOH$	40.00	$SrCrO_4$	203.61
$Mn(NO_3)_2 \cdot 6H_2O$	287.04	Na_3PO_4	163.94	$Sr(NO_3)_2$	211.63
MnO	70.94	Na_2S	78.04	$Sr(NO_3)_2 \cdot 4H_2O$	283.69
MnO_2	86.94	$Na_2S \cdot 9H_2O$	240.18	$SrSO_4$	183.68
MnS	87.00	Na_2SO_3	126.04		
$MnSO_4$	151.00	Na_2SO_4	142.04	$UO_2(CH_3COO)_2 \cdot 2H_2O$	424.15
$MnSO_4 \cdot 4H_2O$	223.06	$Na_2S_2O_3$	158.10	$ZnCO_3$	125.39
		$Na_2S_2O_3 \cdot 5H_2O$	248.17	ZnC_2O_4	153.40
NO	30.01	$NiCl_2 \cdot 6H_2O$	237.70	$ZnCl_2$	136.29
NO_2	46.01	NiO	74.70	$Zn(CH_3COO)_2$	183.47
NH_3	17.03	$Ni(NO_3)_2 \cdot 6H_2O$	290.80	$Zn(CH_3COO)_2 \cdot 2H_2O$	219.50
CH_3COONH_4	77.08	NiS	90.76	$Zn(NO_3)_2$	189.39
NH_4Cl	53.49	$NiSO_4 \cdot 7H_2O$	280.86	$Zn(NO_3)_2 \cdot 6H_2O$	297.48
$(NH_4)_2CO_3$	96.09			ZnO	81.38
$(NH_4)_2C_2O_4$	124.10	P_2O_5	141.95	ZnS	97.44
$(NH_4)_2C_2O_4 \cdot H_2O$	142.11	$PbCO_3$	267.21	$ZnSO_4$	161.44
NH_4SCN	76.12	PbC_2O_4	295.22	$ZnSO_4 \cdot 7H_2O$	287.55
NH_4HCO_3	79.06	$PbCl_2$	278.11		

中等职业教育规划教材

分析化学实验报告

胥朝禔 杨 兵 编

姓名______________

学校______________

班级______________

学号______________

化学工业出版社

·北京·

目　　录

实验一　分析天平灵敏度的测定

姓名________________班级_________________学号________________

指导教师___________同组人___________实验日期___________实验温度___________

【实验目的】

【实验原理】

【仪器与工具】

1. 仪器

2. 工具

【实验内容与操作步骤】

1. 了解天平结构

2. 测定天平的零点

3. 测定天平的灵敏度

4. 作天平灵敏度曲线

裁剪线

【注意事项】

【数据记录与处理】

1. 数据记录

载荷/g	零点/格	加10mg后平衡点/格	灵敏度/(格/mg)	感量/(mg/格)
0				
10				
20				
30				

2. 数据处理

【结论】

实验二　分析天平的称量练习

姓名＿＿＿＿＿＿＿＿班级＿＿＿＿＿＿＿＿学号＿＿＿＿＿＿＿＿

指导教师＿＿＿＿＿同组人＿＿＿＿＿实验日期＿＿＿＿＿实验温度＿＿＿＿＿

【实验目的】

【实验原理】

【仪器与试剂】

1. 仪器

2. 试剂

【实验内容与操作步骤】

1. 称量铜片

2. 称固体样品（差减法）

3. 校正零点

裁剪线

【注意事项】

【数据记录与处理】

1. 数据记录

样　品　号	称量瓶与样品质量/g	倾出样品后质量/g	样品质量/g	

2. 数据处理

【结论】

实验三　滴定分析仪器准备和基本操作练习

姓名________________班级________________学号________________

指导教师___________同组人___________实验日期___________实验温度___________

【实验目的】

【仪器与工具】

1. 仪器

2. 工具

裁
剪
线

【实验内容与操作步骤】

1. 认领、清点仪器

2. 洗涤仪器

3. 滴定管的安装及使用

4. 容量瓶的使用

5. 移液管的使用

【注意事项】

【结论】

裁剪线

实验四　酸碱溶液的配制和标定

姓名________________班级________________学号________________
指导教师___________同组人___________实验日期___________实验温度___________

【实验目的】

【实验原理】

【仪器与试剂】

1. 仪器

2. 试剂

【实验内容与操作步骤】

1. 溶液配制

（1） HCl 溶液配制

（2） NaOH 溶液配制

2. 标定

（1） HCl 溶液的标定

（2） NaOH 溶液的标定

【注意事项】

【数据记录与处理】

1. 数据记录

（1）HCl 溶液的标定

内容 \ 次数	1	2	3
称量瓶和基准无水碳酸钠质量(第一次读数)			
称量瓶和基准无水碳酸钠质量(第二次读数)			
基准无水碳酸钠的质量 m(g)			
滴定消耗 HCl 标准溶液的体积 V_1(mL)			
空白试验 HCl 标准溶液的体积 V_2(mL)			
滴定管校正值(mL)			
溶液温度补正值(mL/L)			
实际消耗 HCl 标准溶液的体积 V(mL)			
HCl 标准溶液的浓度 c(mol/L)			
平均值(mol/L)			
平行测定结果的相对极差(%)			

（2）NaOH 溶液的标定

内容 \ 次数	1	2	3
HCl 标准溶液的体积 V_1(mL)			
滴定消耗 NaOH 标准溶液的体积 V_2(mL)			
空白试验 NaOH 标准溶液的体积 V_0(mL)			
滴定管校正值(mL)			
溶液温度补正值(mL/L)			
实际消耗 NaOH 标准溶液的体积 V(mL)			
NaOH 标准溶液的浓度 c(mol/L)			
平均值(mol/L)			
平行测定结果的相对极差(%)			

2. 数据处理

【结论】

实验五　工业硫酸纯度的测定

姓名________________班级________________学号________________

指导教师___________同组人___________实验日期___________实验温度___________

【实验目的】

【实验原理】

【仪器与试剂】

1. 仪器

2. 试剂

【实验内容与操作步骤】

【注意事项】

裁剪线

【数据记录与处理】

1. 数据记录

内容 \ 次数	1	2	3
胶帽瓶和试样的质量(第一次读数)			
胶帽瓶和试样的质量(第二次读数)			
试样的质量 m(g)			
NaOH 标准溶液的浓度 c(mol/L)			
滴定消耗 NaOH 标准溶液的体积 V(mL)			
空白试验 NaOH 标准溶液的体积 V_1(mL)			
滴定管校正值(mL)			
溶液温度补正值(mL/L)			
实际消耗 NaOH 标准溶液的体积 V_2(mL)			
试样中被测组分含量(%)			
平均值(%)			
平行测定结果的相对极差(%)			

2. 数据处理

【结论】

实验六　冰醋酸中总酸量的测定

姓名________________班级________________学号________________

指导教师__________同组人__________实验日期__________实验温度__________

【实验目的】

【实验原理】

【仪器与试剂】

1．仪器

2．试剂

【实验内容与操作步骤】

裁剪线

【注意事项】

【数据记录与处理】

1. 数据记录

内容 \ 次数	1	2	3
HAc 试样的体积 $V_{样}$(mL)			
NaOH 标准溶液的浓度 c(mol/L)			
滴定消耗 NaOH 标准溶液的体积 V(mL)			
空白试验 NaOH 标准溶液的体积 V_2(mL)			
滴定管校正值(mL)			
溶液温度补正值(mL/L)			
实际消耗 NaOH 标准溶液的体积 V_1(mL)			
试样中 HAc 的质量浓度(g/L)			
平均值(g/L)			
平行测定结果的相对极差(%)			

2. 数据处理

【结论】

实验七　烧碱中 NaOH 和 Na_2CO_3 含量的测定

姓名________________班级________________学号________________
指导教师___________同组人___________实验日期___________实验温度___________

【实验目的】

【实验原理】

【仪器与试剂】

1. 仪器

2. 试剂

【实验内容与操作步骤】

裁剪线

【注意事项】

【数据记录与处理】

1. 数据记录

内容 \ 次数	1	2	3
称量瓶和试样的质量(第一次读数)			
称量瓶和试样的质量(第二次读数)			
试样的质量 m(g)			
HCl 标准溶液的浓度 c(mol/L)			
第一终点消耗 HCl 标准溶液的体积 V_1(mL)			
第二终点消耗 HCl 标准溶液的体积 V_2(mL)			
试样中 NaOH 含量(%)			
平均值(%)			
平行测定结果的相对极差(%)			
试样中 Na_2CO_3 含量(%)			
平均值(%)			
平行测定结果的相对极差(%)			

2. 数据处理

【结论】

实验八　尿素中氮含量的测定

姓名________________班级________________学号________________

指导教师__________同组人__________实验日期__________实验温度__________

【实验目的】

【实验原理】

【仪器与试剂】

1. 仪器

2. 试剂

【实验内容与操作步骤】

裁剪线

【注意事项】

【数据记录与处理】

1. 数据记录

内容 \ 次数	1	2	3
称量瓶和试样的质量(第一次读数)			
称量瓶和试样的质量(第二次读数)			
试样的质量 m(g)			
NaOH 标准溶液的浓度 c(mol/L)			
滴定消耗 NaOH 标准溶液的体积 V(mL)			
空白试验 NaOH 标准溶液的体积 V_1(mL)			
滴定管校正值(mL)			
溶液温度补正值(mL/L)			
实际消耗 NaOH 标准溶液的体积 V_2(mL)			
试样中被测组分含量(%)			
平均值(%)			
平行测定结果的相对极差(%)			

2. 数据处理

【结论】

实验九　高锰酸钾标准滴定溶液的配制和标定

姓名________________班级________________学号________________

指导教师___________同组人___________实验日期___________实验温度___________

【实验目的】

【实验原理】

【仪器与试剂】

1. 仪器

2. 试剂

【实验内容与操作步骤】

1. 高锰酸钾溶液的配制

2. 标定

裁剪线

【注意事项】

【数据记录与处理】

1. 数据记录

内容 \ 次数	1	2	3
称量瓶和基准草酸钠的质量(第一次读数)			
称量瓶和基准草酸钠的质量(第二次读数)			
基准草酸钠的质量 m(g)			
滴定消耗 $KMnO_4$ 标准溶液的体积 V_1(mL)			
空白试验 $KMnO_4$ 标准溶液的体积 V_2(mL)			
滴定管校正值(mL)			
溶液温度补正值(mL/L)			
实际消耗 $KMnO_4$ 标准溶液的体积 V(mL)			
$KMnO_4$ 标准溶液的浓度 c(mol/L)			
平均值(mol/L)			
平行测定结果的相对极差(%)			

2. 数据处理

【结论】

实验十　双氧水含量的测定

姓名________________班级________________学号________________

指导教师___________同组人___________实验日期___________实验温度___________

【实验目的】

【实验原理】

【仪器与试剂】

1. 仪器

2. 试剂

【实验内容与操作步骤】

裁剪线

【注意事项】

【数据记录与处理】

1. 数据记录

内容 \ 次数	1	2	3
H_2O_2 试样的体积 $V_{样}$(mL)			
$KMnO_4$ 标准溶液的浓度 c(mol/L)			
滴定消耗 $KMnO_4$ 标准溶液的体积 V_1(mL)			
空白试验 $KMnO_4$ 标准溶液的体积 V_2(mL)			
滴定管校正值(mL)			
溶液温度补正值(mL/L)			
实际消耗 $KMnO_4$ 标准溶液的体积 V(mL)			
试样中 H_2O_2 的质量浓度(g/mL)			
平均值(g/mL)			
平行测定结果的相对极差(%)			

2. 数据处理

【结论】

实验十一　绿矾含量的测定

姓名________________班级________________学号________________

指导教师___________同组人___________实验日期___________实验温度___________

【实验目的】

【实验原理】

【仪器与试剂】

1. 仪器

2. 试剂

【实验内容与操作步骤】

裁剪线

【注意事项】

【数据记录与处理】

1. 数据记录

内容　　　　次数	1	2	3
称量瓶和试样的质量(第一次读数)			
称量瓶和试样的质量(第二次读数)			
试样的质量 $m_{样}$(g)			
$KMnO_4$ 标准溶液的浓度 c(mol/L)			
滴定消耗 $KMnO_4$ 标准溶液的体积 V_1(mL)			
空白试验 $KMnO_4$ 标准溶液的体积 V_2(mL)			
滴定管校正值(mL)			
溶液温度补正值(mL/L)			
实际消耗 $KMnO_4$ 标准溶液的体积 V(mL)			
试样中被测组分含量(%)			
平均值(%)			
平行测定结果的相对极差(%)			

2. 数据处理

【结论】

裁剪线

实验十二　$K_2Cr_2O_7$ 标准滴定溶液的配制及铁矿中铁的测定

姓名________________班级________________学号________________

指导教师___________同组人___________实验日期___________实验温度___________

【实验目的】

【实验原理】

【仪器与试剂】

1. 仪器

2. 试剂

【实验内容与操作步骤】

1. 配制 0.1mol/L 重铬酸钾溶液

2. 测定铁矿中铁的含量

【注意事项】

【数据记录与处理】

1. 数据记录

内容 \ 次数	1	2	3
$K_2Cr_2O_7$ 的质量 m(g)			
称量瓶和试样的质量(第一次读数)			
称量瓶和试样的质量(第二次读数)			
试样的质量 $m_{样}$(g)			
$K_2Cr_2O_7$ 标准溶液的浓度 c(mol/L)			
滴定消耗 $K_2Cr_2O_7$ 标准溶液的体积 V_1(mL)			
空白试验 $K_2Cr_2O_7$ 标准溶液的体积 V_2(mL)			
滴定管校正值(mL)			
溶液温度补正值(mL/L)			
实际消耗 $K_2Cr_2O_7$ 标准溶液的体积 V(mL)			
试样中被测组分含量(%)			
平均值(%)			
平行测定结果的相对极差(%)			

2. 数据处理

【结论】

实验十三　硫代硫酸钠标准滴定溶液的配制和标定

姓名________________班级________________学号________________

指导教师___________同组人___________实验日期___________实验温度___________

【实验目的】

【实验原理】

【仪器与试剂】

1. 仪器

2. 试剂

【实验内容与操作步骤】

1. 配制硫代硫酸钠溶液

2. 标定

【注意事项】

【数据记录与处理】

1. 数据记录

内容＼次数	1	2	3
称量瓶和基准物的质量(第一次读数)			
称量瓶和基准物的质量(第二次读数)			
基准物的质量 m(g)			
滴定消耗 $Na_2S_2O_3$ 标准溶液的体积 V_1(mL)			
空白试验 $Na_2S_2O_3$ 标准溶液的体积 V_2(mL)			
滴定管校正值(mL)			
溶液温度补正值(mL/L)			
实际消耗 $Na_2S_2O_3$ 标准溶液的体积 V(mL)			
$Na_2S_2O_3$ 标准溶液的浓度 c(mol/L)			
平均值(mol/L)			
平行测定结果的相对极差(%)			

2. 数据处理

【结论】

实验十四　胆矾（$CuSO_4 \cdot 5H_2O$）含量的测定

姓名________________班级________________学号________________

指导教师___________同组人___________实验日期___________实验温度___________

【实验目的】

【实验原理】

【仪器与试剂】

1. 仪器

2. 试剂

【实验内容与操作步骤】

裁剪线

【注意事项】

【数据记录与处理】

1. 数据记录

内容 \ 次数	1	2	3
称量瓶和试样的质量(第一次读数)			
称量瓶和试样的质量(第二次读数)			
试样的质量 $m_{样}$(g)			
$Na_2S_2O_3$ 标准溶液的浓度 c(mol/L)			
滴定消耗 $Na_2S_2O_3$ 标准溶液的体积 V_1(mL)			
空白试验 $Na_2S_2O_3$ 标准溶液的体积 V_2(mL)			
滴定管校正值(mL)			
溶液温度补正值(mL/L)			
实际消耗 $Na_2S_2O_3$ 标准溶液的体积 V(mL)			
试样中被测组分含量(%)			
平均值(%)			
平行测定结果的相对极差(%)			

2. 数据处理

【结论】

实验十五　EDTA 标准滴定溶液的配制和标定

姓名________________班级________________学号________________

指导教师___________同组人___________实验日期___________实验温度___________

【实验目的】

【实验原理】

【仪器与试剂】

1. 仪器

2. 试剂

【实验内容与操作步骤】

1. 配制 EDTA 溶液

2. 标定

【注意事项】

【数据记录与处理】

1. 数据记录

内容 \ 次数	1	2	3
称量瓶和基准氧化锌的质量(第一次读数)			
称量瓶和基准氧化锌的质量(第二次读数)			
基准氧化锌的质量 m(g)			
滴定消耗 EDTA 标准溶液的体积 V_1(mL)			
空白试验 EDTA 标准溶液的体积 V_2(mL)			
滴定管校正值(mL)			
溶液温度补正值(mL/L)			
实际消耗 EDTA 标准溶液的体积 V(mL)			
EDTA 标准溶液的浓度 c(mol/L)			
平均值(mol/L)			
平行测定结果的相对极差(%)			

2. 数据处理

【结论】

实验十六　水中硬度的测定

姓名________________班级________________学号________________

指导教师__________同组人__________实验日期__________实验温度__________

【实验目的】

【实验原理】

【仪器与试剂】

1. 仪器

2. 试剂

【实验内容与操作步骤】

1. 总硬度的测定

2. 钙硬的测定

裁剪线

【注意事项】

【数据记录与处理】

1. 数据记录

（1）总硬度的测定

内容 \ 次数	1	2	3
水样体积 $V_{样}$(mL)			
EDTA 标准溶液的浓度 c(mol/L)			
滴定消耗 EDTA 标准溶液的体积 V_1(mL)			
空白试验 EDTA 标准溶液的体积 V_0(mL)			
滴定管校正值(mL)			
溶液温度补正值(mL/L)			
实际消耗 EDTA 标准溶液的体积 V(mL)			
水样的总硬度(mg/L)			
平均值(mg/L)			
平行测定结果的相对极差(%)			

（2）钙硬的测定

内容 \ 次数	1	2	3
水样体积 $V_{样}$(mL)			
EDTA 标准溶液的浓度 c(mol/L)			
滴定消耗 EDTA 标准溶液的体积 V_2(mL)			
空白试验 EDTA 标准溶液的体积 V_0(mL)			
滴定管校正值(mL)			
溶液温度补正值(mL/L)			
实际消耗 EDTA 标准溶液的体积 V(mL)			
水样的钙硬(mg/L)			
平均值(mg/L)			
平行测定结果的相对极差(%)			

2. 数据处理

【结论】

实验十七 铝盐中铝含量的测定

姓名________________班级________________学号________________

指导教师__________同组人__________实验日期__________实验温度__________

【实验目的】

【实验原理】

【仪器与试剂】

1. 仪器

2. 试剂

【实验内容与操作步骤】

裁剪线

【注意事项】

【数据记录与处理】

1. 数据记录

内容 \ 次数	1	2	3
称量瓶和试样的质量(第一次读数)			
称量瓶和试样的质量(第二次读数)			
试样的质量 $m_{样}$(g)			
EDTA 标准溶液的浓度 c_1(mol/L)			
加入的 EDTA 标准溶液的体积 V_1(mL)			
锌盐标准溶液的浓度 c_2(mol/L)			
滴定消耗锌盐标准溶液的体积 V(mL)			
滴定管校正值(mL)			
溶液温度补正值(mL/L)			
实际消耗锌盐标准溶液的体积 V_2(mL)			
试样中被测组分含量(%)			
平均值(%)			
平行测定结果的相对极差(%)			

2. 数据处理

【结论】

实验十八　硝酸银标准滴定溶液的配制与标定

姓名＿＿＿＿＿＿＿＿班级＿＿＿＿＿＿＿＿学号＿＿＿＿＿＿＿＿

指导教师＿＿＿＿＿＿同组人＿＿＿＿＿＿实验日期＿＿＿＿＿＿实验温度＿＿＿＿＿＿

【实验目的】

【实验原理】

【仪器与试剂】

1. 仪器

2. 试剂

【实验内容与操作步骤】

1. 0.1mol/L $AgNO_3$ 溶液的配制

2. $AgNO_3$ 溶液的标定

裁剪线

【注意事项】

【数据记录与处理】

1. 数据记录

内容 \ 次数	1	2	3
称量瓶和基准氯化钠的质量(第一次读数)			
称量瓶和基准氯化钠的质量(第二次读数)			
基准氯化钠的质量 m(g)			
滴定消耗 $AgNO_3$ 标准溶液的体积 V_1(mL)			
空白试验 $AgNO_3$ 标准溶液的体积 V_2(mL)			
滴定管校正值(mL)			
溶液温度补正值(mL/L)			
实际消耗 $AgNO_3$ 标准溶液的体积 V(mL)			
$AgNO_3$ 标准溶液的浓度 c(mol/L)			
平均值(mol/L)			
平行测定结果的相对极差(%)			

2. 数据处理

【结论】

实验十九　烧碱中氯化钠的测定

姓名________________班级________________学号________________

指导教师___________同组人___________实验日期___________实验温度___________

【实验目的】

【实验原理】

【仪器与试剂】

1. 仪器

2. 试剂

【实验内容与操作步骤】

1. 制备样品

2. 测定

裁剪线

【注意事项】

【数据记录与处理】

1. 数据记录

内容 \ 次数	1	2	3
称量瓶和试样的质量(第一次读数)			
称量瓶和试样的质量(第二次读数)			
试样的质量 m(g)			
$AgNO_3$ 标准溶液的浓度 c_1(mol/L)			
加入的 $AgNO_3$ 标准溶液的体积 V_1(mL)			
NH_4CNS 标准溶液的浓度 c_2(mol/L)			
滴定消耗 NH_4CNS 标准溶液的体积 V(mL)			
空白试验 NH_4CNS 标准溶液的体积 V_0(mL)			
滴定管校正值(mL)			
溶液温度补正值(mL/L)			
实际消耗 NH_4CNS 标准溶液的体积 V_2(mL)			
试样中被测组分含量(%)			
平均值(%)			
平行测定结果的相对极差(%)			

2. 数据处理

【结论】

实验二十　氯化钡中结晶水的测定

姓名________________班级________________学号________________

指导教师___________同组人___________实验日期___________实验温度___________

【实验目的】

【实验原理】

【仪器与试剂】

1. 仪器

2. 试剂

【实验内容与操作步骤】

裁剪线

【注意事项】

【数据记录与处理】

1. 数据记录

内容 \ 次数	1	2	3
恒重后称量瓶的质量(g)			
称量瓶和试样的质量 m_1(g)			
烘干恒重后称量瓶和试样的质量 m_2(g)			
试样的质量 m(g)			
结晶水的质量 m_3(g)			
试样中结晶水含量(%)			
平均值(%)			
平行测定结果的相对极差(%)			

2. 数据处理

【结论】

实验二十一　氯化钡含量的测定

姓名________________班级________________学号________________

指导教师___________同组人___________实验日期___________实验温度___________

【实验目的】

【实验原理】

【仪器与试剂】

1. 仪器

2. 试剂

【实验内容与操作步骤】

1. 称样和溶解

2. 沉淀和陈化

3. 过滤和洗涤

4. 干燥和灼烧

【注意事项】

【数据记录与处理】

1. 数据记录

内容 \ 次数	1	2	3
称量瓶和试样的质量(第一次读数)			
称量瓶和试样的质量(第二次读数)			
试样的质量 $m_{样}$(g)			
恒重后瓷坩埚的质量 m_1(g)			
灼烧恒重后瓷坩埚和沉淀的质量 m_2(g)			
灼烧恒重后沉淀的质量 m(g)			
试样中被测组分含量(%)			
平均值(%)			
平行测定结果的相对极差(%)			

2. 数据处理

【结论】

裁剪线

实验二十二　碘化钠纯度的测定

姓名________________班级________________学号________________

指导教师__________同组人__________实验日期__________实验温度__________

【实验目的】

【实验原理】

【仪器与试剂】

1. 仪器

2. 试剂

【实验内容与操作步骤】

【注意事项】

【数据记录与处理】

1. 数据记录

内容 \ 次数	1	2	3
称量瓶和试样的质量(第一次读数)			
称量瓶和试样的质量(第二次读数)			
试样的质量 $m_{样}$(g)			
$AgNO_3$ 标准溶液的浓度 c(mol/L)			
滴定消耗 $AgNO_3$ 标准溶液的体积 V_1(mL)			
空白试验 $AgNO_3$ 标准溶液的体积 V_2(mL)			
滴定管校正值(mL)			
溶液温度补正值(ml/L)			
实际消耗 $AgNO_3$ 标准溶液的体积 V(mL)			
试样中被测组分含量(%)			
平均值(%)			
平行测定结果的相对极差(%)			

2. 数据处理

【结论】

ISBN 978-7-122-02599-9

定价：38.00 元